计算机网络技术与应用

主 编 谭程宏

副主编 李 鹏

东南大学出版社
SOUTHEAST UNIVERSITY PRESS

·南 京·

内容提要

本书系统地介绍计算机网络的基本理论与技术。其中理论部分共分 8 章，包括计算机网络的发展、体系结构，并按照体系结构阐述计算机网络的各层功能；实验部分由 18 个实验组成，介绍交换机、路由器和服务器的功能、配置命令及组网方式，是理论部分实践的体现。

本书可作为大学计算机及相关专业计算机网络等课程的教材，也可以作为相关技术人员自学的参考书。

图书在版编目（CIP）数据

计算机网络技术与应用 / 谭程宏主编 .—南京：
东南大学出版社，2019.12（2022.7 重印）

ISBN 978-7-5641-8729-3

Ⅰ .①计… Ⅱ .①谭… Ⅲ .① 计算机网络

Ⅳ .① TP393

中国版本图书馆 CIP 数据核字（2019）第 296535 号

书　　名：计算机网络技术与应用（Jisuanji Wangluo Jishu Yu Yingyong）

主　　编：谭程宏
责任编辑：张　煦
出版发行：东南大学出版社
社　　址：南京市四牌楼 2 号（210096）
网　　址：http://www.seupress.com
出 版 人：江建中
印　　刷：江苏凤凰数码印务有限公司
排　　版：南京凯建文化发展有限公司
开　　本：787mm×1092mm　1/16
印　　张：25.50
字　　数：636 千
版 印 次：2019 年 12 月第 1 版　　2022 年 7 月第 4 次印刷
书　　号：ISBN 978-7-5641-8729-3
定　　价：78.00 元
经　　销：全国各地新华书店
发行热线：025-83790519　83791830

前　言

进入 21 世纪以来，生活和工作的快节奏令我们目不暇接，各种各样的信息充斥着我们的视野、撞击着我们的思维。这一切要求我们必须利用计算机网络技术快速获得和处理大量的信息。在学习计算机网络技术的过程中，如何更加快捷地掌握知识；如何更加准确地把握未来网络技术的发展方向，已经成为网络技术工作者面临的最大难题。本书紧紧抓住计算机网络技术与应用的结合，以 TCP/IP 协议为基础，深入浅出、全面系统地阐述了计算机网络所涉及的基本概念和基本内容。

学习计算机网络的过程中，需要建构自己的知识体系结构。本书包括上下两篇，上篇是计算机网络技术与应用的理论部分，包含 8 个章节；下篇是计算机网络技术与应用的实验部分，包括 18 个实验。理论知识和实践操作的结合，有助于帮助学习者在理论知识掌握的基础上，开展实践活动，以加深对理论知识的理解和贯通。本书的知识架构如下图所示：

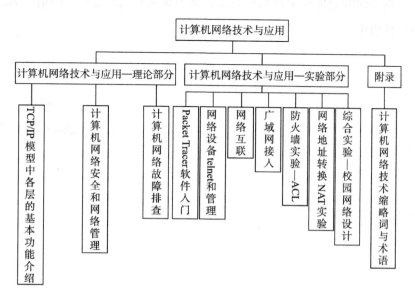

上篇的 8 个章节中，第 1 章主要介绍计算机网络与应用的基本概念和发展历史；第 2 章介绍了物理层的基本概念和功能；第 3 章介绍了数据链路层的基本功能和概念；第 4 章介绍了网络层的基本概念和网络互联的方式；第 5 章传输层，重点讲述了 TCP 和 UDP 这两种传输协议；第 6 章涉及应用层的基本内容，重点介绍常用的应用协议，如 DNS、WWW、SNMP 和电子邮件等；第 7 章介绍了网络安全的知识，以及网络管理的内容与相关协议等；第 8 章针对网络可能出现的故障，介绍了相应的网络故障排查方法。

下篇的 18 个实验，从 Packet Tracer 软件入手，了解交换机、路由器的基本操作和管理，学习虚拟局域网、网络互联、防火墙、网络地址转换和广域网接入技术等，并通过校园网络设计案例进行综合。

附录 A 包含了计算机网络技术与应用理论部分中各个章节的练习题参考答案，以便读者巩固所学的理论知识；附录 B 中是计算机网络技术缩略词与术语；附录 C 列出了本书中所涉及的参考文献和一些有参考价值的网站。

本书由谭程宏主编，李鹏副主编。其中，计算机网络技术与应用理论部分中第 1—4 章、第 7—8 章及附录部分由谭程宏编写；第 5—6 章由李鹏编写；计算机网络技术与应用实验部分由谭程宏编写。全书由谭程宏统稿。

由于时间仓促及编者水平有限，书中难免有疏漏之处，敬请广大读者批评指正。

编者

2019 年 8 月

目 录

下篇　计算机网络技术与应用实验部分

上 篇

计算机网络技术与应用

理论部分

第1章 概　述

从 20 世纪 90 年代以来，以互联网为代表的计算机网络技术迅猛发展，改变了人们的工作方式和生活方式，引起了全世界的经济、文化、技术的变革，成为了信息社会的命脉和发展知识经济的重要基础。了解和学习计算机网络技术和应用的相关知识势在必行。

1.1　计算机网络概述

1.1.1　计算机网络的发展

从网络的发展过程来看，大致经历了以下 4 个阶段：

（1）第一代计算机网络——远程终端联机阶段。其主要特征为：为了增加系统的计算能力和资源共享，把小型计算机连成实验性的网络。第一个远程分组交换网叫 ARPANET，是由美国国防部于 1969 年建成的，第一次实现了由通信网络和资源网络复合构成计算机网络系统。ARPANET 标志计算机网络的真正产生。

这种网络实际上是以单个计算机为中心的远程联机系统，在地理上分散的终端不具备自主计算与处理功能，它们通过通信线路连接到中心计算机上，实现对中心计算资源的访问和使用。

（2）第二代计算机网络——计算机网络阶段。20 世纪 70 年代中后期是局域网络（LAN）发展的重要阶段，其主要特征为：将多个计算机互连，形成局域网。局域网络作为一种从远程分组交换通信网络和 I/O 总线结构计算机系统派生出来的新型的计算机体系结构，开始进入产业部门。此阶段的计算机网络的特点是实现了计算机与计算机的互连互通，实现了计算机资源的共享，但是没有形成统一的互连标准，使网络的规模和应用得不到发展。

美国 Xerox 公司的 Palo Alto 研究中心推出以太网（Ethernet），它采用了夏威夷大学 ALOHA 无线电网络系统的基本原理，使之发展成为第一个总线竞争式局域网络。英国剑桥大学计算机研究所开发了著名的剑桥环局域网（Cambridge Ring）。这些网络的成功实现，一方面标志着局域网络的产生，另一方面，它们形成的以太网及环网对以后局域网络的发展起到导航的作用。

（3）第三代计算机网络——计算机网络互联阶段。整个 20 世纪 80 年代是计算机局域网络的发展时期。其主要特征是：局域网络完全从硬件上实现了 ISO 的开放系统互连通信模式协议的能力。此阶段发展形成了多种局域网。以 ARPANET 为基础，形成了基于 TCP/IP 协议簇的因特网。即任何一台计算机只要遵从 TCP/IP 协议簇标准，并有一个合法的 IP 地址，就可以接入到互联网中。

计算机局域网及其互连产品的集成，使得局域网与局域网互连、局域网与各类主机互连，以及局域网与广域网互连的技术越来越成熟。综合业务数据通信网络（ISDN）和智能化网络（IN）的发展，标志着局域网络的飞速发展。

（4）第四代计算机网络——国际互联网与信息高速公路阶段。20 世纪 90 年代初至现在是计算机网络飞速发展的阶段，其主要特征是：计算机网络化，协同计算能力发展以及全球互连网络（Internet）的盛行。计算机的发展已经完全与网络融为一体，体现了"网络就是计算机"的口号。目前，计算机网络已经真正进入社会各行各业，为社会各行各业所采用。另外，虚拟网络 FDDI 及 ATM 技术的应用，使网络技术蓬勃发展并迅速走向市场，走进平民百姓的生活。

1.1.2　计算机网络的定义

从计算机网络发展的历程看，计算机网络的定义并未精确统一。但是，计算机网络强调了在计算机通信的基础上，网络范围内的计算机资源进行共享。所以，计算机网络的含义主要涉及下面几个方面。

① 网络的构成起码是两台或两台以上的计算机相互连接，达到交换、共享资源的目的。

② 两台或两台以上的计算机互连并交换信息是通过传输介质构成的通道完成的。这条通道的连接是物理的，由硬件实现。它们可以使用导引型介质（双绞线、同轴电缆或光纤），也可以使用非导引型介质（无线电波、微波等）。

③ 计算机之间要交换信息，就要彼此之间遵从相互的约定和规则，即协议。

因此，根据这三个方面，可以把计算机网络的定义归纳为，将分布在不同地点且具有独立功能的多个计算机通过通信设备和传输媒介连接起来，并且传输媒介上的所有设备都遵从相同的协议进行相互通信，以达到资源共享的目的。

1.1.3 计算机网络的组成

计算机网络的拓扑结构虽然非常复杂，并且在地理上覆盖了全球，但从其工作方式上看，可以划分为资源子网和通信子网两大块。如图 1-1 所示。

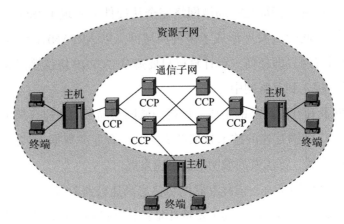

图 1-1　计算机网络的组成

资源子网由所有连接在互联网上的计算机、终端控制器和计算机上所能提供共享的软件资源和数据资源组成。计算机或终端控制器通过一条高速的多路复用线路或一条通信链路连接到通信子网上。这部分是用户直接使用的，用来进行通信（传送数据、音频或视频）和资源共享。

通信子网由大量网络和连接这些网络的网络设备组成。它的作用是全网的数据传输、转接、加工和变换等的通信处理。其中，网络设备作为终端系统的接口，可以对其他网络设备传过来的信息进行存储转发；也可以提供拥塞控制的机制提高网络资源的利用率。

1.2 计算机网络的性能指标

1. 带宽

"带宽"有以下两种不同的意义：

① 带宽本来指某个信号具有的频带宽度。信号的带宽是指该信号所包含的各种不同频率成分所占据的频率范围。这种带宽的单位是赫兹（或千赫、兆赫、吉赫等），在过去很长的一段时间，通信的主干线路传送的是模拟信号（即连续变化的信号）。因此表示某信道允许通过的信号频带范围就称为该信道的带宽。

② 在计算机网络中，带宽用来表示网络中某通道传送数据的能力，因此网络带宽表示在单位时间内网络中的某信道所能通过的"最高数据率"。在本书中提到"带宽"时，

主要是指这个意思。这种意义的带宽的单位就是数据率的单位 bit/s，即"比特每秒"。

在"带宽"的上述两种表述中，前者为频域称谓，而后者为时域称谓，其本质是相同的。也就是说，一条通信链路的"带宽"越宽，其所能传输的"最高数据率"也越高。

在日常的使用中，经常会混淆"带宽"和"宽带"。但"带宽"不是"宽带"，要清楚它们之间的区别。带宽指无线频谱的频带宽度，或者是传输的最大速率。而宽带则是一个人为定义的概念，而且是不断在变化的。

2. 速率

计算机发送出的信号都是数字形式的。比特（bit）来源于 binary digit，意思是一个"二进制数字"，因此一个比特就是二进制数字中的一个 1 或 0。比特也是信息论中使用的信息量的单位。网络技术中的速率指的是数据的传送速率，它也称为数据率或比特率。速率的单位是 bit/s（比特每秒）（或 b/s，有时也写作 bps，即 bit per second）。当提到网络的速率时，往往指的是额定速率或标称速率，而并非网络实际上运行的速率。

常见计算机网络中的速率单位有 bit，是表示信息的最小单位；字节 Byte；千 K；兆 M；吉 G。计算机网络或网络运营商中，一般使用 bps 或 b/s 为宽带速率单位，表示每秒钟传输多少位信息。日常所说的 1 M 带宽的意思是 1 Mbps。基本的换算公式有：

1 B=8 bit

1 KB=1 024 B

1 MB=1 024 KB

1 GB=1 024 MB

例 1-1：在实际应用中，ISP 提供的线路带宽使用的单位是 bit，而终端设备下载软件使用到的单位是 Byte。以 128 KBps 为例，通过相应的换算公式得到：128 KBps=128×8（Kbps）=1 024 Kbps=1 Mbps，即 ISP 提供的和终端设备所使用的速率单位换算为：128 KBps=1 Mbps。

3. 时延

时延是指数据从网络的一端传送到另一端所需的时间。时延是个很重要的性能指标，它有时也称为延迟或者迟延。

网络中的时延是由以下几个不同的部分组成的：

① 发送时延

发送时延是主机或路由器发送数据帧所需要的时间，也就是从发送数据帧的第一个比特算起，到该帧的最后一个比特发送完毕所需的时间。因此发送时延也叫做传输时延。发送时延的计算公式是：

发送时延 = 数据帧长度（bit）/ 发送速率（bit/s）

② 传播时延

传播时延是电磁波在信道中传播一定的距离需要花费的时间。传播时延的计算公式是：

传播时延 = 信道长度（m）/ 电磁波在信道上的传播速率（m/s）

电磁波在自由空间的传播速率是光速，即 3.0×10^5 km/s。

发送时延发生在机器内部的发送器中，与传输信道的长度没有任何关系。传播时延发生在机器外部的传输信道媒体上，而与信道的发送速率无关。信号传送的距离越远，传播时延就越大。

③ 处理时延

主机或路由器在收到分组时需要花费一定时间进行处理，例如分析分组的首部，从分组中提取数据部分、进行差错检验或查找合适的路由等，这就产生了处理时延。

④ 排队时延

分组在进行网络传输时，要经过许多路由器。但分组在进入路由器后要先在输入队列中排队等待，在路由器确定了转发接口后，还要在输出队列中排队等待转发。这就产生了排队时延。排队时延的长短取决于网络当时的通信量。当网络的通信量很大时会发生队列溢出，使分组丢失，这相当于排队时延无穷大。

这样数据在网络中经历的总时延就是以上四种时延之和：总时延 = 发送时延 + 传播时延 + 处理时延 + 排队时延。一般来说，小时延的网络要优于大时延的网络。

例 1-2：若 A、B 计算机之间的距离为 1 000 km，假定在电缆内信号的传输速率是 2×10^8 m/s，试对下列类型的链路分别计算发送时延和传播时延。

① 数据块长度为 10^8 b，数据发送速率为 1 Mbps。

② 数据块长度为 1 000 b，数据发送速率为 1 Gbps。

解

① 发送时延 = 数据块长度 / 信道带宽 = 10^8 b/1 Mbps=100 s。

传播时间 = 信道长度 / 信号的传播速度 =1 000 km/2×10^8 m/s=5 ms。

② 发送时延 = 数据块长度 / 信道带宽 =1 000 b/1 Gbps=1 us。

传播时间 = 信道长度 / 信号的传播速度 =1 000 km/2×10^8 m/s=5 ms。

从例题中可以看出，若只考虑发送延时和传播延时，不能笼统地说哪一种时延占的比例大，应该具体情况具体分析。第一种情况下，发送时延占了主导地位，第二种情况下，传播时延则占的比重大了。所以并非信道带宽越大，数据在信道上传输的速度越快，在

A、B 两台计算机之间传输数据时花费的总时间越少。

4. 往返时间

在计算机网络中，往返时间 RTT 是一个重要的性能指标，它表示从发送方发送数据开始，到发送方接收到来自接收方确认（接收方收到数据后便立即发送确认，没有延误），总共经历的时间。

在许多情况下，互联网上的信息不仅仅单方向传输而是双向交互的。因此，有时就需要知道双向交互一次所需的时间。

5. 时延带宽积

把传播时延和带宽相乘，就可以得到：传播时延带宽积，即：

时延带宽积＝传播时延 × 带宽

时延带宽积表示在这段时间内，链路中可容纳信息比特的最大值。对一条正在传送数据的链路来说，只有在代表链路的管道都充满比特时，链路才能得到充分的利用。

6. 吞吐量

吞吐量表示在单位时间内通过某个网络的实际数据量。

吞吐量是指对网络、设备、端口或其他设施在单位时间内成功地传送数据的数量（以比特、字节等为单位），也就是说吞吐量是指在没有帧丢失的情况下，设备能够接收并转发的最大数据速率。因此，吞吐量的限制是性能瓶颈的一种重要表现形式。

吞吐量的大小主要由网络设备的内外网口硬件，及程序算法的效率决定，尤其是程序算法，对于需要进行大量运算的设备来说，算法的低效率会使通信量大打折扣。一段时间内应用系统处理用户的请求数，这个定义考察点一般是系统本身因素；当然也可以用单位时间内流经被测系统的数据流量，一般单位为 b/s，即每秒钟流经的字节数，这个定义的考察点既有系统本身因素也有网络和外设等因素，也可以理解为除客户端以外的测试环境及被测系统。

7. 利用率

利用率有信道利用率和网络利用率等。信道利用率指某信道有百分之几的时间是被利用的（有数据通过）。完全空闲的信道利用率是零。网络利用率则是全网络的信道利用率的加权平均值。信道利用率并非越高越好，这是因为，根据排队论，当某信道的利用率增大时，该信道引起的时延也就迅速增加。

8. 信道容量

信道容量是指在给定的条件下和给定的信道路径上，数据传输的速率。这对实际使用中如何有效地使用信道，提高利用率，尤为重要。

（1）无噪情况

奈奎斯特定理：在理想的条件下，即在无噪声有限带宽为 W 的信道上，其最大的数据传输速率 C（信道容量）为 $2Wlog_2M$。其中 M 为信号状态的个数。

例1-3：一个无噪声的信道，带宽为 3 000 Hz，试问传送二进制信号时，可允许的最大数据传输速率为多少？

解：由于传送的二进制信号是1、0电平，所有 M=2，且 W=3 000 Hz。代入公式，即：

$$C=2Wlog_2M=2×3\ 000\ log_22=6\ 000\ bps。$$

所以，此无噪声的信道的信道容量为 6 000 bps。

（2）有噪情况

香农定理：在给定带宽 W（Hz）、信噪功率比 S/N 的信道上，最大的数据传输速率 C（信道容量）为 $Wlog_2（1+S/N）$。其中 $（S/N）_{db}=10\ lg$（信道内信号的平均功率 P1/信道内高斯噪声功率 P2）。

例1-4：一个数字信号通过信噪比为 20 db，带宽为 3 000 Hz 的信道进行传送，其最大的信道容量为多少？

解：按香农定理，信噪比为 20 db，则 20=10 lg（信道内信号的平均功率 P1/信道内高斯噪声功率 P2），得到 S/N=100。

代入公式 $C=Wlog_2（1+S/N）$，该信道的信道容量是 $=3\ 000×log_2（1+100）$ =19.98 kbps。

通过香农定理可知，如果保持信道的信道容量不变时，增加带宽就可以降低信噪比。

1.3　计算机网络体系结构

计算机网络通信系统是一个复杂的分层系统，只有采用结构化的方法来描述网络系统的组织、结构和功能，才能更好地研究、设计和实现网络系统。开放系统互联参考模型就是在这种背景下产生、发展并逐步完善起来的。

1.3.1　计算机网络体系中的基本概念

（1）协议（Protocol）

协议是一种通信的约定，是网络的本质。在计算机网络通信过程中，终端设备之间必须要使用一种双方能理解的语言，保证数据通信的准确进行，这种语言就是协议。因此，协议就是网络的语言，只有都遵循这种语言的规范，网络上的计算机才能相互通信。网络协议由以下三要素组成：

语法，即数据与控制信息的结构或格式。例如，报文中内容的组织形式等。

语义，即需要发出何种控制信息，完成何种动作以及做出何种响应。例如，对于报文，它由什么部分组成，哪些部分用于控制数据，哪些部分是真正的通信内容。

同步，即事件实现顺序的详细说明。例如，采用同步传输还是异步传输报文。

（2）层次（Layer）

层次是对复杂问题的一种基本处理方法。当遇到一个复杂问题时，通常会把这个复杂的问题分成若干个小问题，再一一进行处理。在计算机网络体系中，就是通过分层的方式，将复杂的网络体系分解为几个层次进行解答。层次化处理方法大大降低了问题处理的难度，是网络中研究分层模型的主要原因之一。

（3）接口（Interface）

接口就是同一节点内，相邻层之间交换信息的连接点。网络体系中各层之间都有约定好的接口，同一节点内的各相邻层之间都有明确的接口，高层通过接口向低层提出服务请求，低层通过接口向高层提供服务。

通过接口，提出服务。服务是对等实体在协议的控制下向上一层提供的。同时，要实现本层协议，还需要使用下面一层所提供的服务。因此，协议和服务相辅相成，一定要清楚它们的联系。首先，协议的实现保证了能够向上一层提供服务。使用本层服务的实体只能看见服务而无法看见下面的协议。也就是说，下面的协议对上面的实体是透明的。其次，协议是"水平的"，即协议是控制对等实体之间通信的规则。但服务是"垂直的"，即服务是由下层向上层通过层间接口提供的。另外，并非一个层内完成的全部功能都称为服务，只有那些能够被高一层实体"看得见"的功能才能称之为"服务"。

（4）层次性模型结构（Network Architecture）

一个功能完备的计算机网络系统，需要使用一套复杂的协议集。对于复杂系统来说，由于采用了层次性结构，因此，每层都会包含一个或多个协议。为此，将网络层次性结构模型与各层次协议的集合定义为计算机网络的体系结构。

（5）实体（Entity）

在网络分层体系结构中，每一层都由一些实体组成。这些实体就是通信时的软件元素（进程或线程）或硬件元素（职能的输入/输出芯片）。因此，实体就是通信时能发送和接收信息的具体的软硬件设施。如，当客户机的用户访问 WWW 服务器时，使用的实体就是 IE 浏览器；WEB 服务器中接收访问的 WEB 服务器程序，这些程序就是执行具体功能的实体。

（6）数据单元（Data Unit）

在计算机网络体系的参考模型中，不同节点内的对等层传送的是相同名称的数据包。这种网络中传输的数据包被称为数据单元。由于每一层完成的功能不同，处理的数据单元的大小、名称和内容也就不同。并且，每层数据单元中都包含有该层的地址、控制等传递过程中需要的信息。

1.3.2 计算机网络体系结构的特点和划分原则

不同的公司提出的网络体系结构不同，如 IBM 公司提出的世界上第一个网络体系结构 SNA，Digital 公司提出的 DAN，ARPANet 提出的 ARM 等。虽然，不同网络体系结构的设备不能相互通信，但是，它们都采用了"层次"技术。计算机网络采用层次化体系结构的特点如下：

① 各层之间相互独立。某一高层只需要知道如何通过接口向下一层提出服务请求，并使用下层提供的服务，而不需要了解下层执行时的细节。

② 结构上独立分割。由于各层独立划分，因此，每层都可以选择最适合自己的技术。

③ 灵活性好。如果某一层发生变化，只要接口的条件不变，则以上各层和以下各层的工作均不受影响，有利于模型的更新和升级。如果不需要该层的服务，则直接取消该层的服务即可。

④ 易于实现和维护。由于整个系统被分割为多个容易实现和维护的小部分，所以使得整个体系容易实现和管理。

⑤ 有益于标准化的实现。每一层明确的定义，说明每层的功能和服务都明确了，这十分利于标准化的实施。

总之，计算机网络体系结构描述了网络系统中各个部分应完成的功能、各部分之间的联系。它的划分原则是：把应用程序和网络通信管理程序分开；按照信息在网络中传输的过程，将通信管理程序分为若干个模块；把原来专用的通信接口转变为公用的、标准化的通信接口，提高网络的灵活性，简化网络系统的建设、改造和扩建工作。

1.3.3 OSI/RM 参考模型

为了使不同厂家之间的设备互联，必须要遵从相同的网络体系结构。ISO（International Standards Organization），国际标准化组织于 1981 年制定和颁布了开放系统互联的参考模型 OSI/RM（Open System Interconnection / Reference Model），简称"七层模型"。它的制定和颁布使所有的计算机网络走向了标准化，具备了开发和互联的条件。具体 OSI 参考模型如图 1-2 所示。

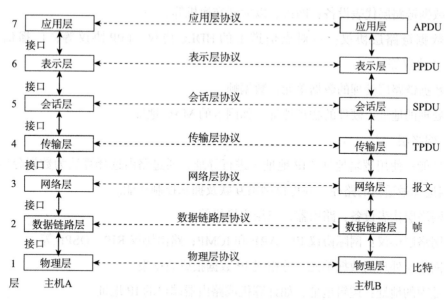

图 1-2 OSI/RM 网络模型结构示意图

1. OSI/RM 参考模型各层功能

OSI/RM 参考模型将协议组织成为层次结构，每层都包含一个或几个协议功能，并且分别对上一层负责。即 OSI/RM 模型将整个通信功能划分为 7 个层次，每一层都对网络提供服务，不同的层负责不同的事项，实现不同的功能。下面将分别描述 OSI/RM 参考模型的各层功能：

（1）物理层

① 功能：为上一层数据链路层提供一个物理连接。物理层规定了传输的电平、线速和电缆管脚，在介质上传送二进制的比特流，定义了 4 个规章特性，用以确定如何使用物理传输介质来实现两个节点间的物理连接。

② 物理层代表设备：中继器和集线器。

③ 物理层协议：美国电子工业协会规定的 RS-232；RS-422；RS-423 和 RS-485；IEEE802.3 和 802.5 等局域网的物理层规范；处理的二进制比特信号。

④ 物理层处理的数据单元：比特。

⑤ 处理的地址：直接面向物理端口的各个管脚，如 RS-232 管脚。

（2）数据链路层

① 功能：负责在两个相邻节点间的线路上，无差错地传送以"帧"为单位的数据。该层是在物理层服务的基础上，通过各种控制协议，将有差错的实际物理信道变成无差错

的、能可靠传输数据的数据链路。

② 数据链路层代表设备：网桥、以太网交换机等。

③ 数据链路层协议：点对点信道上的 HDLC 协议、PPP 协议等；广播信道上的 CSMA/CD 协议等。

④ 数据链路层处理的数据单元：数据帧。

⑤ 处理的地址：硬件的物理地址，如网卡的 MAC 地址。

（3）网络层

① 功能：使用逻辑地址（IP 地址）进行寻址，通过路由选择算法为数据分组，通过通信子网选择最适当的路径，并提供网络互联及拥塞控制功能。

② 网络层代表设备：路由器，三层交换机等。

③ 网络层协议：网际协议 IP、ARP 和 ICMP；路由协议 RIP、OSPF 等。

④ 网络层处理的数据单元：分组或 IP 数据报或数据报。

⑤ 处理的地址：逻辑地址，如计算机或路由器端口的 IP 地址。

（4）传输层

① 功能：负责主机中两个进程之间的通信，即在两个端系统（源站和目的站）的会话层之间，建立一条可靠或不可靠的运输连接，以透明的方式传送报文。

② 传输层协议：传输控制协议 TCP 和用户数据报协议 UDP。

③ 传输层处理的数据单元：报文段。

④ 处理的地址：进程标识，如 TCP 和 UDP 的端口号。

（5）会话层

① 功能：组织并协调两个应用进程之间的会话，并管理它们之间的数据交换。

② 会话层处理的数据单元：报文。

③ 会话层的含义：一个会话可能是一个用户通过网络登录到服务器，或在两台主机之间传递文件。因此，会话层就是在不同主机的应用进程之间建立和维护联系的。它在开始时进行身份验证、确定会话的通信方式、建立会话。然后，管理和维持对话。最后，断开会话。

（6）表示层

① 功能：保证一个系统应用层发出的信息能够为另一个系统的应用层理解，即处理节点间或通信系统间信息表示方式方面的问题，如，数据格式的转换、压缩与解压缩，加密与解密等。

② 表示层处理的数据单元：报文。

（7）应用层

① 功能：为了满足用户的需要，根据进程之间的通信性质，负责完成各种程序或网络服务的接口工作，如用户通过 Word 程序来获得字处理及文件传输服务。

② 应用层处理的数据单元：报文。

③ 处理的地址：进程标识，即端口号，如 80 代表 HTTP 协议使用的程序代码。

从 OSI/RM 参考模型中可以知道，物理层是 7 层中唯一的"实连接层"，而其他各层由于都间接地使用到物理层的功能，被称为了"虚连接层"。从功能上说，OSI/RM 参考模型中的第 1、2 层是解决网络信道问题的；第 3、4 层是解决传输问题的；第 5—7 层是解决应用进程访问问题的。从控制上分，OSI/RM 参考模型中的第 1—3 层属于通信子网，负责处理数据的传输、转发和交换等通信方面的问题；第 4—7 层属于资源子网，负责数据的处理、网络服务和网络资源的访问等问题。因此，OSI/RM 模型是一个定义得非常好的协议规范集，是一个理论的指导性模型。

2. OSI/RM 参考模型节点间的数据流

OSI/RM 参考模型中，网络设备只涉及了下面的 3 层。主机之间在通信时，每一个设备的同一层与另一个设备的对等层次进行通信，其通信的数据流可以分为以下两种情况：

（1）OSI/RM 参考模型主机节点间通信的数据流

不同主机之间在没有中间节点设备的情况下进行通信，同等层次通过附加到每一层的信息头进行通信。如图 1-3 所示。

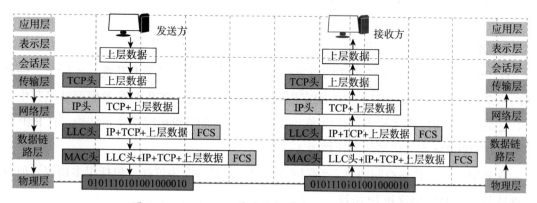

图 1-3　OSI/RM 环境中主机节点之间传输的数据流

在发送方，上层向下层传输数据时，每经过一层都对数据附加一个信息头部，即封装。该层的功能正是通过这个控制头（附加的各种信息）来实现。封装到物理层，构成二进制位流在物理媒介中传输。

在接收方，下层向上层传输数据时，每经过一层都要去掉数据附加的信息头部，即拆封，同时根据拆封得到的信息完成各层的相应的功能。直到传送到应用层，拆封出发送方最原始的信息。

（2）OSI/RM 参考模型含有中间节点的通信数据流

不同的主机之间在有中间节点（网络互联设备）的情况下通信时，主机之间进行数据通信的实际传输的数据流如图 1-4 所示。

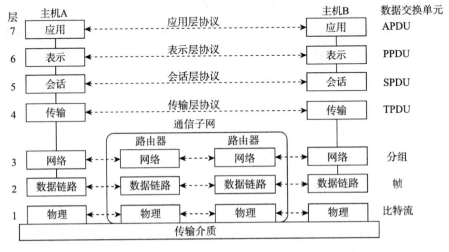

图 1-4　OSI/RM 环境中含有中间节点的主机系统间传输的数据流

各个节点（计算机或网络设备）在作为发送方时的工作，仍然是依次封装；在作为接收方时的工作，仍然是依次拆封并执行本层的功能。

1.3.4　TCP/IP 参考模型

OSI/RM 模型作为一个理论性的指导模型，具有最完备的体系和功能。实际上，一般的网络系统中只涉及其中的几层就能实现数据信息的通信。TCP/IP 参考模型就是其中之一，它是从 OSI/RM 参考模型演变而来，也是现在主流的计算机网络体系结构。TCP/IP 参考模型和 OSI/RM 参考模型的对比如图 1-5 所示。

TCP/IP 全称是传输控制协议 / 互联网络协议。它是一个协议簇，包括很多协议，但应用得最多的是 TCP 协议和 IP 协议。

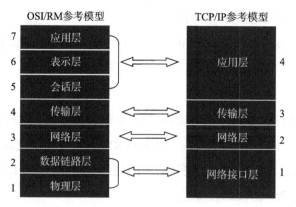

图 1-5　TCP/IP 参考模型和 OSI/RM 参考模型的对比

（1）TCP/IP 参考模型各层功能

由图 1-5 可知，TCP/IP 参考模型分为网络接口层、网络层、传输层和应用层。网络接口层为 OSI/RM 参考模型中物理层和数据链路层，应用层为 OSI/RM 参考模型中的会话层、表示层和应用层。其功能上也是相互对应。

（2）TCP/IP 参考模型节点间的数据流

TCP/IP 参考模型节点间的数据流和 OSI/RM 参考模型节点间的数据流方式一样，发送方发送数据时，从上层到下层逐层进行封装，以比特流的形式进入网络接口层；接收方接收数据时，从下层到上层逐层进行拆封，最后到达应用层。

（3）TCP/IP 参考模型中的协议簇

TCP/IP 不是一个定义完善的协议集，在实际应用中仍在不断发展和完善。常用的 TCP/IP 协议簇如图 1-6 所示。

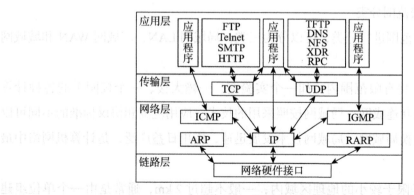

图 1-6　TCP/IP 协议簇

1.3.5 OSI/RM 和 TCP/IP 参考模型的比较

如图 1-5 所示的 OSI/RM 和 TCP/IP 参考模型对比图，它们之间的差别主要体现在以下两个方面：

1. 出发点不同

OSI/RM 参考模型是作为国际标准制定的，兼顾了各方，考虑的情况比较全面。TCP/IP 参考模型是为了适用军用网而定制的，从 OSI/RM 参考模型演变而来，留用了需要的层次功能，摒弃了和自己无关的功能，更符合实际使用。因此，OSI/RM 参考模型相比 TCP/IP 参考模型结构更复杂，协议的数量更多。

2. 对问题处理的方法不同

在层次间的关系上，OSI/RM 参考模型严格按层次关系处理两个实体间的通信，不能越层。而 TCP/IP 参考模型则允许越层，选择需要的功能进行实体间通信。因此 TCP/IP 参考模型减少了一些不必要的开销，提高了通信的效率。

在异构网络互联问题上，OSI/RM 参考模型开始只考虑用一个标准的公用数据网互联不同系统，后来在实践中才在网络层中划出一个子层完成 IP 任务。TCP/IP 参考模型则在设计时就考虑了对异构网络的互联问题。

1.4 计算机网络的分类

计算机网络的分类方式有很多种，可以按网络的覆盖范围、网络拓扑结构及按网络使用者等进行分类。

1. 按网络的覆盖范围分类

根据网络的覆盖范围进行分类，可以分为三类：局域网 LAN、广域网 WAN 和城域网 MAN。

（1）局域网用于将有限范围内（如一个实验室、一幢大楼、一个校园）的各种计算机、终端与外部设备互连成网。局域网按照采用的技术、应用范围和协议标准的不同可以分为共享局域网与交换局域网。局域网技术发展迅速，应用日益广泛，是计算机网络中最活跃的领域之一。

局域网的特点是限于较小的地理区域内，一般不超过 2 km，通常是由一个单位组建拥有的。如一个建筑物内、一个学校内、一个工厂的厂区内等。并且局域网的组建简单、灵活，使用方便。

（2）城市地区网络常简称为城域网。目标是要满足几十公里范围内的大量企业机关、公司的多个局域网互连的需求，以实现大量用户之间的数据、语音、图形与视频等多种信息的传输功能。其实城域网基本上是一种大型的局域网，通常使用与局域网相似的技术，把它单列为一类主要原因是它有单独的一个标准而且被应用了。

（3）广域网也称为远程网。它所覆盖的地理范围从几十公里到几千公里。广域网覆盖一个国家、地区，或横跨几个洲，形成国际性的远程网络。广域网的通信子网主要使用分组交换技术。广域网的通信子网可以利用公用分组交换网、卫星通信网和无线分组交换网、它将分布在不同地区的计算机系统互连起来，达到资源共享的目的。

2. 按拓扑结构分类

按网络拓扑结构进行分类，可以分为五类：星型网络、环型网络、总线型网络、树型网络和网状网络。

（1）星型拓扑结构

星型布局是以中央节点为中心与各节点连接而组成的，各个节点间不能直接通信，而是经过中央节点控制进行通信，如图1-7所示。这种结构适用于局域网，特别是近年来连接的局域网大都采用这种连接方式。这种连接方式以双绞线或同轴电缆作连接线路。

星型拓扑结构的优点是安装容易，结构简单，费用低。通常以集线器作为中央节点，便于维护和管理。

星型拓扑结构的缺点是共享能力较差、通信线路利用率不高、中央节点负担过重。

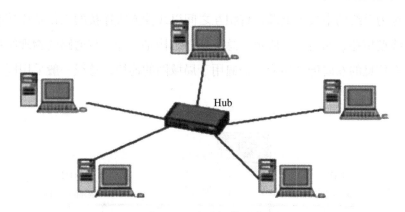

图 1-7 星形拓扑结构

（2）环型拓扑结构

环型网中各节点通过环路接口连在一条首尾相连的闭合环型通信线路中，环路上任何节点均可以请求发送信息。请求一旦被批准，便可以向环路发送信息，如图1-8所示。

一个节点发出的信息必须穿越环中所有的环路接口，信息流中目的地址与环上某节点地址相符时，即被该节点的环路接口所接收，而后信息继续流向下一环路接口，一直流回到发送该信息的环路接口节点为止。这种结构特别适用于实时控制的局域网系统。

环型拓扑结构的优点是安装容易，费用较低，电缆故障容易查找和排除。有些网络系统为了提高通信效率和可靠性，采用了双环结构，即在原有的单环上再套一个环，使每个节点都具有两个接收通道，简化了路径选择的控制、可靠性较高、实时性强。

环型拓扑结构的缺点是节点过多、时传输效率低、环路是封闭的难以扩充、一个节点的故障能导致全网瘫痪。

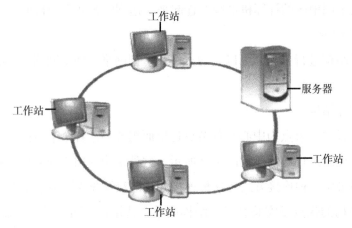

图 1-8　环形拓扑结构

（3）总线型拓扑结构

用一条称为总线的中央主电缆，将相互之间以线性方式连接的工作站连接起来的布局方式称为总线型拓扑，如图 1-9 所示。总线拓扑结构是一种共享通路的物理结构，这种结构中总线具有信息的双向传输功能，普遍用于局域网的连接，总线一般采用同轴电缆或双绞线。

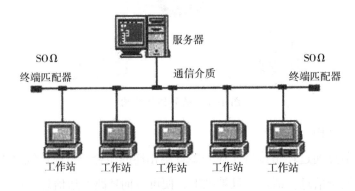

图 1-9　总线形拓扑结构

总线型拓扑结构的优点是安装容易，扩充或删除一个节点很容易，不需停止网络的正常工作，节点的故障不会殃及系统。由于各个节点共用一个总线作为数据通路，便于广播式工作，信道的利用率高。

总线型拓扑结构的缺点是由于信道共享，连接的节点不宜过多，并且总线自身的故障可导致系统的崩溃。

（4）树型拓扑结构

树型结构是总线型结构的扩展，它是在总线型上加上分支形成的，其传输介质可有多条分支，但不形成闭合回路，如图1-10所示。树型拓扑结构就像一棵"根"朝上的树，与总线拓扑结构相比，主要区别在于总线拓扑结构中没有"根"。这种拓扑结构的网络一般采用同轴电缆，用于军事单位、政府部门等上下界限相当严格和层次分明的部门。

树型拓扑结构的优点是容易扩展、故障也容易分离处理；具有一定容错能力、可靠性强、便于广播式工作。

树型拓扑结构的缺点是联系固定、专用性强，整个网络对根的依赖性很大，一旦网络的根发生故障，整个系统就不能正常工作。

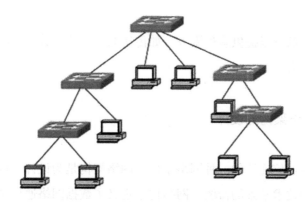

图 1-10 树形拓扑结构

（5）网状拓扑结构

网状拓扑结构是将多个子网或多个网络连接起来构成的，如图1-11所示。在一个子网中通过集线器、中继器多个设备连接，而多个子网通过桥接器、路由器及网关连接。

网状拓扑结构的优点是可靠性高、资源共享方便、友好的通信软件支持下通信效率高。

网状拓扑结构的缺点是前期投入费用高、结构复杂、软件控制麻烦。

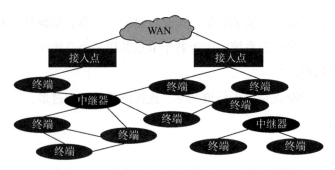

图 1-11 网状拓扑结构

3. 按网络使用者分类

按网络使用者分类可以分为公用网和专用网。

（1）公用网，是电信公司（国有或私有）出资建造的大型网络。"公用"的意思就是所有愿意按电信公司的规定交纳费用的人都可以使用这种网络。因此公用网也可称为公众网。

（2）专用网，是某个部门为满足本单位的特殊业务工作的需要而建造的网络。这种网络不向本单位以外的人提供服务。例如，军队、铁路、银行、电力等系统均有本系统的专用网。

公用网和专用网都可以提供多种服务。如传送的是计算机数据，则分别是公用计算机网络和专用计算机网络。

1.5 计算机网络架构的设计

网络架构是进行通信连接的一种网络结构。网络架构是为设计、构建和管理一个通信网络提供一个构架和技术基础的蓝图。网络构架定义了数据网络通信系统的每个方面，包括但不限于用户使用的接口类型、使用的网络协议和可能使用的网络布线的类型。

网络架构典型的是一个分层结构。分层是一种现代的网络设计原理，它将通信任务划分成很多更小的部分，每个部分完成一个特定的子任务。一般将计算机网络架构分为三个层次：接入层、汇聚层和核心层。

（1）接入层

接入层负责把终端用户接入到本网段内的局域网中。接入层交换机通常为用户提供2层的连通性，部署在该层面的设备有时也被称为建筑接入交换机。

接入层设备应当具备的特点是：低开销的交换端口；高密度的端口设计；可扩展的上

联线路；高可用性；具备汇聚网络服务的能力（数据、语言和视频）；安全特性和服务质量（QOS）。

（2）汇聚层

汇聚层为局域网的接入层和核心层提供了相互的连通性，部署在该层面的设备有时也被称为建筑汇聚交换机。

汇聚层设备应当具备的特点是：聚合多台接入层交换机；为数据包提供高吞吐量的 3 层路由处理性能；安全特性和基于策略的连通性控制；服务质量（QOS）特性；拥有连接到核心层和接入层的高速链路，且这些链路具备很好的可扩展性和冗余性。

汇聚层聚合了所有接入层设备的上联链路。除此之外，汇聚交换机还必须能够处理来自于所有已连接设备的流量集合。这些交换机应当拥有高密度设计的高速链路，以便支持众多接入层交换机的聚合。

（3）核心层

局域网核心层负责为所有的汇聚层设备提供连通性。核心，也被称为骨干，必须尽可能高效地对流量进行交换转发。

核心层交换机必须具备的特点是：极高的 3 层路由转发吞吐量；避免部署一些高开销或不必要的数据包处理策略（如访问控制列表、数据包过滤）；提供冗余和回弹特性，从而获得出色的高可用性；高级 QOS 功能。

部署于局域网核心层或骨干区域的设备应当专门针对高速转发进行优化，这是因为核心层必须处理大量的数据（这些数据来自于整个局域网），因此核心层的设计必须遵循极简化和高效性的目标。

计算机网络架构进行设计时，如果这三个层次都使用，称为三层网络架构；如果只是使用二个层次——接入层和核心层，就叫做二层网络架构，也称为收缩型网络架构。

（1）二层网络架构

只有核心层和接入层的二层网络架构模式运行简便，交换机根据 MAC 地址表进行数据包的转发，如图 1-12 所示。

对于交换机设备，执行"有则转发，无则泛洪"机制。即将数据包广播发送到所有端口，如果目的终端收到就要给出回应，那么交换机就可以将该 MAC 地址添加到地址表中，这是交换机对 MAC 地址进行建立的过程。

但这样频繁的对未知的 MAC 目标的数据包进行广播，在大规模的网络架构中形成的网络风暴是非常庞大的，这也很大程度上限制了二层网络规模的扩大，因此二层网络的组网能力非常有限，所以一般只是用来搭建小局域网。

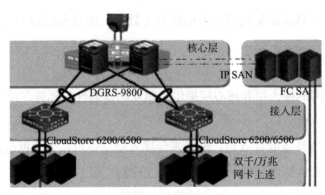

图 1-12 二层网络架构

（2）三层网络架构

与二层网络不同的是，三层网络结构可以组件大型的网络。三层网络架构如图 1-13 所示。

核心层是整个网络的支撑脊梁和数据传输通道，重要性不言而喻。因此在整个三层网络结构中，核心层的设备要求是最高的，必须配备高性能的数据冗余转接设备和防止负载过剩的均衡负载的设备，以降低各核心层交换机所承载的数据量。

汇聚层是连接网络的核心层和各个接入层的应用层，在两层之间承担"媒介传输"的作用。

汇聚层应该具备以下功能：实施安全功能（划分 VLAN 和配置 ACL）、工作组整体接入功能、虚拟网络过滤功能。因此，汇聚层设备应采用三层交换机。

接入层的面向对象是终端客户，为终端客户提供接入功能。

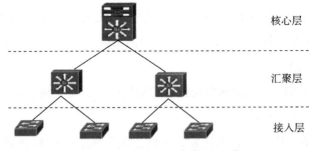

图 1-13 三层网络架构的设计

练习题

1. 计算机网络都有哪些类别？各种类别的网络都有哪些特点？

2. 协议与服务有何区别？有何关系？

3. 网络协议的三个要素是什么？各有什么含义？

4. 试述具有五层协议的网络体系结构的要点，包括各层的主要功能。

5. 试解释以下名词：协议栈、实体、对等层、协议数据单元、服务访问点、客户、服务器、客户—服务器方式。

6. 假定要在网络上传送 1.5 MB 的文件。设分组长度为 1 KB，往返时间 RTT=80 ms。传送数据之前还需要有建立 TCP 连接的时间，这时间是 $2 \times$ RTT=160 ms。试计算在以下几种情况下接收方收完该文件的最后一个比特所需的时间。

① 数据发送速率为 10 Mbit/s，数据分组可以连续发送。

② 数据发送速率为 10 Mbit/s，但每发送完一个分组后要等待一个 RTT 时间才能再发送下一个分组。

③ 数据发送速率极快，可以不考虑发送数据所需的时间。但规定在每一个 RTT 往返时间内只能发送 20 个分组。

④ 数据发送速率极快，可以不考虑发送数据所需的时间。但在第一个 RTT 往返时间内只能发送一个分组，在第二个 RTT 内可发送两个分组，在第三个 RTT 内可发送四个分组（即 $2^{3-1}=2^2=4$ 个分组）。（这种发送方式见本教材关于 TCP 的拥塞控制部分。）

第 2 章　物理层

物理层是计算机网络的第一层，它虽然处于最底层，却是整个开放系统的基础。物理层为设备之间的数据通信提供传输媒体及互连设备，为数据传输提供可靠的环境。

2.1　物理层概述

2.1.1　物理层的基本概念

物理层这一处虽然带着"物理"二字，可并不意味着这一层是实体，物理层规定传输数据所需要的物理链路创建、维持、拆除；提供具有机械的、电子的、功能的和规范的特性；关心信号的传输方式等。下面从物理层的作用和功能两个方面加深对物理层概念的理解。

1. 物理层作用

① 物理层要尽可能地屏蔽掉物理设备和传输媒体、通信手段的不同，使物理层的上一层——数据链路层感觉不到这些差异，只考虑完成本层的协议和服务。

② 给其服务用户（数据链路层）在一条物理的传输媒体上传送和接收比特流（一般为串行按顺序传输的比特流）的能力，为此，物理层应该解决物理连接的建立、维持和释放问题。

③ 在两个相邻系统之间唯一地标识数据电路。

2. 物理层主要功能

① 为数据端设备提供传送数据的通路，数据通路可以是一个物理媒体，也可以是多个物理媒体连接而成。一次完整的数据传输，包括激活物理连接、传送数据、终止物理连接。所谓激活，就是不管有多少物理媒体参与，都要在通信的两个数据终端设备间连接起来，形成一条通路。

② 传输数据，物理层要形成适合数据传输需要的实体，为数据传送服务。一是要保证数据能在其上正确通过，二是要提供足够的带宽（带宽是指每秒钟内能通过的比特（Bit）数），以减少信道上的拥塞。

传输数据的方式能满足点到点，点到多点，多点到多点，串行或并行，半双工或全双工，同步或异步传输的需要。

③ 完成物理层的一些管理工作。

2.1.2 物理层设备与接口

物理层的设备和接口用于在物理层对网络进行扩展时使用，是物理电路连接的关键技术。

1. 中继器

中继器是连接网络线路的装置，用于两个网络节点之间物理信号的双向转发工作。中继器是最简单的网络互联设备，主要完成物理层的功能，负责在两个节点的物理层上按位传递信息，完成信号的复制、调整和延续功能，以此来延续网络。同时，由于存在损耗，在线路上传输的信号功率会逐渐衰减，衰减到一定程度时将造成信号失真，最终会导致接收到的信息错误甚至丢失。因此，中继器在完成物理线路的连接时，对衰减的信号进行放大，保持与原数据相同。

从理论上讲中继器的使用是无限的，网络也因此可以无限延长。但是现实生活中这样是不现实的，因为网络标准中都对信号的延续范围作了具体的规定，中继器只适用于较小地理范围内的相对较小的局域网（少于 100 个节点）内有效工作，如一栋办公楼，否则会引起网络故障。

总之，中继器是最简单的物理层设备，它不关心数据的格式和含义，只负责复制和增强通过物理介质传输的表示"1"和"0"的信号，是扩展一个工作站或一组工作站与网络中其他部分的距离，可以将局域网的一个网段和另一个网段相连，这边要求其能够连接不同类型的介质。但有些中继器只是一种信号放大设备，它不能连接两种不同的介质访问类型；不能识别数据帧的格式和内容；不能将一种数据链路报头类型转换成另外一种形式；不能隔断局域网网段间的通信，所以不能用它连接负载重的局域网。中继器设备如下图 2-1 所示。

图 2-1 中继器

2. 集线器

集线器也叫 Hub 或 Concentrator，是基于星形拓扑的接线点。集线器的基本功能是信息分发，它把一个端口接收的所有信号向所有端口分发出去，并在分发之前将弱信号重新生成，同时整理信号的时序以提供所有端口间的同步数据通信。其本质是一个多端口的中继器。

（1）集线器的作用

集线器是以优化网络布线结构、简化网络管理为目标设计的。常见的集线器如图 2-2 所示。集线器是一个多端口的转发器，当以集线器为中心设备，网络中某条线缆产生故障时，并不会影响其他线路上设备的正常工作。

图 2-2　集线器

（2）集线器的分类

集线器可以分为被动集线器、主动集线器和智能集线器。

① 被动集线器，顾名思义被动集线器是相对静止的。它们没有专门的动作来提高网络性能，也不能帮用户检测硬件错误或性能瓶颈，它们只是简单地从一个端口接收数据并通过所有端口分发，这是集线器可以做的最简单的事情，被动集线器是星形拓扑以太网的入门级设备。

② 主动集线器，主动集线器拥有被动集线器的所有性能，此外还能监视数据。它们是在以太网实现存贮转发技术的重要角色，能够在转发之前检查数据，并不区分优先次序，而是纠正损坏的分组并调整时序。如果信号比较弱但仍然可读，主动集线器能在转发前将其恢复到较强的状态；如果设备失效，主动集线器可以提供一定的诊断能力。

③ 智能集线器，智能集线器比前两种提供更多的好处，可以使用户更有效地共享资源。除了主动集线器的特性外，智能集线器提供了集中管理功能。智能集线器能识别、诊断和修补出了问题的设备；能为不同设备提供灵活的传输速率；能上连到高速主干的端口；能支持到桌面的 10 Mbps、16 Mbps 和 100 Mbps 的速率，即以太网、令牌环和 FDDI。

（3）集线器的工作特点

① 集线器是一个多端口的信号放大设备，当集线器端口接收到一个在物理电路上传输的、已经衰减了的信号时，会对该信号进行整形放大，使该信号恢复到发送时的状态，然后转发到集线器上处于工作状态的端口上。因此，集线器是一个标准的共享式设备。

② 因为集线器是共享式设备，所以集线器只能工作在半双工的工作模式。

③ 集线器用于共享网络的组建。在交换式网络中，集线器和交换机相连，将交换机端口上的数据送到主机桌面，并且能对与之相连的工作站进行集中管理，允许工作站自由加入、退出集线器的管理。

3. 接口特性

物理层的作用是尽可能地屏蔽计算机网络中的物理设备、传输媒体、通信方式等方面的差异，使数据链路层感觉不到这些差异，物理层的协议也常称为物理层规程（procedure）。主要任务描述为确定与传输媒体的接口的一些特性，那么接下来就详细介绍一下这些特性。

① 机械特性，也叫物理特性，指明通信实体间硬件连接接口的机械特点，如接口所用接线器的形状和尺寸、引线数目和排列、固定和锁定装置等。这很像平时常见的各种规格的电源插头，其尺寸都有严格的规定。

② 电气特性，规定了在物理连接上，导线的电气连接及有关电路的特性，一般包括：接收器和发送器电路特性的说明、信号的识别、最大传输速率的说明、与互连电缆相关的规则、发送器的输出阻抗、接收器的输入阻抗等电气参数等。

③ 功能特性，指明物理接口各条信号线的用途（用法），包括：接口线功能的规定方法，接口信号线的功能分类——数据信号线、控制信号线、定时信号线和接地线 4 类。

④ 规程特性，指明利用接口传输比特流的全过程及各项用于传输的事件发生的合法顺序，包括事件的执行顺序和数据传输方式，即在物理连接建立、维持和交换信息时，各自电路上的动作序列。

例如：EIA-232-E 是美国电子协会 EIA 制定的著名物理层异步通信接口标准。它最早是 1962 年制订的标准 RS-232。RS 表示 EIA 的一种"推荐标准"，232 是个编号。如图 2-3 所示。

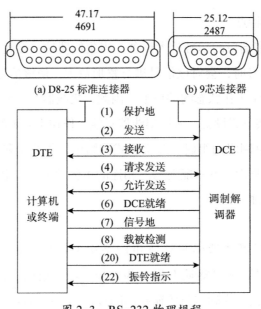

图 2-3　RS-232 物理规程

EIA-232 的物理规程如下：

机械方面：EIA-232 使用 ISO 2110 关于插头座的标准。就是使用 25 根引脚的 DB-25 插头座。引脚分为上、下两排，分别有 13 和 12 根引脚，其编号为 1 至 13 和 14 至 25，都是从左到右。

电气方面：EIA-232 与 CCITT 的 V.28 建议书一致，但要注意 EIA-232 采用负逻辑，逻辑 0 相当于对信号地线有 +3 V 或更高的电压，而逻辑 1 相当于对信号地线有 −3 V 或更低的电压。逻辑 0 相当于数据"0"（空号）或控制线的"接通"状态，而逻辑 1 则相当于数据"1"（传号）或控制线"断开"。

功能特性：与 CCITT 的 V.24 建议书一致。规定了什么电路应当连接到 25 根引脚的哪一根以及该引脚的作用。

规程特性：与 CCITT 的 V.24 建议书一致。规定了 DTE 和 DCE 之间所发生的事件的合法序列。

2.1.3　数据通信系统

数据通信系统是完成数据传输和数据传输前后数据处理两个方面功能的平台。数据传输是通过某种方式建立的一个信号传输通道；数据处理是使数据能更可靠、有效地在传输通道中传送。因此，数据通信系统组成需要三个部分：发送部分、传输部分和接收部分，其中传输部分是完成数据传输功能，发送和接收部分完成数据处理功能。如图 2-4 所示数据的通信系统。

图 2-4 数据通信系统的基本模型

信源，信息的发出者，它把各种可能的信息转换成原始信号，为了使其能适合在信道上传输，就要通过某种变换器将原始信号转换成需要的信号。常用的信源有电话机话筒、摄像机、传真机、计算机等。

信宿，信息的接受者，它将接收到的信号转换成相应的信息。

发送器、接收器，也称为信号转换设备，有不同的组成和转换功能。其作用是将信源发出的信号转换成适合在信道上传输的信号，对应不同的信源和信道。同时，接收器会执行和发送器相反的工作，使信号恢复成信源发出的信号。

信道，是发送设备和接收设备之间用于传输信号的通路。

其中，信道可以分为物理信道和逻辑信道。物理信道是指用来传输信号的物理通路，逻辑信道是指在发送端和接收端之间传输信息的数据连接通路。一条物理信道可以对应一条或多条逻辑信道。如在城市交通系统中，马路指的就是用来传输车辆的物理信道，而一条马路可以对应 4 条或 6 条车道这样的逻辑信道。

2.2 编码调制

通信是为了交流消息，交流消息是为了保证接受方收到的和发出方所发送的信息一致。可是，通信过程中存在各种各样的干扰。各种噪声干扰，有自然的，有人类活动产生的，总之，再好的电缆、再强的信号都会被各种干扰。如何解决此问题？在数据通信系统的模型中，信源，一般是无规则的信号，容易被干扰（被干扰也叫失真）。经过发送器时，发送器对信源进行编码以减小信号的失真率以及加强其可检验性，或利用调制加强信号的传输能力及传输效率。被编码和调制后的信源在信道上传输后，到达接收器，接收器对信号进行发送器的逆处理——解码和解调，以得到最原始的信号。

2.2.1 模拟信号和数字信号

要学习编码、调制和解码、解调，首先需要了解模拟信号和数字信号。

模拟信号，是指在时域上数学形式为连续函数的信号。如图 2-5（a）所示。语音就是模拟信号。

数字信号，是指幅度的取值是离散的，幅值表示被限制在有限个数值之内。如图2-5（b）所示。二进制码就是一种数字信号，它受噪声的影响小，易于对数字电路进行处理，得到广泛的应用。计算机中，数字信号的大小常用有限位的二进制数表示，例如，字长为2位的二进制数可表示4种大小的数字信号，它们是00、01、10和11。

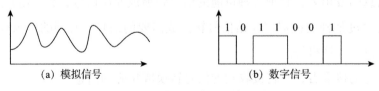

(a) 模拟信号　　　　　　　　(b) 数字信号

图2-5　模拟信号和数字信号

2.2.2　编码

1. 数字—数字编码

数据终端产生的数据信息是以"1"或"0"两种代码为代表的随机序列，利于传输。同时，可以用不同形式的电信号表示，构成不同形式的数字—数字编码。

常见有不归零码、归零码、曼彻斯特编码和差分曼彻斯特编码等。以信号1000100111为例进行各种编码，如图2-6所示。

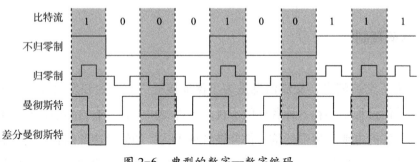

图2-6　典型的数字—数字编码

不归零编码和归零编码。在一个码元周期T内，数据电信号的电平值保持不变，即是不归零编码；在一个码元周期T内，电平维持某个值一段时间返回零，就是归零码。其中，零电平占整个码元周期的比例为50%。

曼彻斯特编码。其编码规则是：每个码元周期的中间有跳变，在信号位中电平从低到高跳变表示"1"，在信号位中电平从高到低跳变表示"0"，反之也可。一般在以太网中使用曼彻斯特编码方式。

差分曼彻斯特编码。曼彻斯特和差分曼彻斯特编码是原理基本相同的两种编码，后者是前者的改进。其编码规则是：在信号位开始时不改变信号极性，表示逻辑"1"；在信号位开始时改变信号极性，表示逻辑"0"。一般在令牌环网络中使用差分曼彻斯特编码方式。

其中，曼彻斯特编码和差分曼彻斯特编码的特点是在传输的每一位信息中都带有位同步时钟，因此一次传输可以允许有很长的数据位。曼彻斯特编码的每个比特位在时钟周期内只占一半，当传输"1"时，在时钟周期的前一半为高电平，后一半为低电平；而传输"0"时正相反。这样，每个时钟周期内必有一次跳变，这种跳变就是位同步信号。差分曼彻斯特编码则是在每个时钟位的中间都有一次跳变，传输的是"1"还是"0"，是通过在每个时钟位的开始有无跳变来区分的。差分曼彻斯特编码比曼彻斯特编码的变化要少，因此更适合与传输高速的信息，被广泛用于宽带高速网中。然而，由于每个时钟位都必须有一次变化，所以这两种编码的效率仅可达到 50% 左右。

2. 模拟—数字编码

实际应用中，经常用到将模拟信号转换为数字信号的编码方式。例如，把模拟的声音进行数字化处理，解决的是在不损失信号质量的前提下，将信息从连续值转成离散数字值。

一般采用脉冲编码调制 PCM 的方式，如图 2-7，并且过程如下：

（1）抽样，将连续信号变为时间轴上离散的信号的过程。

（2）量化，将幅度连续变化的模拟量变成用有限位二进制数字表示的数字量的过程。量化级数越多误差越小，相应的二进制码位数越多，要求传输速率越高，频带越宽；为使量化噪声尽可能小而所需码位数又不太多，通常采用非均匀量化的方法进行量化；非均匀量化根据幅度的不同区间来确定量化间隔，幅度小的区间量化间隔取得小，幅度大的区间量化间隔取得大。

（3）编码，将量化后的量化幅度用一定位数的二进制表示。在实际的 PCM 设备中，量化和编码是一起进行的；通信中采用高速编码方式。

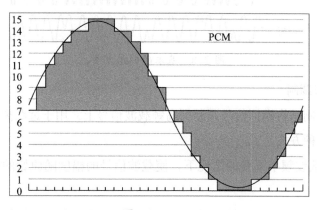

图 2-7　PCM

2.2.3 调制

调制在通信系统中有十分重要的作用。通过调制，不仅可以进行频谱搬移，把调制信号的频谱搬移到所希望的位置上，从而将调制信号转换成适合于传播的已调信号，而且它对系统的传输有效性和传输的可靠性有着很大的影响，调制方式往往决定了一个通信系统的性能。

调制有两种方式：数字—模拟调制和模拟—模拟调制。

1. 数字—模拟调制

数字—模拟调制是用数字的基带信号对载波信号的某些参数进行控制，使得这些参数随着基带信号的变化而变化。调制解调器就是这类数字—模拟调制的产品，形式简单，易于产生和接收。

一般在频带传输中所使用的调制方法有幅移键控、频移键控和相移键控。如图 2-8 所示。

① 幅移键控，是用基带信号控制载波信号的幅度变化，使得这种变化中携带有基带的 1 和 0 数据。

② 频移键控，是用基带信号控制载波信号的频率变化，使得这种变化中携带有基带的 1 和 0 数据。

③ 相移键控，是用基带信号控制载波信号的相位变化，使得这种变化中携带有基带的 1 和 0 数据。

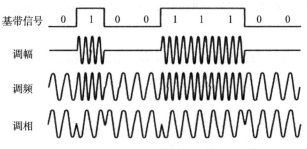

图 2-8　基本的调制方法

2. 模拟—模拟调制

模拟—模拟调制是将模拟信号调制到高频载波信号上，用于远距离的通信。主要有调幅、调频和调相三种方式。

① 调幅：在载波频率不变的情况下，使载波信号的幅度随原始的模拟信号的幅度变化，得到的信号。

② 调频：在载波幅度不变的情况下，使载波信号的频率随原始的模拟信号的幅度变

化，得到的信号。

③ 调相：在载波幅度不变的情况下，使载波信号的相位随原始的模拟信号的幅度变化，得到的信号。

2.3　传输系统

当信源经过信号转换器转换后进入到传输系统传送信息。传输系统是由传输媒介连接各种网络设备组成；为了提高信号在传输媒介中的利用率，传输系统中采用复用技术使信号在同一时刻，多路发送；信号在传输系统中传输，不同的传输方式，处理机制不一样，传输效率也不一样。

2.3.1　传输媒介

传输媒介可以分为两大类，即导引型媒介和非导引型媒介。导引型媒介，是电磁波沿着固体介质向前传播，非导引型媒介是利用大气和外层空间作为传播电磁波的通路。

1. 导引型媒介

（1）双绞线

① 双绞线的定义

双绞线的英文名字叫 Twist-Pair，是综合布线工程中最常用的一种传输介质，是由两根具有绝缘保护层的铜导线组成的。把两根绝缘的铜导线按一定密度互相绞在一起，每一根导线在传输中辐射出来的电波会被另一根线上发出的电波抵消，有效降低信号干扰的程度。双绞线采用了一对互相绝缘的金属导线互相绞合的方式来抵御一部分外界电磁波干扰。把两根绝缘的铜导线按一定密度互相绞在一起，可以降低信号干扰的程度，每一根导线在传输中辐射的电波会被另一根线上发出的电波抵消。"双绞线"的名字也是由此而来。如图 2-9 所示。

图 2-9　双绞线

双绞线可以分为屏蔽双绞线和非屏蔽双绞线。现在局域网中广泛使用的就是非屏蔽双绞线，它成本低、重量轻、易弯曲、尺寸小，适合结构化综合布线等优点。但是它存在传输时信息辐射的缺点，信息容易被窃听。因此，在安全级别比较高的场所使用屏蔽双绞线，它的抗电磁干扰能力强、传输质量高，但缺点是成本高、安装复杂等。

② 双绞线的分类

双绞线一般由两根 22—26 号绝缘铜导线相互缠绕而成，实际使用时，双绞线是由多对双绞线一起包在一个绝缘电缆套管里的。典型的双绞线有四对的，也有更多对双绞线放在一个电缆套管里的。扭绞长度在 38.1 cm 至 14 cm 内，按逆时针方向扭绞。相临线对的扭绞长度在 12.7 cm 以上，一般扭线越密其抗干扰能力就越强，与其他传输介质相比，双绞线在传输距离、信道宽度和数据传输速度等方面均受到一定限制，但价格较为低廉。

双绞线常见的有三类线，五类线和超五类线，以及最新的六类线，前面线径细而后面线径粗，基本的分类如下：

一类线：主要用于语音传输（一类标准主要用于上世纪 80 年代初之前的电话线缆），不用于数据传输。

二类线：传输频率为 1 MHz，用于语音传输和最高传输速率 4 Mbps 的数据传输，常见于使用 4 Mbps 规范令牌传递协议的旧的令牌网。

三类线：指目前在 ANSI 和 EIA/TIA568 标准中指定的电缆，该电缆的传输频率 16 MHz，用于语音传输及最高传输速率为 10 Mbps 的数据传输，主要用于 10BASE-T。

四类线：该类电缆的传输频率为 20 MHz，用于语音传输和最高传输速率 16 Mbps 的数据传输，主要用于基于令牌的局域网和 10BASE-T/100BASE-T。

五类线：该类电缆增加了绕线密度，外套一种高质量的绝缘材料，传输率为 100 MHz，用于语音传输和最高传输速率为 10 Mbps 的数据传输，主要用于 100BASE-T 和 10BASE-T 网络。这是最常用的以太网电缆。

超五类线：超 5 类具有衰减小，串扰少，并且具有更高的衰减与串扰的比值（ACR）和信噪比（StructuralReturnLoss），更小的时延误差，性能得到很大提高。超 5 类线主要用于千兆位以太网（1 000 Mbps）。

六类线：该类电缆的传输频率为 1 MHz—250 MHz，六类布线系统在 200 MHz 时综合衰减串扰比（PS-ACR）有较大的余量，它提供 2 倍于超五类的带宽。六类布线的传输性能远远高于超五类标准，最适用于传输速率高于 1 Gbps 的应用。六类与超五类的一个重要的不同点在于：改善了在串扰以及回波损耗方面的性能，对于新一代全双工的高速网络应用而言，优良的回波损耗性能是极重要的。六类标准中取消了基本链路模型，布线标准采用星形拓扑结构，要求的布线距离为：永久链路的长度不能超过 90 m，信道长度不能超过 100 m。

超六类或 6A（CAT6A）：此类产品传输带宽介于六类和七类之间，传输频率为 500 MHz，传输速度为 10 Gbps，标准外径 6 mm。和七类产品一样，国家还没有出台正式的检测标准，只是行业中有此类产品，各厂家宣布一个测试值。

七类线（CAT7）：传输频率为 600 MHz，传输速度为 10 Gbps，单线标准外径 8 mm，多芯线标准外径 6 mm。

类型数字越大、版本越新，技术越先进、带宽也越宽，当然价格也越贵。这些不同类型的双绞线标注方法是这样规定的，如果是标准类型则按 CATx 方式标注，如常用的五类线和六类线，则在线的外皮上标注为 CAT5、CAT6。而如果是改进版，就按 xe 方式标注，如超五类线就标注为 5e（字母是小写，而不是大写）。

③ 双绞线的制作

制作双绞线，需要准备这些工具：双绞线、水晶头、压线钳、测线仪，具体步骤如下。

第 1 步，用双绞线网线钳把双绞线的一端剪齐然后把剪齐的一端插入到网线钳用于剥线的缺口中。顶住网线钳后面的挡位以后，稍微握紧网线钳慢慢旋转一圈，让刀口划开双绞线的保护胶皮并剥除外皮。如图 2-10 所示。

图 2-10　网线制作步骤 1

注意：网线钳挡位离剥线刀口长度通常恰好为水晶头长度，这样可以有效避免剥线过长或过短。如果剥线过长往往会因为网线不能被水晶头卡住而容易松动，如果剥线过短则会造成水晶头插针不能跟双绞线完好接触。

第 2 步，剥除外包皮后会看到双绞线的 4 对芯线，用户可以看到每对芯线的颜色各不相同。将绞在一起的芯线分开，按照橙白、橙、绿白、蓝、蓝白、绿、棕白、棕的颜色一字排列，并用网线钳将线的顶端剪齐。如图 2-11 所示。

图 2-11　网线制作步骤 2

第 3 步，使 RJ-45 插头的弹簧卡朝下，然后将正确排列的双绞线插入 RJ-45 插头中。在插的时候一定要将各条芯线都插到底部。由于插头是透明的，因此可以观察到每条芯线插入的位置。如图 2-12 所示。

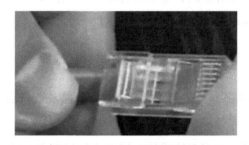

图 2-12　网线制作步骤 3

第 4 步，将插入双绞线的 RJ-45 插头插入网线钳的压线插槽中，用力压下网线钳的手柄，使插头的针脚都能接触到双绞线的芯线。如图 2-13 所示。

图 2-13　网线制作步骤 4

第 5 步，完成双绞线一端的制作工作后，按照相同的方法制作另一端即可。注意双绞线两端的芯线排列顺序要完全一致。如图 2-14 所示。

图 2-14　网线制作步骤 5

完成制作后，建议使用网线测试仪对网线进行测试，测线仪如图 2-15 所示。将双绞线的两端分别插入网线测试仪的 RJ-45 接口，并接通测试仪电源。如果测试仪上的 8 个绿色指示灯都顺利闪过，说明制作成功。如果其中某个指示灯未闪烁，则说明插头中存在断路或者接触不良的现象。此时应再次对网线两端的 RJ-45 插头用力压一次并重新测试，如果依然不能通过测试，则只能重新制作。关于测线仪的部分在网络故障排除的章节中有详细的讲解。

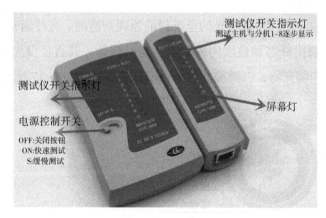

图 2-15　测线仪

（2）同轴电缆

同轴电缆（CoaxialCable）是指有两个同心导体，而导体和屏蔽层又共用同一轴心的电缆。同轴电缆由绝缘材料隔离的铜线导体组成，在里层绝缘材料的外部是另一层环形导体及其绝缘体，然后整个电缆由聚氯乙烯或特氟纶材料的护套包住。同轴电缆抗干扰能力强，适合高速数据的传输。其结构如图 2-16 所示。

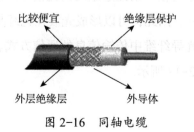

图 2-16　同轴电缆

同轴电缆根据其直径大小可以分为：粗同轴电缆与细同轴电缆。粗缆适用于比较大型的局部网络，它的标准距离长，可靠性高，由于安装时不需要切断电缆，因此可以根据需要灵活调整计算机的入网位置，但粗缆网络必须安装收发器电缆，安装难度大，所以总体造价高。相反，细缆安装则比较简单，造价低，但由于安装过程要切断电缆，两头须装上基本网络连接头（BNC），然后接在 T 型连接器两端，所以当接头多时容易产生不良的隐患，这是目前运行中的以太网所发生的最常见故障之一。无论是粗缆还是细缆均为总线拓扑结构，即一根缆上接多部机器，这种拓扑适用于机器密集的环境，但是当一触点发生故障时，故障会串联影响到整根缆上的所有机器。故障的诊断和修复都很麻烦，因此，将逐步被非屏蔽双绞线或光缆取代。

（3）光纤

光纤是光导纤维的简称，是目前性能最好、应用最广泛的一种传输介质。

① 光纤的物理特性

光纤是一种传输介质，是依照光的全反射的原理制造的。光纤通常由非常透明的石英玻璃拉成细丝，主要由纤芯和包层构成双层通信圆柱体，其直径仅为 0.2 mm。因此，光纤制作中加入强芯和填充物，以增加其机械强度。其结构如图 2-17 所示。

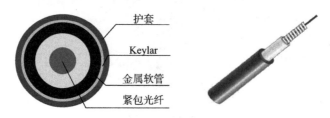

图 2-17　光纤结构图

处于光缆最外面的护套，将一捆光纤包在一块，起到较好的保护光纤的作用；中间的层是玻璃封套，这层玻璃封套的密度比光纤芯的密度低，可以形成光的全放射；中间的光纤芯是实际传输数据的媒体，由一条极细的玻璃丝构成。

② 光纤的通信原理

光纤通过内部的全反射来传输一束经过编码的光信号。由于光纤的结构，光纤芯的折射率高于外部的包层的折射率，因此，可以形成光波在光纤与包层之间的全反射。

光纤通信是利用光波在光导纤维中传输信息的通信方式。光纤通信系统由光源、光纤和光电转换装置构成，如图 2-18 所示。

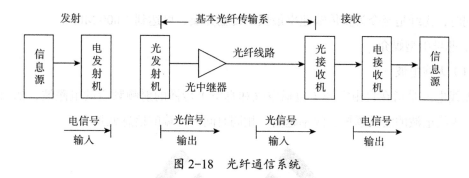

图 2-18 光纤通信系统

光源是光波产生的根源，主要有两种光源，一种是发光二极管 LED，另一种是半导体激光 ILD；

光纤是传输光波的导体；

光电发射装置的功能是在发送端产生光束，将电信号转换成光信号，再把光信号导入光纤。接收端负责接收从光纤上传输的光信号，并将它转变成电信号，经解码后再作相应的处理。

③ 光纤的传输

光纤传输可以分为两种类型：单模光纤传输和多模光纤传输。

单模光纤的纤芯直径只有几微米，接近波长。在传输时，光信号与光纤轴呈单个可分辨角度的单路光载波传输。多模光纤的纤芯直径达到 50 um，远远大于波长。在传输时，光信号与光纤轴呈多个可分辨角度的多路光载波传输。单模光纤与多模光纤相比，传输距离更长，速度更快，但制作成本也高。单模光纤和多模光纤传输机制对比如图 2-19 所示。

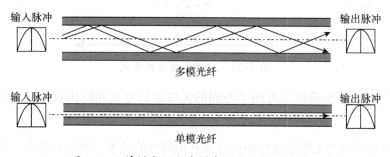

图 2-19　单模光纤和多模光纤传输机制的对比

④ 光纤的优点

由于在光纤中是采用光信号来传输数据的，因此光纤具有电缆无法比拟的优点：光纤传输距离长、衰减小，可以在 6—8 km 的距离内不使用中继器实现高速数据的传输，而电缆无法相提并论。并且，光纤的抗干扰能力强，能在长距离、高速率的传输中达到低于 10^{-10} 的低误码率，不受外界电磁的干扰和噪声的影响，使数据的安全性和保密性得到保障。同时，光纤是至今为止传输速率最快的传输介质，可达到 1 000 Mbps。

2. 非导引型媒介

（1）无线电波

无线电波是指在自由空间（包括空气和真空）传播的射频频段的电磁波，如图 2-20
所示。无线电波的波长越短、频率越高，相同时间内传输的信息就越多。

图 2-20　无线电波

无线电波是一种能量传输形式，在传播过程中，电场和磁场在空间是相互垂直的，同
时这两者又都垂直于传播方向。如图 2-21 所示。

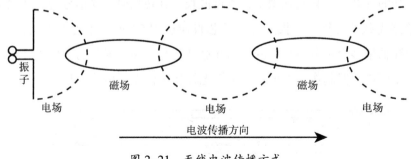

图 2-21　无线电波传播方式

无线电波的不同频段范围可用于不同的无线通信方式和应用场景，表 2-1 和表 2-2
所示。

无线电技术是通过无线电波传播声音或其他信号的技术。利用导体中电流强弱的改变
产生无线电波的现象，并调制将信息加载于无线电波之上进行传输。当电波通过空间传播
到达收信端，电波引起的电磁场变化又会在导体中产生电流。通过解调将信息从电流变化
中提取出来，就达到了信息传递的目的。

（2）微波

微波是无线电波中的一种，其频率范围在 300 MHz—300 GHz、波长范围在 1 mm—
1 m 之间。对比无线电波的范围，微波通常也称为"超高频无线电波"。微波通信与同轴

表 2-1　无线电频谱和波段划分图

段号	频段名称	频段范围 （含上限不含下限）	波段名称		波长范围 （含上限不含下限）
1	甚低频（VLF）	3—30 千赫（KHz）	甚长波		100—10 km
2	低频（LF）	30—300 千赫（KHz）	长波		10—1 km
3	中频（MF）	300—3 000 千赫（KHz）	中波		1 000—100 m
4	高频（HF）	3—30 兆赫（MHz）	短波		100—10 m
5	甚高频（VHF）	30—300 兆赫（MHz）	米波		10—1 m
6	特高频（UHF）	300—3 000 兆赫（MHz）	分米波	微波	100—10 cm
7	超高频（SHF）	3—30 吉赫（GHz）	厘米波		10—1 cm
8	极高频（EHF）	30—300 吉赫（GHz）	毫米波		10—1 mm
9	至高频	300—3 000 吉赫（GHz）	丝米波		1—0.1 mm

表 2-2　各波段无线电波的主要用途

波段名称	主要用途
超长波	导航、固定业务、频率标准
长波	导航、固定业务
中波	导航、广播、固定业务、移动业务
短波	导航、广播、固定业务、移动业务、其他
米波	乎航、电视、调频广播、雷达、电离层散射通信、固定业务、移动业务
分米波	导航、电视、雷达、对流层散射通信、固定业务、移动业务、空间通信
厘米波	导航、雷达、固定业务、移动业务、无线电天文、空间通信
毫米波	导航、固定业务、移动业务、无线电天文、空间通信

电缆通信、光纤通信等现代通信网传输方式不同的是，微波通信是直接使用微波作为介质进行的通信，不需要固体介质，当两点间直线距离内无障碍时就可以使用微波传送。利用微波进行通信具有容量大、质量好，并可远距离传送的特点，因此是国家通信网采用的一种重要通信手段，也普遍适用于各种专用通信网。

　　微波可以分为地面微波和卫星微波。其中，地面微波的工作频率范围是 1—20 GHz，它是利用无线电波对在对流层的视距范围内进行传输的。受到地形和天线高度的限制，两微波站之间的通信距离一般为 30—50 km。当用于长途传输时，中间需要架设多个微波中继站，每个中继站的主要功能是变频和放大信号。这种通信的方式也被称为微波接力通信。如图 2-22 所示。

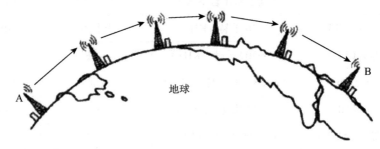

图 2-22　地面微波接力通信

地面微波通信可传输电话、电报和图像等信息，主要特点是：微波波段频率高，通信信道容量大，传输质量较平稳；能通过有线线路难于跨越或不易架设的地区，灵活性大，抗灾能力强。但是，遇到雨雪天气会增加信号的损耗，其隐蔽性和保密性也不强。

对于卫星微波，它是现代电信的重要通信设施之一，置于地球赤道上空 3 578 km 处的对地相对静止的轨道上，与地球保持相同的转动周期，故卫星微波也被称为同步通信卫星。实际上，它就是一个悬空的微波中继站，用于连接两个或多个地面微波发射 / 接收的设备。如图 2-23 所示。

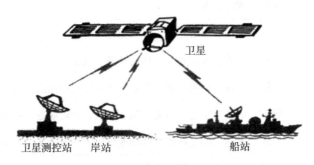

图 2-23　卫星微波中继通信

卫星微波通信的主要特点是：通信覆盖区域广、距离远；采用的广播通信方式，易于实现多址传输信号。但是，用于卫星通信建设的设备费用昂贵，并且元器件寿命有限等因素，卫星通信设备基本的使用寿命多则 7—8 年，少则 4—5 年；而且从卫星到地球距离长，导致发送信息的延时长，达到 270 ms 左右。

（3）红外线

红外线（Infrared）是波长介于微波与可见光之间的电磁波，波长在 1 mm—760 nm 之间。高于绝对零度（-273.15℃）的物质都可以产生红外线，现代物理学称之为热射线。

红外线技术已经被广泛的运用到生活中的方方面面，例如，计算机通信中，两台笔记本电脑对着红外线接口，形成红外线链路，可近距离传输文件。红外线链路的组成只需一对收发器，调制不相干的红外光，在视距范围内传输。它具有很强的方向性、防窃听功能；但对环境的干扰特别敏感。

2.3.2　复用技术

在整个通信工程的投资成本中，传输介质占有了相当大的比重，传输介质由于资源有限，制造成本增加，即使采用原料丰富的光纤线路，铺设费也很庞大。其投资在整个通信网络占有的比重越来越大，尤其是导引型传输介质。对于非导引型传输介质来说，有限的可用频率也是一种非常宝贵的通信资源。因此，如何提高传输介质的利用率，是传输系统中一个非常重要的内容。

复用技术是指在一条传输信道中传输多路信号，以提高传输介质利用率的技术。实际工程中常用到的复用技术有：频分复用技术、时分复用技术、码分复用技术和波分复用技术等。

1. 频分复用技术

频分复用（FDM，Frequency Division Multiplexing）就是将用于传输信道的总带宽划分成若干个子频带（或称子信道），每一个子信道传输 1 路信号，如图 2-24 所示。频分复用要求总频率宽度大于各个子信道频率之和，同时为了保证各子信道中所传输的信号互不干扰，应在各子信道之间设立隔离带，这样就保证了各路信号互不干扰（条件之一）。频分复用技术的特点是所有子信道传输的信号以并行的方式工作，每一路信号传输时可不考虑传输时延，因而频分复用技术取得了非常广泛的应用。

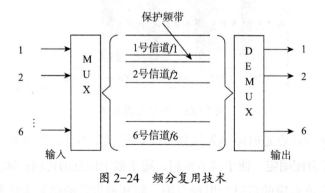

图 2-24　频分复用技术

频分复用技术除传统意义上的频分复用（FDM）外，还有一种是正交频分复用（OFDM）。

① 传统的频分复用

传统的频分复用典型的应用莫过于广电 HFC 网络电视信号的传输，不管是模拟电视信号还是数字电视信号都是如此，因为对于数字电视信号而言，尽管在每一个频道（8 MHz）以内是时分复用传输的，但各个频道之间仍然是以频分复用的方式传输的。

② 正交频分复用

OFDM（Orthogonal Frequency Division Multiplexing）实际是一种多载波数字调制技术。OFDM 全部载波频率有相等的频率间隔，它们是一个基本振荡频率的整数倍，正交指各个载波的信号频谱是正交的。

OFDM 系统比 FDM 系统要求的带宽要小得多。由于 OFDM 使用无干扰正交载波技术，单个载波间无需保护频带，这样使得可用频谱的使用效率更高。另外，OFDM 技术可动态分配在子信道中的数据，为获得最大的数据吞吐量，多载波调制器可以智能地分配更多的数据到噪声小的子信道上。目前 OFDM 技术已被广泛应用于广播式的音频和视频领域以及民用通信系统中，主要的应用包括：非对称的数字用户环线（ADSL）、数字视频广播（DVB）、高清晰度电视（HDTV）、无线局域网（WLAN）和第 4 代（4G）移动通信系统等。

2. 时分复用技术

时分复用（TDM，Time Division Multiplexing）就是将提供给整个信道传输信息的时间划分成若干时间片（简称时隙），并将这些时隙分配给每一个信号源使用，每一路信号在自己的时隙内独占信道进行数据传输。如图 2-25 所示。

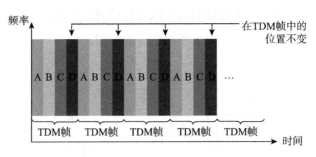

图 2-25　时分复用技术

时分复用技术的特点是时隙事先规划分配好且固定不变，所以有时也叫同步时分复用。其优点是时隙分配固定，便于调节控制，适于数字信息的传输；缺点是当某信号源没有数据传输时，它所对应的信道会出现空闲，而其他繁忙的信道无法利用这个空闲的信道，因此会降低线路的利用率。因此为了提高利用率，对时分复用技术进行了改进，提出了统计时分复用的概念。统计时分复用技术就是动态地将时隙按需分配，即根据信号源是否需要发送数据信号和信号本身对带宽的需求情况来分配时隙。如图 2-26 所示。

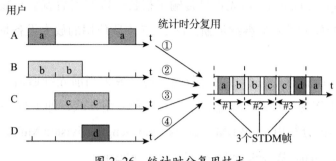

图 2-26　统计时分复用技术

采用统计时分复用技术时，每个用户的数据传输速率可高于平均速率。但在每个接口上需要额外增加空间，设置用于存储已到达而尚未发出的数据单元的缓冲区；设置利于缓和用户争取资源而引发冲突的流量控制区。统计时分复用技术主要应用场合有数字电视节目复用器和分组交换网等。

时分复用技术与频分复用技术一样，有着非常广泛的应用，电话就是其中最经典的例子，此外时分复用技术在广电也同样取得了广泛地应用，如 SDH，ATM，IP 和 HFC 网络中 CM 与 CMTS 的通信都是利用了时分复用的技术。

3. 波分复用技术

光通信是由光来运载信号进行传输的方式。在光通信领域，人们习惯按波长而不是按频率来命名。因此，所谓的波分复用（WDM，Wavelength Division Multiplexing）其本质上也是频分复用而已。波分复用技术 WDM 是在同一根光纤内传输多路不同波长的光信号，以提高单根光纤的传输能力。如图 2-27 所示。

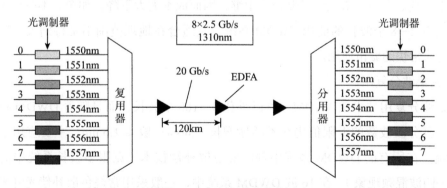

图 2-27　波分复用技术

如图 2-27，假设 8 条传输速率为 2.5 Gb/s 的光载波（其波长是 1 310 nm）。经光调制后，分别将波长变换到 1 550—1 557 nm，每个光载波相隔 1 nm。这 8 个波长很接近的光载波经过光复用器后，就在一根光纤中传输。这时，在这根光纤上数据传输的总速率就可以达到 8×2.5 Gbps=20 Gbps。但光信号传输了很长一段距离后就会衰减，因此对衰减了的光信号必须进行放大了才能继续传输。图 2-27 中所使用的放大设备是掺铒光纤放大器 EDFA。

由于 WDM 系统技术的经济性与有效性，使之成为当前光纤通信网络扩容的主要手段。波分复用技术作为一种系统概念，通常有 3 种复用方式，即 1 310 nm 和 1 550 nm 波长的波分复用、粗波分复用（CWDM，Coarse Wavelength Division Multiplexing）和密集波分复用（DWDM，Dense Wavelength Division Multiplexing）。

① 1 310 nm 和 1 550 nm 波长的波分复用

这种复用技术在 20 世纪 70 年代初时仅用两个波长：1 310 nm 窗口一个波长，1 550 nm 窗口一个波长，利用 WDM 技术实现单纤双窗口传输，这是最初的波分复用的使用情况。

② 粗波分复用

继在骨干网及长途网络中应用后，波分复用技术也开始在城域网中得到使用，主要指的是粗波分复用技术。CWDM 使用 1 200—1 700 nm 的宽窗口，目前主要应用波长在 1 550 nm 的系统中，当然 1 310 nm 波长的波分复用器也在研制之中。粗波分复用（大波长间隔）器相邻信道的间距一般 ≥ 20 nm，它的波长数目一般为 4 波或 8 波，最多 16 波。当复用的信道数为 16 或者更少时，由于 CWDM 系统采用的 DFB 激光器不需要冷却，在成本、功耗要求和设备尺寸方面，CWDM 系统比 DWDM 系统更有优势，CWDM 越来越广泛地被业界所接受。CWDM 无需选择成本昂贵的密集波分解复用器和"光放"EDFA，只需采用便宜的多通道激光收发器作为中继，因而成本大大下降。如今，不少厂家已经能够提供具有 2—8 个波长的商用 CWDM 系统，它适合在地理范围不是特别大、数据业务发展不是非常快的城市使用。

③ 密集波分复用

密集波分复用技术（DWDM）可以承载 8—160 个波长，而且随着 DWDM 技术的不断发展，其分波波数的上限值仍在不断地增长，间隔一般 ≤ 1.6 nm，主要应用于长距离传输系统。在所有的 DWDM 系统中都需要色散补偿技术（克服多波长系统中的非线性失真——四波混频现象）。在 16 波 DWDM 系统中，一般采用常规色散补偿光纤来进行补偿，而在 40 波 DWDM 系统中，必须采用色散斜率补偿光纤来进行补偿。DWDM 能够在同一根光纤中把不同的波长同时进行组合和传输，为了保证有效传输，一根光纤转换为多根虚拟光纤。目前，采用 DWDM 技术，单根光纤可以传输的数据流量高达 400 Gbps，随着厂商在每根光纤中加入更多信道，每秒太位的传输速度指日可待。

4. 码分复用技术

码分复用（CDM，Code Division Multiplexing）是靠不同的编码来区分各路原始信号的一种复用方式，主要和各种多址技术结合产生了各种接入技术，包括无线和有线接入。例如在多址蜂窝系统中是以信道来区分通信对象的，一个信道只容纳 1 个用户进行通话，许多同时通话的用户，互相以信道来区分，这就是多址。移动通信系统是一个多信道同时工作的系统，具有广播和大面积覆盖的特点。在移动通信环境的电波覆盖区内，建立用户之间的无线信道连接，是无线多址接入方式，属于多址接入技术。联通 CDMA（Code Division Multiple Access）就是码分复用的一种方式，称为码分多址，此外还有频分多址（FDMA）、时分多址（TDMA）和同步码分多址（SCDMA）。

① 频分多址

FDMA 频分多址采用调频的多址技术，业务信道在不同的频段分配给不同的用户。FDMA 适合大量连续非突发性数据的接入，单纯采用 FDMA 作为多址接入方式已经很少见。目前中国联通、中国移动所使用的 GSM 移动电话网就是采用 FDMA 和 TDMA 两种方式的结合。

② 时分多址

TDMA 时分多址采用了时分的多址技术，将业务信道在不同的时间段分配给不同的用户。TDMA 的优点是频谱利用率高，适合支持多个突发性或低速率数据用户的接入。除中国联通、中国移动所使用的 GSM 移动电话网采用 FDMA 和 TDMA 两种方式的结合外，广电 HFC 网中的 CM 与 CMTS 的通信中也采用了时分多址的接入方式。

③ 码分多址

CDMA 是采用数字技术的分支——扩频通信技术发展起来的一种崭新而成熟的无线通信技术，它是在 FDM 和 TDM 的基础上发展起来的。FDM 的特点是信道不独占，而时间资源共享，每一子信道使用的频带互不重叠；TDM 的特点是独占时隙，而信道资源共享，每一个子信道使用的时隙不重叠；CDMA 的特点是所有子信道在同一时间可以使用整个信道进行数据传输，它在信道与时间资源上均为共享，因此，信道的效率高，系统的容量大。

CDMA 的技术原理是基于扩频技术，即将需传送的具有一定信号带宽的信息数据用一个带宽远大于信号带宽的高速伪随机码（PN）进行调制，使原数据信号的带宽被扩展，再经载波调制并发送出去；接收端使用完全相同的伪随机码，与接收的带宽信号作相关处理，把宽带信号换成原信息数据的窄带信号即解扩，以实现信息通信。CDMA 码分多址技术完全适合现代移动通信网所要求的大容量、高质量、综合业务、软切换等，正受到越来越多的运营商和用户的青睐。

④ 同步码分多址

同步码分多址（SCDMA，Synchrnous Code Division Multiplexing Access）指伪随机码之间是同步正交的，既可以无线接入也可以有线接入，应用较广泛。广电 HFC 网中的 CM 与 CMTS 的通信中就用到该项技术。

同步码分多址技术，表示用户的伪随机码在到达基站时是同步的，由于伪随机码之间的同步正交性，可以有效地消除码间干扰，系统容量方面将得到极大的改善，它的系统容量是其他第 3 代移动通信标准的 4—5 倍。

2.3.3 数据交换技术

数据经过编码后在通信线路上传输，最简单的形式是用传输介质将通信的两个端点直接连接起来进行传输。但是，通信的两端设备不可能永远在传输介质所能连接的最大范围内，因此需要一些中间的设备，利用传输介质，将通信两端的设备连接起来形成大的通信网络。这个中间的网络叫做交换网络，组成交换网络的节点被称为交换节点。

数据交换是多节点网络中实现数据传输的有效手段。常用的有电路交换、报文交换和分组交换。如图 2-28 所示三种数据交换方式。

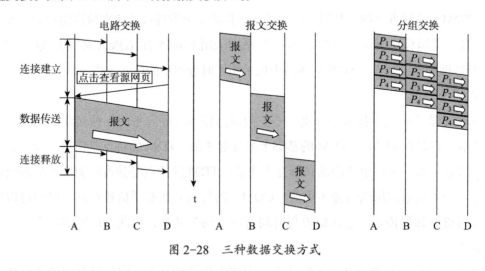

图 2-28　三种数据交换方式

1. 电路交换

电路交换是在通信之前要在通信双方之间建立一条被双方独占的物理通路（由通信双方之间的交换设备和链路逐段连接而成）。电路交换的基本处理过程都包括呼叫建立阶段、数据通信阶段和连接释放阶段。其优缺点如下。

（1）优点：

① 由于通信线路为通信双方用户专用，数据直达，所以传输数据的时延非常小。

② 通信双方之间的物理通路一旦建立，双方可以随时通信，实时性强。

③ 双方通信时按发送顺序传送数据，不存在失序问题。

④ 电路交换既适用于传输模拟信号，也适用于传输数字信号。

⑤ 电路交换的交换设备（交换机等）及控制均较简单。

（2）缺点：

① 电路交换的平均连接建立时间对计算机通信来说嫌长。

② 电路交换连接建立后，物理通路被通信双方独占，即使通信线路空闲，也不能供其他用户使用，因而信道利用低。

③ 电路交换时，数据直达，不同类型、不同规格、不同速率的终端很难相互进行通信，也难以在通信过程中进行差错控制。

这种通信方式非常适合语音（如打电话）这种对实时性要求高的业务。但不适合数据通信业务，对于两台计算机进行数据通信来说，大多数时间线路是空闲的，由于物理通路对通信是独占的，不能供其他用户使用，因而信道利用低。

2. 报文交换

报文交换是以报文为数据交换的单位，报文携带有目标地址、源地址等信息，在交换节点采用存储转发的传输方式。每个报文传送时，没有连接建立 / 释放两个阶段；报文交换节点收到报文后进行存储，在按报文的报头进行转发。其优缺点如下。

（1）优点：

① 报文交换不需要为通信双方预先建立一条专用的通信线路，不存在连接建立时延，用户可随时发送报文。

② 由于采用存储转发的传输方式，交换节点可以做到某条传输路径发生故障时进行其他路径的选择，提高了传输的可靠性；允许建立数据传输的优先级，使优先级高的报文优先转换；易实现代码转换和速率匹配，便于类型、规格和速度不同的计算机之间进行通信。

③ 通信双方不是固定占有一条通信线路，而是在不同的时间一段一段地部分占有这条物理通路，因而大大提高了通信线路的利用率。

（2）缺点：

① 数据报没有长度的限制，进入交换节点后要整体经过存储、转发这一过程，从而要求节点具有较大的缓存区。并且，大的数据报会带来转发时延（包括接收报文、检验正

确性、排队、发送时间等），而且网络的通信量愈大，造成的时延就愈大，因此报文交换的实时性差，不适合传送实时或交互式业务的数据。

② 报文交换只适用于数字信号。

3. 分组交换

又称为报文分组交换，基于报文交换，将报文划分为更小的数据单位：报文分组（也称为段、包、分组）。

分组交换仍采用存储转发传输方式，但将一个长报文先分割为若干个较短的分组，然后把这些分组（携带源、目的地址和编号信息）逐个地发送出去。其优缺点如下：

（1）优点：

① 加速了数据在网络中的传输。因为分组是逐个传输，可以使后一个分组的存储操作与前一个分组的转发操作并行，这种流水线式传输方式减少了报文的传输时间。此外，传输一个分组所需的缓冲区比传输一份报文所需的缓冲区小得多，这样因缓冲区不足而等待发送的机率及等待的时间也必然少得多。

② 简化了存储管理。因为分组的长度固定，相应的缓冲区的大小也固定，在交换节点中存储器的管理通常被简化为对缓冲区的管理，相对比较容易。

③ 减少了出错机率和重发数据量。因为分组较短，其出错机率必然减少，每次重发的数据量也就大大减少，这样不仅提高了可靠性，也减少了传输时延。

④ 由于分组短小，更适用于采用优先级策略，便于及时传送一些紧急数据，因此对于计算机之间的突发式的数据通信，分组交换显然更为合适些。

（2）缺点：

① 尽管分组交换比报文交换的传输时延少，但仍存在存储转发时延，而且其节点交换机必须具有更强的处理能力。

② 分组交换与报文交换一样，每个分组都要加上源、目的地址和分组编号等信息，使传送的信息量大约增大 5%—10%，一定程度上降低了通信效率，增加了处理的时间，使控制复杂，时延增加。

③ 当分组交换采用数据报服务时，可能出现失序、丢失或重复分组，分组到达目的节点时，要对分组按编号进行排序等工作，增加了麻烦。

总之，若要传送的数据量很大，且其传送时间远大于呼叫时间，则采用电路交换较为合适；当端到端的通路有很多段的链路组成时，采用分组交换传送数据较为合适。从提高整个网络的信道利用率上看，报文交换和分组交换优于电路交换，其中分组交换比报文交换的时延小，尤其适合于计算机之间突发式的数据通信。

2.4　宽带接入技术

从宽带接入的媒体来看，可以分为有线带宽接入和无线带宽接入。下面主要介绍 5 种常用有线宽带接入技术的基本知识。

2.4.1　ADSL 技术

ADSL（Asymmetrical Digital SubscriberLoop）是非对称数字用户环路的英文缩写，ADSL 技术是运行在原有普通电话线上的一种新的高速宽带技术，它利用现有的一对电话铜线，为用户提供上、下行非对称的传输速率（带宽）。ADSL 可直接利用现有的电话线路，通过 ADSL MODEM 后进行数字信息传输。ADSL 技术的电话信号与网络信号是点对点传输，局端设备相对复杂、成本高，相对终端简单、成本低。并且 ADSL 对电话线路质量要求较高，如果电话线路质量不好易造成 ADSL 工作不稳定或断线。ADSL 技术组网图如 2-29 所示。

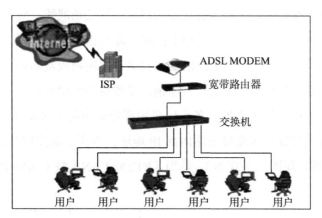

图 2-29　ADSL 组网

在电信服务提供商端，需要将每条开通 ADSL 业务的电话线路连接在数字用户线路访问多路复用器（DSLAM）上。在用户端，用户需要使用一个 ADSL 终端（因为和传统的调制解调器类似，所以也被称为"猫"）来连接电话线路。由于 ADSL 使用高频信号，所以在终端还都要使用 ADSL 信号分离器将 ADSL 数据信号和普通音频电话信号分离出来，避免打电话的时候出现噪音干扰。

通常的 ADSL 终端有一个电话 Line-In，一个以太网口，有些终端集成了 ADSL 信号分离器，还提供一个连接的 Phone 接口。某些 ADSL 调制解调器使用 USB 接口与电脑相连，需要在电脑上安装指定的软件以添加虚拟网卡来进行通信。

ADSL 是一种通过现有普通电话线为家庭、办公室提供宽带数据传输服务的技术。ADSL 即非对称数字信号传送，它能够在现有的铜双绞线，即普通电话线上提供高达 8 Mbps 的高速下行速率，远高于 ISDN 速率；而上行速率有 1 Mbps，传输距离达 3 km——5 km。

ADSL 技术的主要特点是可以充分利用现有的铜缆网络 （电话线网络），在线路两端加装 ADSL 设备即可为用户提供高宽带服务。同时，它可以与普通电话共存于一条电话线上，在一条普通电话线上接听、拨打电话的同时进行 ADSL 传输而又互不影响。

2.4.2 （FTTX+LAN）技术

这是大中城市目前较普及的一种宽带接入方式，网络服务商采用光纤接入到楼（FTTB）或小区（FTTZ），经过 ONU 或光接收机，再通过网线接入用户家，为整幢楼或小区提供共享带宽（通常是 100 Mb/s）。

目前，绝大多数小区宽带均为 100 Mbps 共享带宽，LAN 在楼道后是通过普通的网线入户。由于网络线是点对点传输的，有几个用户就要拉几条网线，所有用户集中在 1 个交换机上，共享 100 M。缺点是会出现互相干扰和病毒互相传播的问题；及出现故障后故障点无法迅速定位；如果在同一时间上网的用户较多，网速则较慢的问题。由于这种宽带接入主要针对小区，因此个人用户无法自行申请，必须待小区用户达到一定数量后才能向网络服务商提出安装申请，较为不便。各小区采用哪家公司的宽带服务由网络运营商决定，用户无法选择。并且多数小区宽带采用内部 IP 地址，不便于需使用公网 IP 的应用（如架设网站、FTP 服务器、玩网络游戏等）。使用（FTTX+LAN）技术组网如图 2-30 所示。

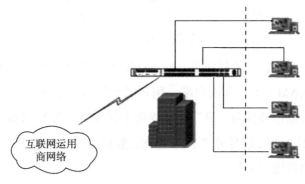

图 2-30 （FTTX+LAN）组网

2.4.3　CableModem 技术

CableModem 俗称有线通，是利用现有的有线电视网络，并稍加改造，便可利用闭路线缆的一个频道进行数据传送，而不影响原有的有线电视信号传送，其理论传输速率可达到上行 10 Mbps、下行 40 Mbps，头端设备放在广电中心机房，结构相对复杂，成本高。如图 2-31 所示。

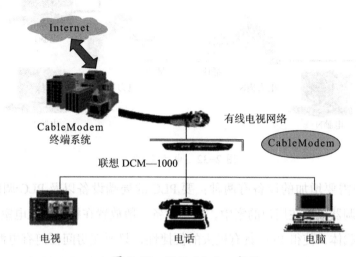

图 2-31　CableModem 组网

CableModem 与以往的 Modem 在原理上都是将数据进行调制后在 Cable（电缆）的一个频率范围内传输，接收时进行解调，传输机理与普通 Modem 相同。不同之处在于它是通过有线电视 CATV 的某个传输频带进行调制解调的。而普通 Modem 的传输介质在用户与访问服务器之间是独立的，即用户独享通信介质。CableModem 属于共享介质系统，其他空闲频段仍然可用于有线电视信号的传输。

尽管理论传输速率很高，但一个小区或一幢楼通常只开通 10 Mbps 带宽，同样属于共享带宽。上网人数较少的情况下，下载速率可达到 200— 300 KB/s。

2.4.4　电力上网

所谓电力上网，也就是利用电线实现电力线通信。它的英文名称为 PLC（Power Line Communication）。它通过利用传输电流的电力线作为通信载体，使得 PLC 具有极大的便捷性。此外，除了利用电力上网外，还可将房屋内的电话、电视、音响、冰箱等家电利用 PLC 连接起来，进行集中控制，实现"智能家庭"的梦想。电力上网可以达到 4.5— 45 Mbps 的高速网络接入，少部分地区实验性开通电力上网服务，由于技术不成熟，目前没有大规模应用。电力上网如图 2-32 所示。

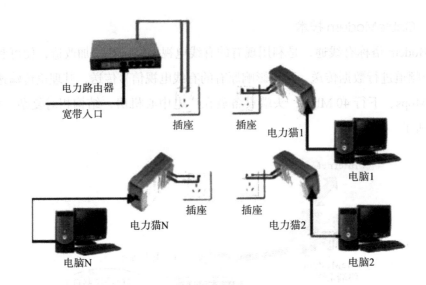

图 2-32 电力上网

用 PLC 上网需要增加的设备有两种：要 PLC 的局端设备以及 PLC 调制解调器。其中，PLC 调制解调器放置在用户的家中，局端设备一般放置在楼宇的配电室内。它是利用电力线作为通信载体，使得 PLC 具有极大的便捷性，只要在房间任何有电源插座的地方，不用拨号，就立即可享受高速网络接入。缺点就是电力线上网技术很难解决不稳定和不安全的问题，比如每一个家庭的用电负荷不断变化，假如此时电线上还在传送数据，电压的变化肯定会带来干扰；家庭电器产生的电磁波会对信息的传输产生干扰，利用电力线上网也会影响短波收音机的信息接收等。

2.4.5 EOC 上网

EOC 技术目前是广电双向化改造、宽带接入的主流技术，就是将网络（IP）信号调制到同轴电缆（闭路电视线）上。通过同轴电缆入户然后调制回网络信号供上网或其他网络应用使用的技术。如图 2-33 所示。

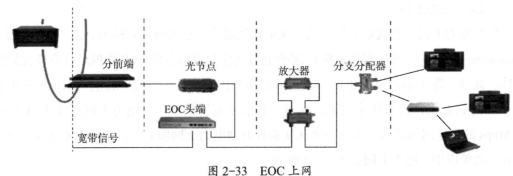

图 2-33 EOC 上网

　　EOC（以太数据通过同轴电缆传输）有基带（Baseband，无需复杂的频率移动就可传送数字信号的传输媒介）方案和有源 EOC 方案，是性价比很高的方案，基带 EOC 利用同轴电缆代替五类线作基带传输（占用 0-65 MHz 频带，10 Mbps 半双工）在一根同轴电缆上同时传输电视和双向数据信号，大大简化 HFC 网络的双向改造，利用现有的广电 HFC 网络为用户提供数字电视，互动电视和宽带服务。有源调制 EOC 则分高频和低频方案两大类。

　　EOC 技术安装简单，快速部署，无需重新布线，无需扰民，双向带宽最高达 100 M，抗声干扰能力远高于 Cable Modem（电缆调制解调器），可在恶劣的网络环境下工作。它体积小，重量轻，适用于家庭、楼道和小区安装；安全可靠，运行稳定，经济实用。

　　1. 物理层要解决哪些问题？物理层的主要特点是什么？

　　2. 试解释以下名词：数据，信号，模拟数据，模拟信号，基带信号，带通信号，数字数据，数字信号，码元，单工通信，半双工通信，全双工通信，串行传输，并行传输。

　　3. 物理层的接口有哪几个方面的特性？各包含些什么内容？

　　4. 用香农公式计算一下，假定信道带宽为 3 100 Hz，最大信息传输速率为 35 kbps，那么若想使最大信息传输速率增加 60%，问信噪比 S/N 应增大到多少倍？如果在刚才计算出的基础上将信噪比 S/N 再增大到 10 倍，问最大信息速率能否再增加 20%？

　　5. 常用的传输媒体有哪几种？各有何特点？

　　6. 为什么要使用信道复用技术？常用的信道复用技术有哪些？

第3章 数据链路层

数据链路层在物理层提供的物理电路连接和比特流传送服务的基础上，通过一系列的控制和管理机制，构成透明的、相对无差错的数据链路，向网络层提供有效的数据传送。在 OSI 参考模型中，数据链路层位于第二层，在物理层传输的基础上，实现点对点的透明、可靠的数据传输链路。在 TCP/IP 体系结构中，数据链路层一般作为网络接口层或物理网络的一部分，为网络提供数据传输功能。

3.1 数据链路概述

1. 数据链路定义

要了解数据链路，就要了解数据电路及它们之间的区别。

数据电路又叫做物理链路，或链路。它是在线路或信道上加信号变换设备之后形成的二进制比特流通路，是一条点对点的、由传输信道及数据电路终端设备组成，中间没有交换节点。在进行通信时，计算机之间通路往往是由许多段链路串接而成的，一条链路只是数据传输通路的一个组成部分。

在物理链路上，通信设备只能根据数据信号本身的波形或其他特征，尽可能准确地提取出正确的数据。物理信道传输特性的改善、通信设备质量的提高，主要是尽量减少传输中的干扰和噪声影响产生的畸变。由于物理链路上传输的数据 0、1 具有独立性和随机性，物理层设备无法从逻辑上判断所提取数据的正确性。

当需要在一条通信线路上传输数据时，除了一定有一条物理链路外，还必须有一些必要的通信协议来控制这些数据的传输。所以，数据链路是在数据电路已建立的基础上，通过发送方和接收方之间交换"握手"信号，使双方确认后方可开始传输数据的两个或两个以上的终端装置与互连线路的组合体。所谓"握手"信号是指通信双方建立同步联系、使双方设备处于正确收发状态、通信双方相互核对地址等。加了通信控制器以后的数据电路称为数据链路。可见数据链路包括物理链路和实现链路协议的硬件和软件。只有建立了数据链路之后，双方的终端设备才可真正有效的进行数据传输。

根据一条数据链路上数据流传输的方向和时间关系，数据链路可以分为单工链路、半双工链路和全双工链路。

2. 数据链路结构

在实际的计算机网络应用中，计算机和终端之间的连接可以有多种方式，可能是两台计算机直接连接，在一条链路的两端各连接一个且只有一个节点，即点对点连接。或者是多台计算机连接，在一条公共数据链路上连接多个节点，即多点连接。如图 3-1 和图 3-2 所示。

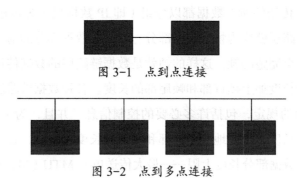

图 3-1 点到点连接

图 3-2 点到多点连接

点对点链路上，由于只有两个节点，所以发送信息的节点一般不需要说明接收者，即传输的帧中可以没有地址信息。

点对多点链路上，使用一对多的广播通信方式，因此过程比较复杂。广播信道上连接的主机很多，因此必须使用专用的共享信道协议来协调这些主机的数据发送。

3.2 数据链路层的三个基本问题

数据链路层协议有许多种，但有三个基本问题则是共同的。这三个基本问题是：封装成帧、透明传输和差错检测。下面分别讨论这三个基本问题。

3.2.1 封装成帧

1. 帧

在数据链路层，通常将较长的数据流按协议规则分割成一定长度的数据单元，并加上一定控制信息，按照一定的格式形成一个数据块，再送至物理层上传输，这种协议数据单元称为"帧"。即"帧"就是在一段数据的前后分别添加首部和尾部所构成的数据。因此，帧是数据链路上传输的基本信息单元。帧内所携带的信息有两种，一是上层递交来的用户数据分组；另一个是链路层内部产生的控制类数据。具体的基本格式如图 3-3 所示。

帧首	控制信息	数据信息	校验序列	帧尾

图 3-3　数据链路层帧结构

发送方发送数据时，将从网络层传下来的分组附加上目的地址、差错控制编码等数据链路层控制信息，按照一定格式构成帧，成为帧的封装，即封装成帧。

帧到达目的节点后，接收方将发送方附加的数据链路层控制信息提取出来，进行相关处理，如差错校验，然后将分组信息上交给网络层，这个过程成为帧的拆装。

总之，互联网上传送的所有数据都以分组（即 IP 数据报）为传送单位。网络层的 IP 数据报传送到数据链路层就成为帧的数据部分。在帧的数据部分的前面和后面分别添加上首部和尾部，构成一个完整的帧。这样的帧就是数据链路层的数据传送单元。一个帧的帧长等于帧的数据部分长度加上帧首部和帧尾部的长度。各种数据链路层协议都对帧首部和帧尾部的格式有明确的规定，包括许多必要的控制信息。并且，为了提高帧的传输效率，应当使帧的数据部分长度尽可能地大于首部和尾部的长度。但是，每一种链路层协议都规定了所能传送的帧的数据部分长度上限——最大传送单元 MTU（Maximum Transfer Unit）。如图 3-4 所示。

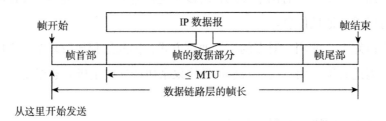

图 3-4　用帧首部和帧尾部进行封装成帧

2. 帧定界符

帧首部和尾部的一个重要作用就是进行帧定界（即确定帧的界限）。

帧定界主要采用以下 4 种方法：

① 字符计数法。这种方法利用帧控制信息中的一个字段来指定该帧中的字符数。当接收方的数据链路层看到这个字符计数值的时候，就知道后面跟着多少字符，因此也知道了该帧的结束位置。

这种方法的问题在于，计数值有可能在传输过程中弄乱了，无法正确判断下一帧真实的起始值。字符计数法现在已经很少用了。

② 字节填充法。这种方法是让每一帧都用一些特殊的字节作为开始和结束。例如，

常用的字节填充是采用控制字符 SOH 和 EOT。控制字符 SOH（Start Of Header）放在一帧的最前面，表示帧的首部开始。另一个控制字符 EOT（End Of Transmission）表示帧的结束。它们的十六进制编码分别是 01（二进制是 00000001）和 04（二进制是 00000100）。如图 3-5 所示。

图 3-5　用控制字符 SOH 和 EOT 进行帧定界

③ 位填充法。这种方法在每一帧的开始和结束都有一个特殊的位模式，例如数据链路层协议 HDLC 定义的 01111110 序列，这个序列就是一个标志字节。在位填充机制中，通过标志模式可以明确地识别出两帧之间的边界。因此，如果接收方失去了帧同步，它只需在输入流中扫描标志序列即可，因为标志序列只可能出现在帧的边界上，永远不可能出现在数据中。

④ 物理层编码违例法。这种方法只适用于那些"物理介质上的编码方法中包含冗余信息"的网络，如曼彻斯特编码。如果接收方发现物理信号不包含中间的电平跳变，则表示帧的边界。

许多数据链路协议联合字符计数法和其他某一种方法来表示帧的边界，以确保额外的安全性。当一帧到达时，首先利用计数字段定位到该帧结束的地方。只有当这个位置上确实出现了正确的分界符，并且帧的校验和也是正确的时候，该帧才被认为是有效的。否则，接收方在输入流中扫描一下分界符，寻找下一帧的开始。

3.2.2　透明传输

对数据进行封装成帧后，帧首帧尾的帧界定功能是通过添加"字符"或"位"的方式实现的。但如果所传输的数据中有数据和所添加的"特殊字符"或"位比特"一样的话，就会产生差错。数据链路层采用透明传输的机制解决此问题。如图 3-6 所示，数据部分恰好出现了和 EOT 相同的代码。

"透明"表示：某一个实际存在的事物看起来却好像不存在一样。"在数据链路层透明传送数据"表示无论什么样的比特组合的数据，都能够按照原样没有差错地通过这个数据链路层。因此，对所传送的数据来说，这些数据就"看不见"数据链路层有什么妨碍数据传输的东西。或者说，数据链路层对这些数据来说是透明的。上节中所描述的 4 种帧界定

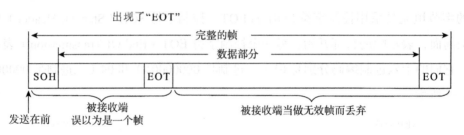

图 3-6　数据中出现和定界符一样的字符

方法中，将主要讲述"字符填充"和"位填充"两种方法的透明传输机制。

1. 字符填充定界中的透明传输机制

为了解决字符填充定界中透明传输的问题，就必须设法使数据中可能出现的控制字符"SOH"和"EOT"在接收端不被解释为控制字符。具体的方法是：发送端的数据链路层在数据中出现控制字符"SOH"或"EOT"的前面插入一个转义字符"ESC"（其十六进制编码是 1B，二进制是 00011011）。而接收端的数据链路层在把数据送往网络层之前删除这个插入的转义字符。这种方法称为字节填充（byte stuffing）或字符填充（character stuffing）。如果转义字符也出现在数据当中，那么解决方法仍然是在转义字符的前面插入一个转义字符。因此，当接收端收到连续的两个转义字符时，就删除前面的一个。图 3-7 所示用字符填充法解决透明传输的问题。

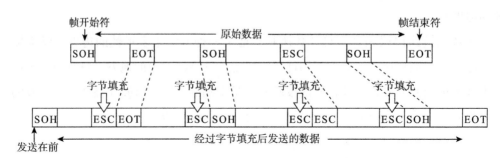

图 3-7　字符填充定界中的透明传输机制

2. 位填充定界中的透明传输机制

这种位填充定界中的透明传输机制和字符填充定界中的透明传输机制相似，以协议 HDLC 为例，当发送方的数据链路层碰到数据中的 5 个连续位"1"时，会自动在输出位流中填充一个位"0"。当接收方看到 5 个连续的输入位"1"，并且后面是位"0"时，会自动删除该"0"位。如果用户数据包含了标志模式 01111110，则该标志当做 011111010 来传输，但是存储在接收方内存中的是 01111110。

3.2.3 差错检测

在实际的数据链路中，比特在传输过程中可能会产生差错，本节中主要描述比特差错：传输中的比特 1 变成比特 0，或者比特 0 变成比特 1。因此，为了保证数据传输的可靠性，在计算机网络传输数据时，必须采用各种差错检测措施，例如：奇偶校验法、累加和校验、海明校验，循环冗余校验 CRC（Cyclic Redundancy Check）技术等。目前在数据链路层广泛使用的是循环冗余校验 CRC 的检错技术。

为了了解循环冗余校验 CRC 的检错技术，首先要先了解几个基本概念：

（1）模 2 运算

模 2 运算是一种二进制算法，循环冗余校验 CRC 技术中的核心部分。与四则运算相同，模 2 运算也包括模 2 加、模 2 减、模 2 乘、模 2 除四种二进制运算。而且，模 2 运算也使用与四则运算相同的运算符，即 "+" 表示模 2 加，"-" 表示模 2 减，"×" 或 "·" 表示模 2 乘，"÷" 或 "/" 表示模 2 除。与四则运算不同的是模 2 运算不考虑进位和借位，即模 2 加法是不带进位的二进制加法运算，模 2 减法是不带借位的二进制减法运算。这样，两个二进制位相运算时，这两个位的值就能确定运算结果，不受前一次运算的影响，也不对下一次造成影响。

（2）生成多项式 G（X）

生成多项式 G（X）是收发双方约定的一个（r+1）位二进制数，发送方利用 G（X）对信息多项式做模 2 除运算，生成校验码。接收方利用 G（X）对收到的编码多项式做模 2 除运算检测差错及错误定位。生成多项式 G（X）必须满足下列条件：

① 最高位和最低位必须为 1；

② 当被传送信息（CRC 码）任何一位发生错误时，被生成多项式做除后应该使余数不为 0；

③ 不同位发生错误时，模 2 除运算后余数不同；

④ 对不为 0 余数继续进行模 2 除运算应使余数循环。

生成多项式的表达格式是从最高幂位开始降位，有就为 1，没有就是 0。如图 3-8 中所示的几个生成多项式 G（X）的表示。

G（X）多项式	G（X）
x3+x+1（x0）	1 011
x3+x2	1 100
x4+x2+1	10 101

图 3-8　生成多项式 G（X）

下面通过一个简单的例子来说明循环冗余检错原理。

例 3-1：现假定待传输的数据 M=101001（k=6），生成多项式 G（X）=X^3+X^2+X，请计算出 FCS。

解通过生成多项式 G（X）=X3+X2+X，可以得出除数 p=1101，则 FCS 的位数 n 是 3 位。

可通过以下步骤计算出这 n 位的冗余码：

① 用二进制的模 2 运算进行（2^n）乘 M 的运算，相当于在 M 后面添加 n 个 0。即 M 后面添加 3 个 0。

② 现在用 M=101001000（k+n=9）位的数除以除数 p（n=3）位，得到商是 Q（不关心），余数 R=001（n 位）R 就是冗余码 FCS。

具体计算的过程如下图 3-9 所示。

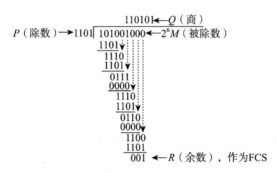

图 3-9　循环冗余 CRC 验错算法

因此，发送方最后发送到数据链路上的的数据帧是 101001001。此时，接收方接受到发送方发送的数据帧后，仍然需要利用模 2 运算，生成多项式 G（X）验证接受的数据帧是否正确。若正确，所得的余数 R=0，数据帧被上传到网络层；若错误，所得的余数 R!=0，数据帧将被直接丢弃。

在数据链路层若仅仅使用循环冗余校验 CRC 差错检测技术，则只能做到对帧的无差错接受，即"凡是接收端数据链路层接受的帧，都认为是没有产生差错的"。为了保证数据链路层能向上提供可靠的传输，现在，互联网上采取了区别对待的方法：对于通信质量良好的有线传输链路，数据链路层协议不使用确认和重传机制，即不要求数据链路层向上提供可靠传输的服务。如果在数据链路层传输数据时出现了差错并且需要进行改正，那么改正差错的任务就由上层协议（运输层的 TCP 协议）来完成；对于通信质量较差的无线传输链路，数据链路层协议使用确认和重传机制，数据链路层向上提供可靠传输的服务。

3.3 使用点对点信道的数据链路层

点对点链路的两端各有一个节点，在全双工链路上，两个节点都可以在任何时刻使用链路传输信息，不存在对链路的使用权分配问题。点对点信道的数据链路层在进行通信时的主要步骤如下，如图 3-10 所示。

（1）节点 A 的数据链路层把网络层交下来的 IP 数据报添加首部和尾部封装成帧。

（2）节点 A 把封装好的帧发送给节点 B 的数据链路层。

（3）若节点 B 的数据链路层收到的帧无差错，则从收到的帧中提取出 IP 数据报交给上面的网络层；否则丢弃这个帧。

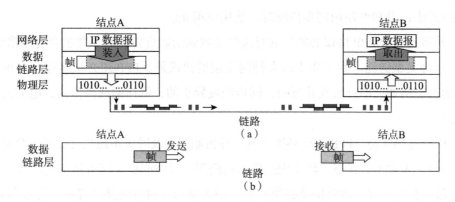

图 3-10 点对点信道的数据链路层

图 3-10（a）中，节点 A 和节点 B 都是三层模型，不管在哪一段链路上的通信，都是点对点的通信。

图 3-10（b）中，数据链路不必考虑物理层是如何实现比特传输的细节，可以假想为数据帧是沿着数据链路层之间的水平方向直接从节点 A 发送到对方节点 B 的。

数据链路层中所涉及的复杂链路管理和传输控制功能，都是通过一系列的规则来表现和实现的，这些规则就是数据链路层协议。根据数据链路是点对点链路或是多点链路的结构，采用传输方式（同步传输或异步传输）等方面的不同，所使用的数据链路协议也是不同的。

目前大多数用户通过两种方法接入 Internet：使用拨号电话线或使用专线接入。不管用哪种接入方法，传输数据时都需要有数据链路层协议。TCP/IP 是 Internet 中广泛使用的网络互连标准协议，而在 TCP/IP 协议中，并没有具体描述数据链路层的内容，只是提供了各种通信网与 TCP/IP 协议组之间的接口，是 TCP/IP 使用各种物理网络通信的基础。一般情况下，各种物理网络可以使用自己的数据链路层协议和物理层协议。在 Internet 的接入方法中，运用最广泛的就是 PPP 协议和 PPPOE 协议。

3.3.1 点对点协议 PPP

1. PPP 协议的特点

PPP 协议作为数据链路层的协议，除了必须满足数据链路层的三个基本问题外，还具有自己的特点：

① 封装成帧。PPP 协议必须规定特殊的字符作为帧定界符，以便使接收端从收到的比特流中能准确地找出帧的开始和结束位置。

② 透明性。PPP 协议必须保证数据传输的透明性。当 PPP 使用异步传输时，使用字符填充的方法；当 PPP 使用同步传输时，使用位填充法。

③ 差错检测。PPP 协议必须能够对接收端收到的帧进行检测，并丢弃有差错的帧。

④ 多种类型链路。除了要支持多种网络层的协议外，PPP 还必须能够在多种类型的链路上运行。例如，串行的或并行的，同步的或异步的，低速的或高速的，电的或光的点对点链路。

⑤ 检测连接状态。PPP 协议必须具有一种机制能够及时（不超过几分钟）自动检测出链路是否处于正常工作状态，使出现故障的链路隔一段时间后又能重新恢复正常工作。

⑥ 最大传送单元。PPP 协议必须对每一种类型的点对点链路设置最大传送单元 MTU 的标准默认值，以促进各种实现之间的互操作性。

⑦ 网络层地址协商。PPP 协议必须提供一种机制使通信的两个网络层的实体能够通过协商知道或能够配置彼此的网络层地址。

⑧ 数据压缩协商。PPP 协议提供了一种非标准化的方法来协商使用数据压缩算法。

2. PPP 协议的构成

PPP 协议由三个部分组成：

① 串行链路上封装 IP 数据报的方法：PPP 既支持异步链路（无奇偶检验的 8 比特数据），也支持面向比特的同步链路。

② 链路控制协议 LCP（Link Control Protocol）：用来建立、配置和测试数据链路连接，通信双方协商选项。

③ 网络控制协议 NCP（Network Control Protocol）：用于建立、配置多种不同网络层协议。如 IP、OSI 的网络层、DECnet，以及 AppleTalk 等。

3. PPP 协议的帧格式

PPP 协议的帧格式如图 3-11 所示。

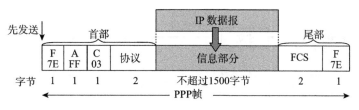

图 3-11 PPP 协议的帧格式

其中，各字段含义如下：

（1）标志字段 F（Flag），规定为 0x7E，表示一个帧的开始。

（2）地址字段 A 规定为 0xFF（即 11111111）。

（3）控制字段 C 规定为 0x03（即 00000011）。

（4）首部中的 2 字节的协议字段：

① 当协议字段为 0x0021 时，PPP 帧的信息字段就是 IP 数据报。

② 当协议字段为 0xC021 时，PPP 帧的信息字段就是 PPP 链路控制协议 LCP 的数据。

③ 当协议字段为 0x8021 时，PPP 帧的信息字段就是 PPP 网络控制协议 NCP 的数据。

（5）信息字段的长度是可变的，不超过 1 500 字节。

（6）尾部中的第一个字段（2 个字节）是使用循环冗余 CRC 的帧检验序列 FCS；标志字段 F（Flag），规定为 0x7E，标志字段表示一个帧的结束。

4. PPP 运行机制

当线路处于静止状态时，并不存在物理层的连接。路由器检测到调制解调器的载波信号，并建立物理层连接后，线路就进入建立状态；这时，PC 向路由器发送一系列的 LCP 分组（封装成多个 PPP 帧）。LCP 开始协商选项，选择了将要使用的一些 PPP 参数；协商结束后就进入鉴别状态；若通信双方身份鉴别成功，则进入网络状态，NCP 配置网络层，给新接入的 PC 分配一个临时的 IP 地址。这样，该 PC 就成了 Interent 上的一个主机；然后就进入数据通信状态；当用户通信完毕时，NCP 释放网络层连接，收回原来分配出去的 IP 地址。接着，LCP 释放数据链路层连接；最后释放物理层连接。载波停止后则回到静止状态。如图 3-12 所示。

3.3.2 点对点协议 PPPoE

PPPoE 是 Point to Point Protocol over Ethernet 的缩写，意思是以太网上的 PPP，PPPoE 也称 PPP over Ethernet，即 PPPoE 协议。可以说 PPPoE 是将以太网和 PPP 协议相结合的协议，是在以太网中转播 PPP 帧信息的技术，它利用以太网将大量主机组成网络，通过一个远端接入设备连入因特网，并对接入的每一台主机实现控制、计费功能，PPPoE 现已

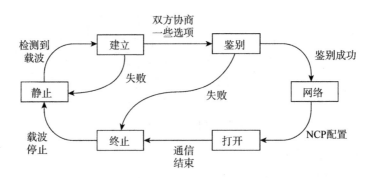

图 3-12　PPP 链路状态转换

广泛地应用在包括小区组网建设等一系列应用中。

1. PPPoE 协议的特点

PPPoE 不仅有以太网的快速简便的特点，同时还有 PPP 的强大功能，任何能被 PPP 封装的协议都可以通过 PPPoE 传输，此外还有如下特点：

① PPPoE 很容易检查到用户下线，可通过一个 PPP 会话的建立和释放对用户进行基于时长或流量的统计，计费方式灵活方便。

② PPPoE 可以提供动态 IP 地址分配方式，用户无需任何配置，网管维护简单，无需添加设备就可解决 IP 地址短缺问题，同时根据分配的 IP 地址，可以很好地定位用户在本网内的活动。

③ 用户通过免费的 PPPoE 客户端软件（如 EnterNet），输入用户名和密码就可以上网，跟传统的拨号上网差不多，最大程度地延续了用户的习惯。

2. PPPoE 协议帧格式

PPPoE 协议帧格式及和 PPP 协议的关系，如图 3-13 所示。

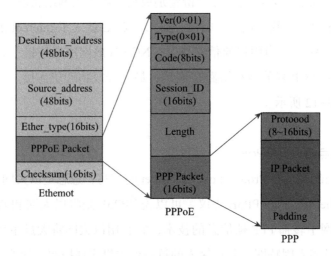

图 3-13　PPPoE 协议的帧格式

PPPoE 协议帧格式中各字段含义如下：

（1）Ver（版本号），4 bit，PPPoE 版本为 0x01。

（2）Type（类型），4 bit，PPPoE 类型设置为 0x01。

（3）Code（代码字段），8 bit，根据两阶段中各种数据包的不同功能而值不同。如图 3-14 所示。

Code	Description
0x00	表示 PPP 会话阶段
0x09	PADI 报文
0x07	PADO 报文
0x19	PADR 报文
0x65	PADS 报文

图 3-14 Code 代码字段描述

（4）Session-ID（会话 ID），16 bit，是一个网络字节序的无符号值，其值会在 Discovery 数据包中定义。对一个给定的 PPP 会话来说，该值是一个固定值。Session-ID 与以太网源地址和目的地址一起实际定义了一个 PPP 会话。 Session-ID 不允许使用 0xFFFF（该值保留作将来使用）。

（5）Length（PPPoE 负载长度），不包括以太网头部和 PPPoE 头部。

（6）Payload（PPPoE 帧的净负载），在不同的阶段 PPPoE 的 Payload 字段的格式有很大区别。在 PPPoE 的发现阶段时，该域内会填充一些 Tag（标记）；而在 PPPoE 的会话阶段，该域则携带的是 PPP 的报文。

3. PPPoE 运行机制

PPPoE 协议的工作流程包含发现和会话两个阶段。其运行机制如图 3-15 所示。

发现阶段，是无状态的。在此阶段用户主机以广播方式寻找所连接的所有接入集中器（或交换机），并获得其以太网 MAC 地址。然后选择需要连接的主机，并确定所要建立的 PPP 会话标识号码。具体步骤如下：

① 主机广播发起分组（PADI），分组的目的地址为以太网的广播地址 0xffffffffffff，CODE（代码）字段值为 0x09，SESSION-ID（会话 ID）字段值为 0x0000。PADI 分组必须至少包含一个服务名称类型的标签（标签类型字段值为 0x0101），向接入集中器提出所要求提供的服务。

② 接入集中器收到在服务范围内的 PADI 分组，发送 PPPoE 有效发现提供包

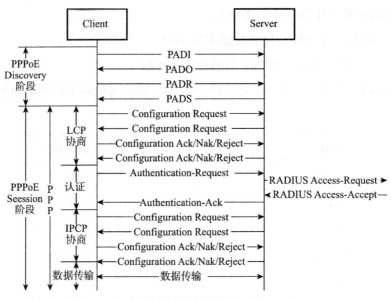

图 3-15　PPPOE 交互示意图

（PADO）（PPPoE Active Discovery Offer）分组，以响应请求。其中 CODE 字段值为 0x07，SESSION-ID 字段值仍为 0x0000。PADO 分组必须包含一个接入集中器名称类型的标签（标签类型字段值为 0x0102），以及一个或多个服务名称类型标签，表明可向主机提供的服务种类。

③ 主机在可能收到的多个 PADO 分组中选择一个合适的 PADO 分组，然后向所选择的接入集中器发送 PPPoE 有效发现请求分组（PADR）（PPPoE Active Discovery Request）。其中 CODE 字段为 0x19，SESSION-ID 字段值仍为 0x0000。PADR 分组必须包含一个服务名称类型标签，确定向接入集线器（或交换机）请求的服务种类。当主机在指定的时间内没有接收到 PADO，它应该重新发送它的 PADI 分组，并且加倍等待时间，这个过程会被重复期望的次数。

④ 接入集中器收到 PADR 分组后准备开始 PPP 会话，它发送一个 PPPoE 有效发现会话确认（PADS）（PPPoE Active DiscoverySession-confirmation）分组。其中 CODE 字段值为 0x65，SESSION-ID 字段值为接入集中器所产生的一个唯一的 PPPoE 会话标识号码。PADS 分组也必须包含一个接入集中器名称类型的标签以确认向主机提供的服务。当主机收到 PADS 分组确认后，双方就进入 PPP 会话阶段。

会话阶段是由用户主机与接入集中器在发现阶段所协商的 PPP 会话连接参数发起。一旦 PPPoE 会话开始，PPP 数据就可以以任何其他的 PPP 封装形式发送。所有的以太网帧都是单播的。PPPoE 会话的 SESSION-ID 一定不能改变，并且必须是发现阶段分配的值。

PPPoE 还有一个 PADT 分组，它可以在会话建立后的任何时候发送，来终止 PPPoE 会话，也就是会话释放。它可以由主机或者接入集中器发送。当对方接收到一个 PADT 分组，就不再允许使用这个会话来发送 PPP 业务。PADT 分组不需要任何标签，其 CODE 字段值为 0xa7，SESSION-ID 字段值为需要终止的 PPP 会话的会话标识号码。在发送或接收 PADT 后，即使正常的 PPP 终止分组也不必发送。PPP 对端应该使用 PPP 协议自身来终止 PPPoE 会话，但是当 PPP 不能使用时，可以使用（PADT）（PPPoE ActiveDiscovery Terminate）结束。

PPPoE 会话阶段主要分为 LCP 协商阶段、认证阶段、IPCP 阶段等，在这些阶段顺利完成后，就可以进行数据传输。

3.4 使用广播信道的数据链路层

本节中讨论的局域网使用的是广播信道。局域网技术从 20 世纪 70 年代末发展起来后，得到了迅猛的发展，在计算机网络中占有非常重要的作用。局域网经过了四十几年的发展，尤其是在快速以太网（100 Mbps）和吉比特以太网（1 Gbps）、10 吉比特以太网（10 Gbps）相继进入市场后，以太网已经在局域网市场中占据了绝对优势。现在以太网几乎成为了局域网的同义词，因此本章从以太网技术开始讨论。

3.4.1 以太网

1. 起源

以太网起源于 Xerox 公司的一个实验网，该实验网络的目的是把几台个人计算机以 3 M 的速率连接起来。由于该实验网络的突出表现，DEC，Intel，Xerox 三家公司最终在 1980 年发布了第一个以太网协议标准建议书。该建议书的核心思想是：在一个 10 M 带宽的共享物理介质上，把最多 1024 个计算机和其他数字设备进行连接，当然，这些设备之间的距离不能太大（最大 2.5 公里）。1982 年又修改为第二版规约（实际上也就是最后的版本），即 DIX Ethernet V2，成为世界上第一个局域网产品的规约。

1983 年，在此基础上，IEEE 802 委员会的 802.3 工作组于制定了第一个 IEEE 的以太网标准 IEEE 802.3，数据率为 10 Mbit/s。802.3 局域网对以太网标准中的帧格式做了很小的一点更动，但允许基于这两种标准的硬件实现可以在同一个局域网上互操作。以太网的标准 DIX Ethernet V2 与 IEEE 的 802.3 标准只有很小的差别，因此很多人也常把 802.3 局域网简称为 "以太网"。一般来说，仍称以太网标准是 DIX Ethernet V2。

2. 发展

（1）共享式总线以太网

早期的以太网标准是采用同轴线作为传输介质，网络是一种串联式共享总线网络。如图 3-16 所示。

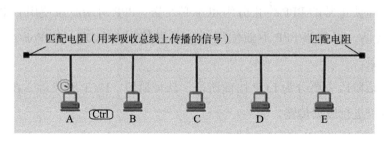

图 3-16　共享式以太网

共享式以太网的特点是，网络中所有主机的收发都依赖于同一套物理介质，即共享介质。所采用的是广播通信的方式，即当一台计算机发送数据时，总线上的所有计算机都能检测到这个数据。

共享式以太网的典型代表是使用 10Base2/10Base5 的总线型网络和以集线器为核心的星形网络。在使用集线器的以太网中，集线器将很多以太网设备集中到一台中心设备上，这些设备都连接到集线器中的同一物理总线结构中，因此实际上以集线器为核心的以太网与总线型以太网并无本质区别。

共享式以太网中所有节点都处于同一冲突域中，不管一个帧从哪里来或到哪里去，所有的节点都能接收到这个数据帧。随着节点的增加，大量的冲突将导致网络性能急剧下降。而集线器在某一时刻只能传输一个数据帧，这就意味着集线器的所有接口都要共享同一带宽。

共享式以太网存在的主要问题是所有用户共享带宽，每个用户的实际可用带宽随网络用户数的增加而递减。这是因为当信息繁忙时，多个用户都可能同时争用一个信道，而一个信道在某一时刻只能被一个用户占用，因此会出现大量用户经常处于监测等待状态，使得信号在传送时发生抖动、停滞或失真，进而严重影响了网络的性能。

（2）交换式以太网

随着非屏蔽双绞线（UTP）出现及广泛应用。同时，为了减少网络中的冲突，提高网络中的带宽，交换式以太网逐渐替代了共享式以太网。如图 3-17 所示。

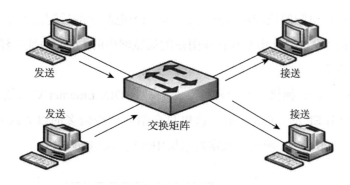

图 3-17　交换式以太网

交换式以太网是以交换式集线器或者交换机为中心构建的星形拓扑结构网络。在交换式以太网中，交换机根据接收到的数据帧中的 MAC 地址决定数据帧应发往交换机的哪个端口。因为端口间的帧传输彼此屏蔽，因此节点就不必担心自己发送的数据帧在通过交换机时是否会与其他节点发送的帧发生冲突。

在交换式以太网中，交换机为每个用户提供专用的信息通道，除非两个源端口企图将信息同时发往同一目的端口，否则各个源端口与各自的目的端口之间可同时进行通信而不发生冲突。交换机只是在工作方式上与集线器不同，其他的连接方式、速度选择等则与集线器基本相同。

使用交换式以太网替换共享式以太网不需要改变原有网络的其他硬件，包括电缆和用户网卡，仅需要用交换式集线器或交换机替换传统的集线器，因此可以节省用户网络升级的费用。本节中主要介绍的是共享式以太网中的出现问题，交换式以太网在下节中介绍。

3.4.2　以太网中的 MAC 层

1. MAC 层的硬件地址

在以太网中，硬件地址又称为物理地址或 MAC 地址（因为这种地址用在 MAC 帧中）。

MAC 地址是 IEEE 802 标准为局域网规定了一种 48 位的全球地址，是固化在每一台计算机的适配器的 ROM 中的地址。该 48 位地址中的前一部分（一般为 24 位）由 IEEE 局域网全局地址的注册管理机构分配给不同的网络硬件厂商，后面的一部分（一般为 16 位）由厂商为其产品的编号，剩余的 8 位为保留位。这种 MAC 地址具有如下特性：

① 假定更换了一个连接在局域网上的一台计算机中已经坏了的适配器。那么，虽然这台计算机的地理位置没有变化，所接入的局域网也没有任何改变，但是这台计算机的局域网的 MAC 地址仍然改变了。

② 假定把位于南京的某局域网上的一台笔记本电脑携带到北京，并连接在北京的某

局域网上。虽然这台电脑的地理位置改变了，但只要电脑中的适配器不变，那么该电脑在北京的局域网中的 MAC 地址仍然和它在南京的局域网中的 MAC 地址一样。

2. MAC 帧格式

常用的以太网 MAC 帧格式有两种标准，一种是 DIX Ethernet V2 标准（即以太网 V2 标准），另一种是 IEEE 的 802.3 标准。这里只介绍使用得最多的以太网 DIX Ethernet V2 的 MAC 帧格式。如图 3-18 所示，假定网络层中使用的是 IP 协议。

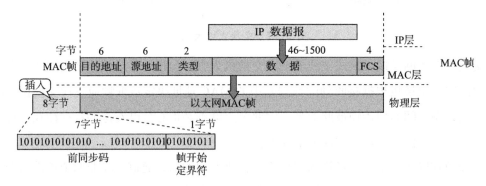

图 3-18　以太网 DIX Ethernet V2 的 MAC 帧格式

MAC 帧结构含有 8 个字段，具体各字段的含义如下：

① 前导符（P），7 个字节，格式为 0 和 1 相间组成的 "10101010…"。其主要目的是使接收方进入同步状态，以便做好接收数据的准备。

② 帧开始标志（SFD），1 字节，表示方式为 "10101011"。它跟在前导符 P 后面，表示本帧的开始。

③ 目的地址（DA）、源地址（SA），各占 6 个字节。目的地址是指该帧期望发送的目的地，可以是单播地址、组播地址或广播地址。源地址是指发送该帧的发送节点地址。

④ 数据类型字段（T），2 个字节，说明上面网络层传下来的协议。

⑤ 用户数据字段（DATA），长度小于等于 1 500 个字节。存放网络层下来的数据信息。

⑥ 填充字段（PAD），长度小于等于 64 个字节。填充字段用无字符的方式保证整个帧的长度不小于 64 个字节。

⑦ 帧校验序列（FCS），4 个字节。采用循环冗余 CRC 方法。

对于以太网 V2 的 MAC 帧，MAC 子层是通过采用曼彻斯特编码的方式从接收到的以太网帧中取出相应字节的数据交付上一层协议，以解决 MAC 帧首部没有帧长度（或数据长度）字段的问题。在曼彻斯特编码的每一个码元（不管码元是 1 或 0）的正中间一定有一次电压的转换（从高到低或从低到高）。当发送方把一个以太网帧发送完毕后，就不再发送其他码元了（既不发送 1，也不发送 0）。因此，发送方网络适配器的接口上的电压也就不再变化了。这样，接收方就可以很容易地找到以太网帧的结束位置。在这个位置往前数 4 字节（FCS 字段长度是 4 字节），就能确定数据字段的结束位置。

同时，在以太网上传送数据时是以帧为单位传送的。以太网在传送帧时，各帧之间还必须有一定的间隙。因此，接收端只要找到帧开始定界符，其后面的连续到达的比特流就都属于同一个 MAC 帧。可见以太网不需要使用帧结束定界符，也不需要使用字符插入来保证透明传输。

网卡从网络上每收到一个 MAC 帧就用硬件检查 MAC 帧中的 MAC 地址。如果是发往本站的帧就收下，然后再进行其他的处理。如果不是发往本站的帧就直接丢弃，不再进行其他处理。错误帧的判断如下情况之一：

① 帧的长度不是整数个字节；

② 到的帧检验序列 FCS 查出有差错；

③ 收到的帧的 MAC 客户数据字段的长度不在 46—1 500 字节之间。考虑到 MAC 帧首部和尾部的长度共有 18 字节，可以得出有效的 MAC 帧长度为 64—1 518 字节之间。

对于检查出的错误的 MAC 帧就简单地丢弃，以太网不负责重传丢弃的帧。这样做的目的是不浪费主机的处理机和内存资源。

3.4.3　共享以太网冲突解决——CSMA/CD 协议

1. 共享以太网冲突概述

共享以太网中采用的是广播传输数据的方式，如何使众多用户能够合理而方便地共享通信媒体资源，是共享以太网应着重考虑的问题。这在技术上有两种方法：

静态划分信道，如在物理层中已经介绍过的频分复用、时分复用、波分复用和码分复用等。用户只要分配到了信道就不会和其他用户发生冲突。但这种划分信道的方法代价较高，并不适合于局域网使用。

动态媒体接入控制，它又称为多点接入（multiple access），其特点是信道并非在用户通信时固定分配给用户。动态媒体接入控制可以分为以下两类：

① 随机接入，其特点是所有的用户可随机地发送信息。但如果恰巧有两个或更多的用户在同一时刻发送信息，那么在共享媒体上就要产生碰撞（即发生了冲突），使得这些用户的发送都失败。因此，必须有解决碰撞的网络协议。

② 受控接入，其特点是用户不能随机地发送信息而必须服从一定的控制。这类的典型代表有分散控制的令牌环局域网和集中控制的多点线路探询（polling），或称为轮询。本节中不讨论受控接入。

2. CSMA/CD 协议的意义

CSMA/CD 是指在以太网中对各个传输信号的站点进行"多点接入、载波监听、碰撞检测"。

"多点接入"说明这是总线型网络，许多计算机以多点接入的方式连接在一根总线上。

"载波监听"是用电子技术检测总线上有没有其他计算机也在发送。其实总线上并没有什么"载波"，这里只不过借用一下"载波"这个名词而已。因此载波监听就是检测信道，这是个很重要的措施。不管在发送前，还是在发送中，每个站都必须不停地检测信道。在发送前检测信道，是为了获得发送权。如果检测出已经有其他站在发送，则自己就暂时不许发送数据，必须要等到信道变为空闲时才能发送。在发送中检测信道，是为了及时发现有其他站的发送和本站发送的碰撞。这就称为碰撞检测。

"碰撞检测"也就是"边发送边监听"，即适配器边发送数据边检测信道上的信号电压的变化情况，以便判断自己在发送数据时其他站是否也在发送数据。当几个站同时在总线上发送数据时，总线上的信号电压变化幅度将会增大（互相叠加）。当适配器检测到的信号电压变化幅度超过一定的门限值时，就认为总线上至少有两个站同时在发送数据，表明产生了碰撞。所谓"碰撞"就是发生了冲突，因此"碰撞检测"也称为"冲突检测"。这时，总线上传输的信号产生了严重的失真，无法从中恢复出有用的信息来。

3. CSMA/CD 协议的工作过程

使用 CSMA/CD 协议时，一个站不可能同时进行发送和接收数据。因此，使用 CSMA/CD 协议的以太网只能进行半双工通信。

CSMA/CD 机制的发送方工作过程如下：

① 当某个站点希望发送数据时，数据信息进入到数据链路层 MAC 协议实体，被封装成 MAC 帧。

② MAC 协议实体在进入到传输系统之前，监听传输介质，检查是否有信号正在传输。

③ 如果传输系统中有信号传输，则跳转到②继续监听；否则，等待一个帧间最小间隔时间发送数据，同时对传输介质继续监听。

④ 如果在发送数据过程中没有检测到，则本次发送任务完成；否则，立即终止本次发送过程，并向介质发送一个 128 bit 的冲突加强信号，以使其他节点都能感知到传输系统中发生了冲突。MAC 协议实体计算发送失败的次数。

⑤ 如果发送失败次数小于等于某个阈值，根据失败次数执行二进制指数退避算法，计算得到某个退避时间值，等待该退避时间，转向②准备重新发送。否则，停止发送尝试，通知上层，报告可能出现了网络故障。

CSMA/CD 机制的接收方工作过程如下：

① 局域网上的每个站点的 MAC 协议实体都监听传输介质，如果有信号传输，则接收信息，得到 MAC 帧；其中，对于因冲突造成的长度不足最小有效帧长的错误帧，MAC 实体不予理会。

② MAC 协议实体分析帧中的目的地址，如果目的地址为本站点地址，就复制接收该帧。否则，简单丢弃该帧。

CSMA/CD 方式在发生冲突时采用的二进制指数退避算法来确定碰撞后重传的时机，让发生碰撞的站在停止发送数据后，不是等待信道变为空闲后就立即再发送数据，而是推迟（这叫做退避）一个随机的时间。具体的退避算法如下：

① 协议规定了基本退避时间为争用期 2τ，具体的争用期时间是 51.2 us。对于 10 Mbit/s 以太网，在争用期内可发送 512 bit，即 64 字节。也可以说争用期是 512 bit 时间。1 bit 时间就是发送 1 bit 所需的时间。所以这种时间单位与数据率密切相关。为了方便，也可以直接使用比特作为争用期的单位。争用期是 512 bit，即争用期是发送 512 bit 所需的时间。

② 从离散的整数集合 [0，1，…，(2k-1)] 中随机取出一个数，记为 r。重传应推后的时间就是 r 倍的争用期。上面的参数 k 按公式 k=Min [重传次数，10] 进行计算。

可见当重传次数不超过 10 时，参数 k 等于重传次数；但当重传次数超过 10 时，就不再增大而一直等于 10。

③ 当重传达 16 次仍不能成功时（这表明同时打算发送数据的站太多，以致连续发生冲突），则丢弃该帧，并向高层报告。

例如，在第 1 次重传时，k=1，随机数 r 从整数 {0，1} 中选一个数。因此重传的站可选择的重传推迟时间是 0 或 2r，在这两个时间中随机选择一个。

若再发生碰撞，则在第 2 次重传时，k=2，随机数 r 就从整数 {0，1，2，3} 中选一个数。因此重传推迟的时间是在 0，2τ，4τ 和 6τ 这四个时间中随机地选取一个。

同样，若再发生碰撞，则重传时 k=3，随机数 r 就从整数 {0，1，2，3，4，5，6，7} 中选一个数。依此类推。

若连续多次发生冲突，就表明可能有较多的站参与争用信道。但使用上述退避算法可使重传需要推迟的平均时间随重传次数而增大（这也称为动态退避），因而减小发生碰撞的概率，有利于整个系统的稳定。

其中，CSMA/CD 协议的工作过程中涉及两个时间：争用期时间和帧间最小间隔。

争用期又称为碰撞窗口，是指以太网端到端往返时间 2τ。在局域网的分析中，常把总线上的单程端到端传播时延记为 τ。

帧间最小间隔，规定为 9.6 us（96 bit 时间），是为了使刚接收到数据帧的站的接收缓存来得及清理，做好接收下一帧的准备。

总之，根据以上所讨论的，CSMA/CD 协议的要点总结归纳如下：

① 准备发送：适配器从网络层获得一个分组，加上以太网的首部和尾部，组成以太网帧，放入适配器的缓存中。但在发送之前，必须先检测信道。

② 检测信道：若检测到信道忙，则应不停地检测，一直等待信道转为空闲。若检测到信道空闲，并在 96 bit 时间内信道保持空闲（保证了帧间最小间隔），就发送这个帧。

③ 在发送过程中仍不停地检测信道，即网络适配器要边发送边监听。这里只有两种可能性：

当发送成功时，在争用期内一直未检测到碰撞。这个帧肯定能够发送成功。发送完毕后，其他什么也不做。然后回到①。

当发送失败时，在争用期内检测到碰撞。这时立即停止发送数据，并按规定发送人为干扰信号。适配器接着就执行指数退避算法，等待 r 倍 512 bit 时间后，返回到步骤②，继续检测信道。但若重传达 16 次仍不能成功，则停止重传而向上报错。

以太网每发送完一帧，一定要把已发送的帧暂时保留一下。如果在争用期内检测出发生了碰撞，那么还要在推迟一段时间后再把这个暂时保留的帧重传一次。

3.5 数据链路层的扩展

数据链路层的设备通常具有物理层互联设备的功能，在网络中，除了被用来进行网络的扩展与增加节点外，还用来进行局域网与局域网之间的相互连接，进行网络的分段，增加冲突域的数量，减少冲突域的范围。

3.5.1 数据链路层的扩展概述

能对数据链路层进行扩展的设备，主要部件分有线和无线网卡，主要互联设备有网桥、交换机和无线网桥等，它们都工作在 OSI 参考模型的第 2 层数据链路层。

1. 理论作用

在网络中，数据链路层设备负责接受和转发数据帧。数据链路层设备通常包含了物理层设备的功能，但是比物理层设备具有更高的智能。它们不但能读懂第 2 层"数据帧"头部的 MAC 地址信息；还能根据读出的端口和物理 MAC 地址信息自动建立起"转发表"（MAC 地址表）；并依据转发表中的数据进行过滤和筛选，最终依所选的端口转发数据帧。这层设备允许不同端口间的并发通信。因此，可以增加冲突域的数量。

2. 冲突域和广播域

冲突域是指连接在同一导线上的所有工作站的集合，或者说是同一物理网段上所有节点的集合或以太网上竞争同一带宽的节点集合。

广播域是指接收同样广播消息的节点的集合。

这层设备经常用于互联使用相同网络号的 IP 子网，交换机和网桥都是端口冲突和传播所有的广播信息的设备。因此，网桥和第 2 层交换机互联的网络处于多个冲突域和同一个广播域。如，当一个 24 口交换机上连接有 8 个计算机时，其冲突域为 8 个，而广播域只有 1 个。

3. 实际作用

网桥和交换机都是一个软件和硬件的综合系统。但网桥出现的较早，目前，在局域网中，有多端口网桥之称的"交换机"已经基本上取代了网桥和传统集线器。局域网交换机的引入，使得端口的各站点可独享带宽，减弱了冲突，减少了出错及重发，提高了传输效率。交换机最重要的作用就是可以维护几个独立的、互不影响的并行通信进程；可以连接各种计算机和节点设备；可以通过学习、过滤功能来自动维护交换机的"转发表"；可以依据自动生成的"转发表"转发数据帧。低速交换机常常用于连接计算机节点，而高速交换机通常作为局域网内部的核心或骨干交换机互联局域网内部的不同网段。

优点：通过增加冲突域的个数，减少冲突域的范围，使得原有的共享网路进行分段；以实现改善和提高网络性能的目的。

缺点：这层设备转发所有的广播数据，由于其不能过滤广播信息，因此就不能控制广播风暴，但不包括具有 VLAN 功能的交换机。

3.5.2 网桥

网桥是一种存储转发设备，它通过对网络上的信息进行筛选来改善网络性能，可以实现网络分段，提高网络系统的安全和保密性能。

1. 网桥的理论功能

（1）过滤和转发

在网络上的各种设备和工作站都有一个 MAC 地址。在总线上的信息传输过程中，当网桥接到一个信息帧时，它会拆封信息帧头，查看源、目 MAC 地址。如果源、目 MAC

地址不在同一个网络中，则网桥将转发此信息帧到另一个网络上；如果源、目 MAC 地址在同一个网络上，则网桥就不再转发该信息帧。因此，它起到了对信息帧的"过滤"作用，从而完成对互联网之间的"隔离"作用。如图 3-19 所示，由于网桥只是将应该转发的信息帧进行了转发，因而提高了网络的利用率。

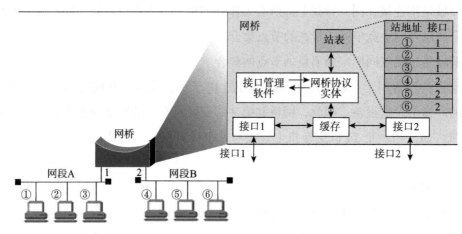

图 3-19   网桥连接

（2）学习功能

当网桥接收到一个信息包时，它查看信息帧的源、目 MAC 地址，并将该地址与路径表中的各项进行比对，如果路径在表中，则直接安装路径表中的标识进行转发；如果路径不在路径表中，则网桥将新的源 MAC 地址添加到路径表中。这便是网桥对网络中地址的"学习"功能，网桥的这种学习能力是在不进行任何新的配置情况下，根据学习到的地址配置的。"学习"完成后，网桥对比目的 MAC 地址和路径表，如果源、目 MAC 地址在同一网络中，则网桥自动废除该信息帧，即重新进入"过滤"功能；如果目的 MAC 地址不在路径表中，则网桥将此信息帧转发到另一个网络。

2. 网桥的分类

（1）按网桥硬件所处的位置分类，可以分为内部网桥和外部网桥两种。在服务器内部安装、使用两块网卡加上相应的软件，这就组成了内部网桥；外部网桥一般是专用的硬件设备。

（2）按网桥分布的地理范围分类，可以分为近程网桥和远程网桥。近程网桥主要连通两个相邻的局域网网段，现已逐渐被交换机所取代；远程网桥连接的是两个远程的局域网。

3. 网桥的应用与设计要点

（1）网桥的应用

网桥可以应用于一个网络的分段中，分割一个负载过重的网络，以均衡负载，提高网络效率。一个设计良好的网络，应符合 8/2 的规则，即在本地网段的通信量为 80%；在跨网段的通信量为 20%，因此网桥不用于跨网段的分割中。

网桥可以应用于网络距离的延伸中，使用中继器仍然受到了网络设计标准的限制，而网桥可以进一步延伸网络的距离。

网桥可以应用于连接不同物理层和不同数据链路层的网络。

（2）网桥设计要点

设计带有网桥的网络时，需要注意网桥在网络中的位置，即 8/2 规则。如果将主机 1 和主机 2 设计于两个网络段，而主机 1 需要经常访问主机 2，如果将网桥放置在两台主机所在的网络之间，将不会带来好的通信效果。因此，对网桥位置的设计需合理化，能够阻挡 80% 的通信量进入分段后的其他网络段，才能取得最大效率。

4. 网桥的应用特点

（1）优点：

网桥通过对不需要传递的数据进行过滤，实现了对网络间的通信分段。

网桥既可以连接两个或多个网络，也可以连接不同的传输介质。

网桥的过滤功能使得广播域的缩小，增加了网络系统的整体安全性能。

（2）缺点：

网桥不能对传递的广播信息进行过滤。

网桥工作在数据链路层，它要求连接在数据链路层以上的多个网络要采用相同或相兼容的协议。

网桥的网络通常没有备用通道。

3.5.3　以太网交换机

1. 交换机的分类

（1）按外形分类

① 独立式交换机。这类交换机通常是较为便宜的交换机，基本没有管理功能的。它们最适合小型独立的工作小组、部门或办公室使用。

② 堆叠式交换机。这类交换机采用背板技术来支持多个网段，实质是具有多个接口卡槽位的机箱系统，可以作为一个设备进行管理。目前投资的较少，适合长远发展。

③ 模块式交换机。这类交换机配有机架或卡箱，带有多个卡槽，每个卡槽内有一块通信卡。每个卡相当于一个独立的交换机。可作为一个独立设备进行管理。

（2）按网络技术进行分类

按照网络技术不同，交换机可以分为以太网交换机、令牌环交换机、FDDI 交换机和ATM 交换机等。

（3）按照应用规模选择交换机

交换机按照应用规模，由大到小，可以将交换机分为：企业级交换机、骨干交换机、工作组交换机和桌面交换机。

① 桌面交换机。这类交换机最常见，性价比最高。通常每个端口支持 1—4 个 MAC地址；提供多个具有 10/100 Mbps 自适应能力的端口；直接连接各个计算机工作节点。一般用于办公室、小型机房等部门。

② 工作组交换机。这类交换机常用作网络的扩充设备，替换桌面交换机。

③ 骨干交换机。校园网交换机一般作为网络的骨干交换机使用。它通常有 12—32 个端口；至少有一个端口连接其他类型网络；支持第三层交换机中的 VLAN；具有快速交换数据的能力；端口使用全双工传输模式；具有容错功能等。总之，这类交换机适合大型网络。

④ 企业级交换机。这类交换机类似于骨干交换机，但它的功能更强大，提供更多的端口；具有一个支持多种不同类型网络组建的底盘，利于网络系统硬件集成。适合于企业级的网络建设。

2. 交换机选择的要点

在选择交换机时，可以从技术角度、应用规模和品牌方面等进行选择。

（1）按技术角度选择

① 从以太网的工作方式类型进行选择：存储转发、直通方式和无碎片直通三种技术方式。目前，很多交换机都同时支持这三种方式，以适应交换机的不同应用。

② 从端口的传输模式，尽量选择支持全双工 / 半双工传输模式端口的产品。

③ 提供网管功能。一般中高档的交换机都提供管理软件，或支持第三方管理软件。

④ 提供虚拟快速以太网 VLAN 的管理功能。关于 VLAN 的技术，将在下节中讲解。

⑤ 延时。发送数据的总延时，越短说明处理数据的能力越强。

⑥ 提供多模块和多类型端口的支持。多类型端口是指交换机能同时支持多种类型端口的连接。每个模块相当于一个独立的小型交换机，提供的模块数目越多，可管理的用户和设备也就越多。

⑦ 交换机的吞吐量。交换机处理数据的能力。

⑧ 单 / 多 MAC 地址。

（2）按应用模式选择

按照应用模式选择仿照如下标准：

① 对于支持 500 个信息点以上大型企业来说，应当选择企业级交换机或骨干交换机。

② 对于支持 300—500 个信息点的大中型企业，可以选择部门级交换机。

③ 对于支持 100—300 个信息点的中小型企业，可以选择工作组级交换机。

④ 对于支持 10—100 个信息点的小型单位，可以选择工作组级交换机或桌面交换机。

3. 以太网交换机的特点

以太网交换机的发展与建筑物结构化布线系统的普及应用密切相关。在结构化布线系统中，广泛地使用了以太网交换机。其主要特点如下：

① 以太网交换机实质上就是一个多接口的网桥，通常都有十几个或更多的接口。

② 以太网交换机的每个接口都直接与一个单台主机或另一个以太网交换机相连，并且一般都工作在全双工方式。

③ 以太网交换机还具有并行性，即能同时连通多对接口，使多对主机能同时通信（而网桥只能一次分析和转发一个帧）。相互通信的主机都是独占传输媒体，无碰撞地传输数据。

④ 以太网交换机的接口还有存储器，能在输出端口繁忙时把到来的帧进行缓存。

⑤ 以太网交换机是一种即插即用设备，其内部的帧交换表（又称为地址表）是通过自学习算法自动地逐渐建立起来的。

⑥ 以太网交换机一般都具有多种速率的接口，可以具有 10 Mbit/s、100 Mbit/s 和 1 Gbit/s 接口的各种组合，这就大大方便了各种不同情况的用户。

4. 以太网交换机的理论功能

以太网交换机和网桥一样，都具有过滤和自学习的功能。现对比网桥，分析以太网交换机的功能。假定以太网交换机有 4 个端口，各接一台计算机 A，B，C 和 D，对应的 MAC 地址为 A，B，C 和 D。试分析以太网交换机交换表中的内容。

主机 A 通过以太网交换机的接口 1 向主机 B 发送一个信息帧。

以太网交换机收到此信息帧后，查看自己的交换表。因为开始的时候，以太网交换机里面交换表为空。这时，交换机就会把这个信息帧的源地址 A 和接口 1 写入交换表中，同时以广播的方式向除接口 1 以外的所有接口发送这个帧。如图 3-20 所示。那么以后所有从主机 A 发出的信息帧和要到主机 A 的信息帧都会从接口 1 进出。

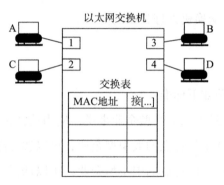

图 3-20　最开始以太网交换的交换表内容

　　主机 B，C 和 D 收到交换机的广播帧后，各自对照自己的 MAC 地址，B 发现这个广播帧和自己的 MAC 地址相符，就收下此帧；C 和 D 发现和自己的 MAC 地址不对，则将丢弃这个帧。这个功能也称为过滤。此时，以太网交换机会在自己的交换表内记录下主机 B 的 MAC 地址和接口信息。如图 3-21 所示。那么以后所有从主机 B 发出的信息帧和要到主机 B 的信息帧都会从接口 3 进出。

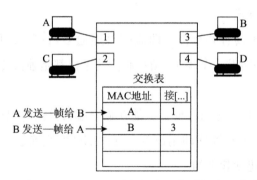

图 3-21　主机 B、C 和 D 收到广播帧后交换机交换表中的信息

　　同理，如果涉及主机 C 和主机 D 发送信息帧的情况，主机 C 和 D 也会按照上述同样的方法进行过滤和自主学习。以太网交换机会把相应学到的 MAC 地址和对应的接口信息记录到自己的交换表中。这样，以太网交换机的交换表中的项目就齐全了。要转发给任何一台主机的帧，都能够很快地在交换表中找到相应的转发接口。

　　考虑到有时可能要在交换机的接口更换主机，或者主机要更换其网络适配器，这就需要更改交换表中的项目。为此，在交换表中每个项目都设有一定的有效时间。过期的项目就自动被删除。用这样的方法保证交换表中的数据都符合当前网络的实际状况。同时，以太网交换机的这种自学习方法使得以太网交换机能够即插即用，不必人工进行配置。

3.5.4　虚拟局域网 VLAN

1. 虚拟局域网 VLAN 概述

在 TCP/IP 协议规范中并没有 VLAN 的定义。当二层以太网交换机发展到一定程度的时候，就会使用交换机取代传统三层设备路由器去构造网络。位于协议第二层的交换机虽然能隔离冲突域，提高每一个端口的性能，但并不能隔离广播域，不能进行子网划分，不能层次化规划网络，更无法形成网络的管理策略，因为这些功能全都属于网络的第三层——网络层。因此，如果只用交换机来构造一个大型计算机网络，将会形成一个巨大的广播域，结果是网络的性能降低以至无法工作，网络的管理束手无策，这样的网络是不可想象的。按照 TCP/IP 的原理，一般来说，广播域越小越好，一般不应超过 200 个站点。那么，如何在一个交换网络中划分广播域呢？交换机的设计者们借鉴了路由结构中子网的思路，得出了虚网的概念，即通过对网络中的 IP 地址或 MAC 地址或交换端口进行划分，使之分属于不同的部分，每一个部分形成一个虚拟的局域网络，共享一个单独的广播域。这样就可以把一个大型交换网络划分为许多个独立的广播域，即 VLAN。

虚拟局域网 VLAN 是在现有局域网上提供的划分逻辑组的一种服务，也是对数据链路层"虚拟扩展"的一种方式。在 IEEE802.3 的标准中，对虚拟局域网 VLAN 的定义是这样的：虚拟局域网 VLAN 是由一些局域网网段构成的与物理位置无关的逻辑组，而这些网段具有某些共同的需求。每一个 VLAN 的帧都有一个明确的标识符，指明发送这个帧的工作站属于哪一个 VLAN。如图 3-22 所示，三个虚拟局域网 VLAN$_1$，VLNA$_2$，VLAN$_3$ 的构成图。

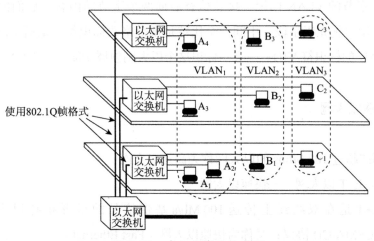

图 3-22　虚拟局域网构成图

如图中显示，10 个工作站分配在三个楼层中，构成了三个局域网 LAN_1（A_1,A_2,B_1,C_1），LAN_2（A_3,B_2,C_2），LAN_3（A_4,B_3,C_3）。但这 10 个工作站需要被划分成三个工作组 $VLAN_1$（A_1,A_2,A_3,A_4），$VLAN_2$（B_1,B_2,B_3），$VLAN_3$（C_1,C_2,C_3）。此时，相同 VLAN 之间的工作站能通信，不同 VLAN 之间的工作站不能通信。

2. 虚拟局域网 VLAN 的格式

虚拟局域网 VLAN 的格式是对以太网帧格式的扩展，在以太网的帧格式中插入一个 4 字节的标识符——VLAN 标记（tag），用来指明发送该帧的工作站属于哪一个虚拟局域网。如图 3-23 所示。

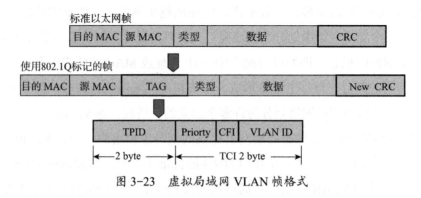

图 3-23　虚拟局域网 VLAN 帧格式

VLAN 标记字段的长度 4 个字节，插入在以太网 MAC 帧的源地址字段和类型字段之间。VLAN 标记的前两个字节和原来的类型字段作用一样，设置为 0X8100，称为 802.1Q 标记类型。当数据链路层检测到 MAC 帧的源地址字段后面的类型字段值为 0X8100 时，就要插入 4 个字节的 VLAN 标记。接着检查后面两个字节的内容。后面的两个字节中，前 3 个比特是用户优先级字段，中间 1 个比特是规范格式标识符，最后 12 个比特是该虚拟局域网 VLAN 的标识符 VID——唯一标识这个以太网帧属于哪一个 VLAN。

3.6　高速以太网

速率达到或超过 100 Mbps 的以太网称为高速以太网。

1. 100BASE-T 以太网——快速以太网

100BASE-T 是在双绞线上传送 100 Mb/s 基带信号的星形拓扑以太网；仍使用 IEEE802.3 的 CSMA/CD 协议；又称为快速以太网（Fast Ethernet）。

100BASE-T 以太网交换式集线器可以工作在全双工模式，而无冲突发生。因此，无需采用 CSMA/CD 协议，仅仅使用以太网标准规范 MAC 帧格式。

对于和传统以太网的连接，用户只需更换一张适配器，再配上一个 100 Mb/s 的集线器，就可很方便地由 10BASE-T 以太网直接升级到 100BASE-T，而不需要改变网络的拓扑结构。

2. 吉比特以太网——千兆以太网

吉比特以太网又称为千兆以太网；可用作现有网络的主干网，也可在高带宽（即高速率）的应用场合中用来连接工作站和服务器。吉比特以太网的物理层使用以下两种成熟的技术：

① 来自现有的以太网。

② ANSI 制定的光纤通道 FC（Fibre Channel）。

吉比特以太网的标准 IEEE802.3z 有以下几个特点：

① 允许在 1 Gbps 下全双工和半双工两种工作方式。

② 使用 IEEE802.3 协议规定的帧格式。

③ 在半双工方式下使用 CSMA/CD 协议，而在全双工方式下不需要使用 CSMA/CD 协议。

④ 与 10BASE-T 和 100BASE-T 技术向后兼容。

3. 10 吉比特以太网——万兆以太网

10 吉比特以太网又称为万兆以太网。由于 10 吉比特以太网的出现，以太网的工作范围已经从局域网扩大到城域网和广域网，从而实现了端到端的以太网传输。这种工作方式的好处是：

① 以太网是一种经过实践证明的成熟技术，无论是因特网服务提供者 ISP 还是端用户都很愿意使用以太网。

② 以太网的互操作性也很好，不同厂商生产的以太网都能可靠地进行互操作。

③ 在广域网中使用以太网时，其价格大约只有 SONET 的五分之一和 ATM 的十分之一，以太网还能够适应多种的传输媒体，如铜缆、双绞线和各种光缆，这就使具有不同传输媒体的用户在通信时不需重新布线。

④ 端到端的以太网连接使帧的格式全都是以太网的格式，而不需要再进行帧格式的转换，这就简化了操作和管理。

10 吉比特以太网的物理层使用以下两种新开发的技术：

① 局域网物理层 LAN PHY。

② 可选的广域网物理层 WAN PHY。

10 吉比特以太网的特点：

① 10 GE 的帧格式与 10 Mb/s、100 Mb/s 和 1 Gbps 以太网的帧格式完全相同。

② 由于传输速率高，10 GE 不再使用铜线而只使用光纤作为传输媒体。

③ 10 GE 只工作在全双工方式，因此不存在争用问题，也不使用 CSMA/CD 协议。

在局域网发展过程中，也先后出现了其他类型的局域网技术，如 100 VG-AnyLAN、光纤分布式数据接口 FDDI、高性能并行接口 HIPPI 及光纤通道技术等。这些局域网技术采用了不同的标准，适合于不同的应用领域，也曾发挥过重要作用，但随着以太网技术的迅猛发展，而逐渐退出了历史舞台。

练习题

1. 数据链路（即逻辑链路）与链路（即物理链路）有何区别？"电路接通了"与"数据链路接通了"的区别何在？

2. 数据链路层中的链路控制包括哪些功能？试讨论数据链路层做成可靠的链路层有哪些优点和缺点。

3. 网络适配器的作用是什么？网络适配器工作在哪一层？

4. 数据链路层的三个基本问题（封装成帧、透明传输和差错检测）为什么都必须加以解决？

5. 要发送的数据为 1101011011。采用 CRC 的生成多项式是 P（x）=X^4+X+1。试求应添加在数据后面的余数。

数据在传输过程中最后一个 1 变成了 0，问接收端能否发现？

若数据在传输过程中最后两个 1 都变成了 0，问接收端能否发现？

采用 CRC 检验后，数据链路层的传输是否就变成了可靠的传输？

6. 假定在使用 CSMA/CD 协议的 10 Mbit/s 以太网中某个站在发送数据时检测到碰撞，执行退避算法时选择了随机数 r=100。试问这个站需要等待多长时间后才能再次发送数据？如果是 100 Mbit/s 的以太网呢？

7. 什么叫做传统以太网？以太网有哪两个主要标准？

第4章　网络层

网络层是 OSI 参考模型中的第三层，TCP/IP 参考模型中的第二层，它为下层提供数据传输功能外，还管理网络中的数据通信。同时，它也为上层提供最基本的端到端的数据传送服务。本章的核心内容—网际协议 IP 是了解互联网工作的基础，是本书的重点内容之一。只有深入地掌握了网际协议 IP 的主要内容，才能理解互联网的工作原理及过程。

4.1　网际协议

4.1.1　概述

网际协议 IP 是 TCP/IP 体系中两个主要协议之一［STEV94］［COME06］［FORO10］，也是最重要的互联网标准协议之一。这里所讲的 IP 是 IP 的第 4 个版本，记为 IPv4。但在讲述 IPv4 协议的各种原理时，直接使用 IP 表示。

与 IP 协议配套使用的还有三个协议：

① 地址解析协议 ARP（Address Resolution Protocol）

② 网际控制报文协议 ICMP（Internnet Control Message Protocol）

③ 网际组管理协议 IGMP（Internet Group Management Protocol）

这三个协议和网际协议 IP 的关系如图 4-1 所示。

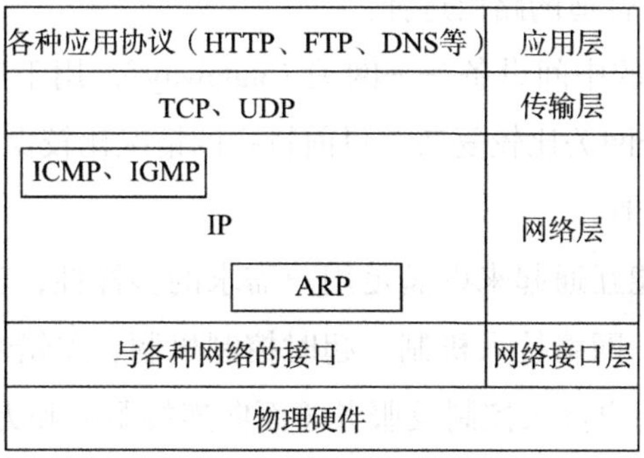

各种应用协议（HTTP、FTP、DNS等）	应用层
TCP、UDP	传输层
ICMP、IGMP IP ARP	网络层
与各种网络的接口	网络接口层
物理硬件	

图 4-1　网际协议 IP

网络层的功能是实现 IP 数据包分组的端到端传输过程，那么网络如何确定 IP 数据包分组从源端到目的端的传输路径，并沿着该传输路径完成 IP 数据包分组的传输？网际协议 IP 协议就具有如此功能，源端将 IP 数据包分组提交给网络之前，在规定的位置给出该分组的源端和目的端的地址，交由网际协议 IP 识别和处理，此地址被称为 IP 地址。

根据上一章了解到，MAC 地址是数据链路层中唯一标识网络中主机的地址，它通常是由网卡生产厂家烧入网卡的 EPROM 闪存芯片中。那么，网络层和数据链路层之间进行交换数据信息时如何转换这两种地址？网际协议 ARP（Address Resolution Protocol）就是实现 IP 地址到 MAC 地址转换的协议。

计算机网络中，数据信息使用网际协议 IP 从源端主机传递后，如何判断目的端主机是否已经收到？ICMP 作为 TCP/IP 协议族的一个子协议，具有测试网络是否畅通的功能，它对网络安全具有极其重要的意义。

计算机网络中的数据流成万上亿，为节约网络资源、减少网络中设备的负载和吞吐量，将需要相同数据流的设备纳为一组，它们上链链路中的网络设备提供复制了的数据流。IGMP 协议就是为了这种网络环境而产生。

4.1.2　虚拟互连网络

为了将全世界范围内数以万计的网络相互连接起来，要使用一些中间设备。如下图 4-2（a）所示，根据中间设备所在的层次，可以分为：

① 物理层使用的中间设备——转发器（repeater），又被称为中继器或者放大器，用于物理层上的数据中继，实现信号的"再生"转发。

② 数据链路层使用的中间设备——网桥或桥接器（bridge），用于有效地连接数量不多的、同一类型的网段。

③ 网络层使用的中间设备——路由器（router），用于连接相同或者不同类型的网络，并且对传输的数据进行最合适的路由选择。

④ 网络层以上使用的中间设备——网关（gateway），用于连接两个不兼容的系统在高层进行协议转换。由于网关比较复杂，目前特指的情况比较少，一般都用路由器代替网关进行网络互联和路由选择。

为了使构建的网络能互通起来以满足用户需求的多样性，就要解决网络中各种设备的寻址、最大分组长度、网络接入机制、超时控制机制、差错恢复报告形式、状态报告方法、路由选择技术、用户接入控制及服务（面向连接服务和无连接服务）等的异构性。TCP/IP 参考模型中让参加互连的计算机网络都使用网际协议 IP，解决异构性，就好像在一个单个的网络上通信一样，构成一个虚拟互连的网络，如图 4-2（b）所示。

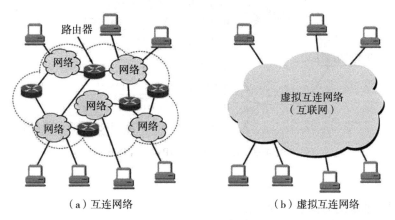

图 4-2　IP 网的概念

虚拟互连网络是逻辑互连网络，它的意思就是互连起来的各种物理网络的异构性本来是客观存在的，但是利用 IP 协议就可以把这些性能各异的网络在网络层看起来好像是一个统一的网络。这种使用 IP 协议的虚拟互连网络可简称为 IP 网。使用 IP 网的好处是：当 IP 网上的主机进行通信时，就好像在一个单个网络上通信一样，它们看不见互联的各网络的具体异构细节（如具体的编制方案、路由选择协议等等）。如果在这种覆盖全球的 IP 网的上层使用 TCP 协议，那么就是现在所说的互联网（Internet）。

4.2　网际协议 IP

4.2.1　IP 地址

IP 地址（Internet Protocol Address），缩写为 IP Address，是一种在 Internet 上的给主机统一编址的地址格式，也称为网络协议（IP 协议）地址。它为互联网上的每一个网络和每一台主机分配一个逻辑地址，常见的 IP 地址分为 IPv4 与 IPv6 两大类。虽然目前 IPv4 已经全部分配完全，但当前广泛应用的仍是 IPv4。同时，下一阶段必然会进行版本升级到 IPv6；如无特别注明，本教材中的 IP 地址所指的是 IPv4，如图 4-3 所示。

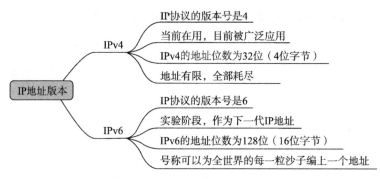

图 4-3　IP 地址版本 IPv4 和 IPv6

4.2.2　IP 地址的分类及表示方法

IP 地址是给互联网上每一台主机（或路由器）的每一个接口分配一个在全世界范围内、唯一的 32 位标识符。IP 地址的结构使主机（或路由器）在互联网上方便的被寻找，它由互联网名字和数字分配机构 ICANN（Internet Corporation for Assigned Names and Numbers）进行分配。

IP 地址的编码方法经过了三个阶段：分类 IP 地址、子网划分和构成超网。

① 分类的 IP 地址，这是最基本的编址方式。

② 子网的划分，是为了提高 IPv4 地址利用率，对最基本的编址方式的改进。

③ 构成超网，是为了进一步提高 IPv4 地址利用率及减轻网络上核心设备中路由条目的负载，是上面两种方式上的完善，是目前较新的无分类编址方式。

对于主机（或路由器）来说，IP 地址是 32 位的二进制代码。为了提高可读性，把 32 位的 IP 地址分为 4 组，即 8 位一组，并且每一组中间插入一个空格以示区分。为了便于书写，对 IP 地址采用点分十进制记法（dotted decimal notation），将每组的二进制转成 10 进制的数值表示，并在每个数值中间用 "." 隔开。

本节中讨论的为最初的分类 IP 地址阶段，所谓 "分类 IP 地址" 就是将 IP 地址划分为若干个固定类——A、B、C、D、E 五类，其中 A、B、C 这三类是比较常用的 IP 地址，D、E 类为特殊地址。如图 4-4 所示。

A 类地址

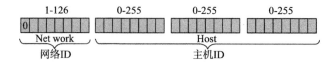

B 类地址

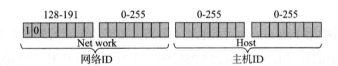

C 类地址

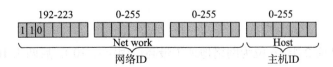

D 类地址

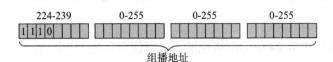

E 类地址

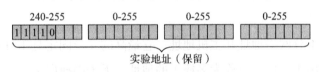

图 4-4 IP 地址分类

其中，A、B 和 C 类地址都由两个固定长度的字段组成，其中第一个字段是网络号（net-id），它标志主机（或路由器）所连接到的网络。一个网络号在整个互联网范围内必须是唯一的。第二个字段是主机号（host-id），它标志该主机（或路由器）。一台主机号在它前面的网络号所指明的网络范围内必须是唯一的。这种两级的 IP 地址可以记为：

$$IP 地址：：= \{< 网络号 >，< 主机号 >\}$$

当初将 IP 地址划分为 A、B、C 三个类别，是为了迎合各种网络存在的差异，有的网络大，需要大量主机；有的网络小，需要少量主机。IP 地址的划分能满足不同用户的需求。

4.2.3 各类 IP 地址及特点

从 IP 地址的结构来看，IP 地址并不仅仅指明一台主机，而且还指明了主机所连接到的网络。下面详细介绍各类 IP 地址及其特点。

1. 每类 IP 地址的范围

A 类地址

（1）A 类地址中第 1 组 8 位为网络地址（最高位固定是 0），另外 3 组 24 位为主机地址；

（2）A 类地址范围：1.0.0.0-126.255.255.255，其中 0 和 127 作为特殊地址；

（3）A 类网络最大主机数量是 $2^{24}-2=16\ 777\ 214$。（排除的 2 个是本网络地址和广播地址。）

B 类地址

（1）B 类地址前 2 组 16 位为网络地址（最高位固定是 10），后两组 16 位为主机地址；

（2）B 类地址范围：128.0.0.0-191.255.255.255；

（3）B 类网络最大主机数量 $2^{16}-2=6\ 554$。（排除的 2 个是本网络地址和广播地址。）

C 类地址

（1）C 类地址前 3 组 24 位为网络地址（最高位固定是 110），后 1 组 8 位为主机地址；

（2）C 类地址范围：192.0.0.0-223.255.255.255；

（3）C 类网络最大主机数量 $2^8-2=254$。（排除的 2 个是本网络地址和广播地址。）

D 类地址

（1）D 类地址不分网络地址和主机地址，它最高的 4 位固定是 1 110；

（2）D 类地址用于组播（也称为多播）的地址，无子网掩码；

（3）D 类地址范围：224.0.0.0-239.255.255.255；

E 类地址

（1）E 类地址不分网络地址和主机地址，它最高的 5 位固定是 11 110；

（2）E 类地址范围：240.0.0.0-255.255.255.255；

（3）其中 240.0.0.0-255.255.255.254 作为保留地址，主要用于 Internet 试验和开发，255.255.255.255 作为广播地址。

2. 特殊的 IP 地址

（1）回送地址

A 类网络地址 127 是一个不会出现在网络上的保留地址，用于网络软件测试以及本地机进程间通信，叫做回送地址（loopback address）。无论什么程序，一旦使用回送地址发送数据，协议软件立即返回，不进行任何网络传输。

如果使用 Ping 指令连接 127.0.0.1，如果反馈信息失败，说明 TCP/IP 协议栈有错，必须重新安装 TCP/IP 协议；如果成功，继续用 Ping 指令连接本机 IP 地址，如果反馈信息失败，说明主机网卡不能和 IP 协议栈进行通信。

（2）广播地址

TCP/IP 规定，主机位全为"1"的网络地址用于广播之用，叫做广播地址。所谓广播，指同时向同一子网所有主机发送报文。

（3）网络地址

TCP/IP 协议规定，主机位都为"0"的 IP 地址被解释成"本"网络。

（4）私有地址

为了节约 IP 地址，Internet 管理委员会将 IP 地址继续划分为私有地址和公有地址。私有地址是 A、B、C 类地址中的某一段，属于局域网范畴，自组网时使用，但不能用在 Internet 上进行路由。而对于能在 Internet 网上路由的 IP 地址，属于广域网范畴的被称之为公有地址。私有地址和公有地址之间的转换使用 NAT（Network Address Translation，网络地址转换）协议进行。其中，A、B、C 类网络中的私有地址段如下：

① A 类中私有地址：10.0.0.0～10.255.255.255；

② B 类中私有地址：172.16.0.0～172.31.255.255；

③ C 类中私有地址：192.168.0.0～192.168.255.255。

其余的 A、B、C 类 IP 地址就属于了公有地址，由电信运营商 ISP 分配。

3. IP 地址的重要特点

（1）每一个 IP 地址都由网络号和主机号两部分组成。从这个意义上说，IP 地址是一种分等级的地址结构。分两个等级的好处是：第一，IP 地址管理机构在分配 IP 地址时只分配网络号（第一级），而剩下的主机号（第二级）则由得到该网络号的单位自行分配。这样就方便了 IP 地址的管理；第二，路由器仅根据目的主机所连接的网络号来转发分组（而不考虑目的主机号），这样就可以使路由表中的项目数大幅度减少，从而减小了路由表所占的存储空间，以及查找路由表的时间。

（2）实际上 IP 地址是标志一台主机（或路由器）和一条链路的接口。当一台主机同时连接到两个网络上时，该主机就必须同时具有两个相应的 IP 地址，其网络号必须是不同的。这种主机称为多归属主机（multihomed host）。由于一个路由器至少应当连接到两个网络，因此一个路由器至少应当有两个不同的 IP 地址。

（3）按照互联网的观点，一个网络是指具有相同网络号 net-id 的主机的集合，因此，用转发器或网桥连接起来的若干个局域网仍为一个网络，因为这些局域网都具有同样的网络号。具有不同网络号的局域网必须使用路由器进行互连。

（4）在 IP 地址中，所有分配到网络号的网络（不管是范围很小的局域网，还是可能覆盖很大地理范围的广域网）都是平等的。所谓平等，是指互联网同等对待每一个 IP 地址。

4.2.4 IP 数据包格式

IP 协议能根据目的端 IP 地址寻址，并寻找最佳路径进行路由；提供的是不可靠、无连接的传递服务，提高传递效率；具有数据包分片和重组的功能。其 IP 数据包的封装格式能说明 IP 协议具有的功能，在 TCP/IP 的标准中，各种数据格式常以 32 位（4 个字节）为单位来描述。IP 数据包的格式如图 4-5 所示。

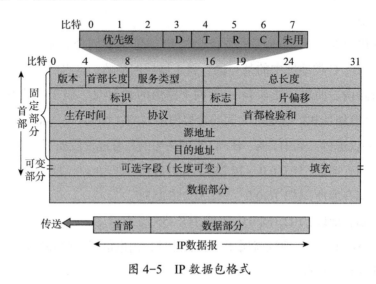

图 4-5　IP 数据包格式

从图可知，一个 IP 数据包由首部和数据两部分构成，首部的前一部分是 IP 数据包必须具有的 20 个字节的固定长度，首部的后面部分是长度可变的可选字段。其中，首部各字段的意义如下：

（1）版本　版本占 4 位，指 IP 协议的版本。通信双方使用的 IP 协议版本必须一致。日前广泛使用的 IP 协议版本号为 4（即 IPv4）。

（2）首部长度　首部长度占 4 位，表示最大十进制数值是 15。请注意，这个字段所表示数的单位长度是 32 位字（1 个 32 位字长是 4 字节）。因此，当 IP 的首部长度为 1111 时（即十进制的 15），首部长度就达到 60 字节。当 IP 分组的首部长度不是 4 字节的整数倍时，必须利用最后的填充字段填充。因此数据部分永远在 4 字节的整数倍开始，这样在实现 IP 协议时较为方便。首部长度限制为 60 字节的缺点是有时可能不够用。这样做的目的是希望用户尽量减少开销。最常用的首部长度就是 20 字节（即首部长度为 0101），这时不使用任何选项。

（3）区分服务　服务占 8 位，这个字段暂时没有被使用过，只有在使用区分服务时，这个字段才起作用。

（4）总长度　总长度占 16 位，指首部及数据之和的长度，单位为字节，故数据包的

最大长度为 $2^{16}-1=65\,535$ 字节。

实际上，数据包的长度受到数据链路层中最大传送单元 MTU（Maximum Transfer Unit）的限制。当一个数据包封装成链路层的数据帧时，此数据包的总长度（即首部加上数据部分）一定不能超过下面的数据链路层的最大数据帧长度 MTU 值，否则要分片。

虽然，IP 数据包越长，传输效率就会越高。但是，IP 协议规定，在互联网中所有的主机和路由器，必须能够接受长度不超过 576 字节的数据包。当主机需要发送长度超过 576 字节的数据包时，目的主机应当要提前了解清楚是否能接受所要发送的数据包长度，否则就要进行分片。

（5）标识　标识（Identification）占 16 位。"标识"并不是序号，因为 IP 是无连接的服务，数据包不存在按序接收的问题。标识是 IP 软件在存储器中的计数器值，每一个数据包的产生，计数器加 1。当 IP 数据包长度超过网络的 MTU 值而必须分片时，这个标识字段的值就被复制到所有的数据包的标识字段中。相同的标识字段的值使分片后的各数据报片最后能正确地重装成为原来的数据包。

（6）标志　标志（Flag）占 3 位，只使用了 2 位。其中，最低位记为 MF（More Fragment），当 MF=1 时表示后面"还有分片"的数据包；当 MF=0 时表示这已是若干数据报片中的最后一个。标志字段中间的一位记为 DF（Don't Fragment），意思是"不能分片"，只有当 DF=0 时才允许分片。

（7）片偏移　片偏移占 13 位，以 8 个字节为偏移单位。指当较长的数据包在分片后，某片在数据包中的相对位置，即相对用户数据字段的起点，该片从何处开始。

（8）生存时间　生存时间（TTL）占 8 位，单位为秒，指数据包在网络中的寿命。其目的是防止链路中无法交付的数据包被无限制地转发，消耗网络资源。数据包每经过一个路由器时，TTL 值减去数据包在路由器消耗掉的时间，若数据包在路由器消耗的时间小于 1 秒，就把 TTL 值减 1。当 TTL 值为 0 时，就丢弃这个数据包。

（9）协议　协议占 8 位，指数据包中携带的数据是使用何种协议，以使目的主机的 IP 层知道应将数据部分上交给哪个处理过程。

常用的一些协议和相应的协议字段值如下表 4-1 所示。

表 4-1　协议字段

协议名	ICMP	IGMP	TCP	UDP	EGP	IGP	IPv6	ESP	OSPF
协议字段值	1	2	6	17	8	9	41	50	89

（10）首部检验和　首部检验和占 16 位，为了提高检验效率，该字段只检验数据报的

首部，但不包括数据部分。IP 首部校验和不采用复杂的 CRC 循环冗余检验码，而采用如下方式：

发送方计算 IP 数据包的校验和，步骤如下：

① 把 IP 数据包的校验和字段置为 0；

② 把首部看成以 16 位为单位的数字组成，依次进行二进制反码求和；

③ 把得到的结果存入校验和字段中。

接收方验证数据包的校验和，步骤如下：

① 把首部看成以 16 位为单位的数字组成，依次进行二进制反码求和，包括校验和字段；

② 检查计算出的校验和的结果是否等于零（反码应为 16 个 0）；

③ 如果等于零，说明被整除，校验和正确。否则，校验和就是错误的，协议栈要抛弃这个数据包。

发送方和接收方，计算和验证校验和的过程如图 4-6 所示。

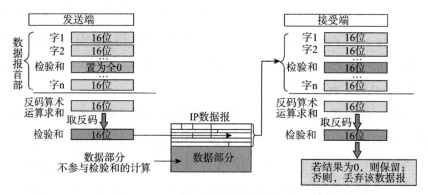

图 4-6　IP 数据包首部校验和的计算过程

（11）源地址占 32 位。

（12）目的地址占 32 位。

（13）选项字段，暂时没有使用。

IP 数据包首部的可变部分就是一个选项字段。选项字段用来支持排错、测量以及安全等措施，内容很丰富。此字段的长度可变，从 1 个字节到 40 个字节不等，取决于所选择的项目。某些选项项目只需要 1 个字节，它只包括 1 个字节的选项代码。而有些选项需要多个字节，这些选项一个个拼接起来，中间不需要有分隔符，最后用全 0 的填充字段补齐成为 4 字节的整数倍。

增加首部的可变部分是为了增加 IP 数据包的功能，但同时也使得 IP 数据包的首部长度成为可变的。这就增加了每一个路由器处理数据报的开销。实际上这些选项很少被使用。很多路由器都不考虑 IP 首部的选项字段，因此新的 IP 版本 IPv6 就把 IP 数据报的首部长度做成固定的。这里就不讨论这些选项的细节了。

例 4-1：在某主机（IP 地址为 10.10.1.95）上用网络监听工具监测网络流量，获取了一个 IP 包的前 28 字节用十六进制表示如下：

45　00　00　47　E6　EE　00　00　67　11

19　2A　75　4E　D2　D6　0A　0A　01　5F

A4　CA　0D　4B　00　33　6B　26

试解析 IP 包各字段。

答根据 IP 数据包的格式分析，以上各字段与 IP 数据包格式的对应关系如图 4-7 所示。

第 1 个字节为版本号和单位为 4 字节的 IP 首部长度，因此算得版本号为 4，IP 首部长度为 $5\times4=20$ 字节；总长度为 $(00\quad47)_{16}=71$ 字节；生存时间为 $(67)_{16}=103$；协议为 $(11)_{16}=17$，表示 IP 包数据部分是 UDP 报文；源 IP 地址为 75　4E　D2　D6，也就是 117.78.210.214；目的 IP 地址为 0A　0A　01　5F，也就是 10.10.1.95，这就是主机收到的 IP 包。

版本 4	首部长度 5	服务类型 0		总长度 00　47	
标识 E6　EE			标志 0		片偏移 0
生存时间 67		协议 11	首部校验和 19　2A		
源站 IP 地址 75　4E　D2　D6（117.78.210.214）					
目的 IP 地址 0A　0A　01　5F（10.10.1.95）					
数据部分 A4　CA　0D　4B　00　33　6B　26					
……					

图 4-7　IP 包解析结果

4.2.5　IP 层转发分组的机制

IP 地址是以网络号和主机号来标识网络上的主机的，当源、目主机的网络地址在相同的网段时，那么主机间可通信；但如果源、目主机的网络地址不在相同网段时，那么主机间就不能通信。在计算机网络中进行数据包的通信，基本上是根据 TCP/IP 协议，在网络层运行特定功能的设备，如路由器、三层交换机等，将数据包从一个网段转发到另外一个网段。

三层网络设备由路由表和转发表组成。路由表中存放的是链路中最新的路径信息，含有目的网络地址、下一跳地址信息等；转发表中存放的是交换结构、输入端口和输出端口。IP 数据包从源端出发时，根据路由表找到目的端网段，并由转发表对 IP 数据包的分组进行处理，将某个输入端口的分组从一个合适的输出端口转发出去。其中，路由表是通过软件实现，转发表是用特殊的硬件实现。

如图 4-8 所示，有四个 A 类网络通过三个路由器连接在一起，每一个网络上都有可能有成千上万台主机（图中没有画出这些主机）。

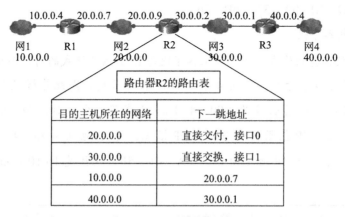

图 4-8　网络转发机制

以路由器 R2 的路由表为例进行数据包的转发，

当目的端中主机在网络 2 和网络 3 中时，可通过路由器 R2 的两个接口直接交付（当然还要利用地址解析协议 ARP 才能找到这些主机相应的硬件地址）；

当目的端主机在网络 1 中时，查找路由器 R2 的路由表可知，下一跳地址为路由器 R1，其 IP 地址为 20.0.0.7。路由器 R2 和 R1 由于同时连接在网络 2 上，因此从路由器 R2 把分组转发到路由器 R1 是很容易地。

当目的端主机在网络 4 中时，查找路由器 R2 的路由表可知，下一跳地址为路由器 R3，其 IP 地址为 30.0.0.1。即路由器 R2 通过网络 3 把分组转发给 IP 地址为 30.0.0.1 的路由器 R3，到达目的端网络 4。

总之，在路由表中，对每一条路由最主要的信息是目的网络地址和下一跳地址。于是，可以根据目的网络地址来确定下一跳路由器。

根据以上所述，网络层分组转发流程如下：

（1）从数据包的首部提取目的主机的 IP 地址 D，得到目的网络地址 N（子网掩码中讲解）；

（2）若 N 就是与此路由器直接相连的某个网络地址，则进行直接交付，不需要再经过其他的路由器，直接把数据包交付目的主机（这里把目的主机地址 D 转换为硬件地址，把数据包封装为 MAC 帧，再发送此帧）；否则就是间接交付，执行（3）；

（3）若路由表中有目的地址为 D 的特定主机路由，则把数据包传送给路由表中所指明的下一跳路由器；否则，执行（4）；

（4）若路由表中有到达网络 N 的路由，则把数据包传送给路由表中所指明的下一跳路由器，否则，执行（5）；

（5）若路由表有一个默认路由，则把数据包传送给路由表中所指明的默认路由器，否则，执行（6）；

（6）报告转发分组出错。

其实，路由表并没有给分组指明到某个网络的完整路径（即先经过哪一个路由器，然后再经过哪一个路由器，等等）。路由表指出，到某个网络应当先到某个路由器（即下一跳路由器），再达到下一跳路由器后，再继续查找其路由表，知道再下一步应当到哪一个路由器。这样一步步查找下去，直到最后到达目的网络。

4.3　子网划分

4.3.1　划分子网

从两级 IP 地址到三级 IP 地址常常因为如下问题：

（1）IP 地址空间的利用率低。例如，A 类地址网络可连接的主机数超过了 1 000 万台，B 类地址网络可连接的主机数也超过了 60 000 台，当一个拥有 100 台主机的公司申请到了一个 A 类网络地址时，大批的 IP 地址将被浪费。这样的方式将会使 IP 地址空间资源耗尽。

（2）给每一个物理网络分配一个网络号会使网络设备中的路由条目过大，而导致网络性能差。网络设备路由器根据路由表转发路由条目，当网络数目过多，路由表中的条目就越多。这样，将会增加路由器的负担，增加查找路由条目的时间，使整个网络的性能下降。

（3）原来 IP 地址分成的 A、B、C 类的模式不够灵活。当公司新开一个分公司，按原来的 IP 分类模式就需要新申请一个网段，就会增加成本，不利于管理。

为了解决上述问题，子网划分运应而生。子网划分是指在局域网中，通过借用 IP 地址的若干主机位来充当子网地址，将原来的一个网络分为若干个彼此隔离的子网。这样，当局域网要和广域网通信时，对外仍然表现为一个网络。如图 4-9 所示。

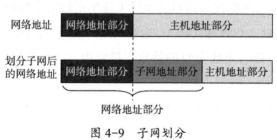

图 4-9　子网划分

总之，当没有划分子网时，IP 地址是两级结构。划分子网后 IP 地址变成了三级结构。划分子网只是把 IP 地址的主机号这部分进行再划分，而不是改变 IP 地址原来的网络号。

划分子网的基本思路具体如下：

（1）一个拥有许多物理网络的单位，可将所属的物理网络划分为若干个子网（subnet）。划分子网纯属一个单位内部的事情。本单位以外的网络看不见这个网络是由多少个子网组成，因为这个单位对外仍然表现为一个网络。

（2）划分子网的方法是从网络的主机号借用若干位作为子网号（subnet-id），当然主机号也就相应减少了同样的位数。于是两级 IP 地址在本单位内部就变为三级 IP 地址：网络号、子网号和主机号。也可以用以下记法来表示：

$$IP 地址：: = \{<网络号>，<子网号>，<主机号>\}$$

（3）凡是从其他网络发送给本单位某台主机的 IP 数据报，仍然是根据 IP 数据报的目的网络号找到连接在本单位网络上的路由器。但此路由器在收到 IP 数据报后，再按目的网络号和子网号找到目的子网，把 IP 数据报交付目的主机。

4.3.2　子网掩码

为了判断不同主机是否处在相同网段，需获取远端主机 IP 地址的网络部分做出判断。那如何获取呢？子网掩码是关键点。

1. 子网掩码定义和划分

子网掩码（subnet mask）又叫网络掩码、地址掩码，是用来指明一个 IP 地址的标识，哪些是主机所在的子网，哪些是主机的位掩码。它不能单独存在，必须结合 IP 地址一起使用，从而屏蔽 IP 地址的一部分以区别网络标识和主机标识，说明该 IP 地址是在局域网上，还是在远程网上。

子网掩码与 IP 地址一样，由 32 位二进制位组成，对应 IP 地址的网络部分用"1"表示，对应 IP 地址的主机部分用"0"表示。为了便于书写，通常也采用点分十进制表示。当位于 IP 网络中的节点分配 IP 地址时，也一并要给出每个节点所使用的子网掩码。对于 A、B、C 这三类地址来说，通常情况下使用默认的子网掩码：

（1）A 类网络默认子网掩码为 255.0.0.0；

（2）B 类网络默认子网掩码为 255.255.0.0；

（3）C 类网络默认子网掩码为 255.255.255.0；

如图 4-10 所示，以 145.13.3.30 为例的 IP 地址各字段和子网掩码的表示方法。

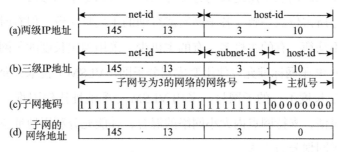

图 4-10　IP 地址的各字段和子网掩码（以 145.13.3.30 为例）

可以看出，图 4-9（a）的 IP 地址是 145.13.3.10 的主机本来的两级 IP 地址结构。图图 4-9（b）是同一地址的三级 IP 地址结构，即从原来 16 位的主机号中拿出了 8 位作为子网号，而主机号由 16 位减少到了 8 位。此时的子网的网络地址成了 145.13.3.0。图 4-9（c）是三级 IP 地址的子网掩码，也是 32 位，有 24 个 1 和 8 个 0 组成。子网掩码中的 1 对应于 IP 地址中原来二级地址中的 16 位网络号加上新增加的 8 位子网号，子网掩码中的 0 对应于现在的 8 位主机号。图 4-9（d）表示的是子网的网络地址。因此，使用子网掩码的好处除了可以根据网络的需求选择合适的大小；还可以通过将子网掩码和 IP 地址进行逐位相"与"运算（AND），得出网络地址。

例 4-2：给 C 类网络 211.168.10.0 划分 5 个子网。

答题设给出的是 C 类网络，可判断其子网掩码为 24 位（225.255.255.0），网络位为 24 位，主机位为 8 位；

根据要求需划分 5 个子网，则起码要 n 个网络号，其中 $2^n \geq 5$，n=3。表明，需要从主机位的 8 位中借前 3 位给网络位，此时，网络位变为 24+3=27 位，主机位变为 8-3=5 位，子网掩码变为 27 位（255.255.255.224）。如图 4-11 所示划分过程。

	网络部分：24位	子网部分 3位	主机部分：5位	子网地址	主机地址范围
子网0（保留）→	11010011 10101000 00001010	000	00000	211.168.10.0	
	11010011 10101000 00001010	001	00000	211.168.10.32	211.168.10.33~211.168.10.62
	11010011 10101000 00001010	010	00000	211.168.10.64	211.168.10.65~211.168.10.94
	11010011 10101000 00001010	011	00000	211.168.10.96	211.168.10.97~211.168.10.126
	11010011 10101000 00001010	100	00000	211.168.10.128	211.168.10.129~211.168.10.158
	11010011 10101000 00001010	101	00000	211.168.10.160	211.168.10.161~211.168.10.194
	11010011 10101000 00001010	110	00000	211.168.10.196	211.168.10.197~211.168.10.222
广播子网（保留）→	11010011 10101000 00001010	111	00000	211.168.10.224	

图 4-11　划分子网

大多数划分子网的网点采用定长的分配方式。具体确定子网号占几个比特由各网点自己确定，各子网号所占位数一致，各子网所能容纳的主机数一致。但有时，一个网点内的物理网络大小也不均衡，有的主机多，有的主机少，采用固定长度的子网划分明显就浪费了地址空间。TCP/IP 子网标准允许使用变成划分子网（VLSM）技术，允许为一个网点的各个物理网络挑选长度不一的子网号。采用 VLSM 分配地址比较困难，容易出现地址的双义性；优点是灵活，支持网点内大小网络的混合，并能充分利用地址空间。如下面的例题，详解了定长子网划分的方法。

例 4-3：一个包含 5 个物理网络的单位拥有一个 B 类网络地址 130.27.0.0，每个网络中主机不得超过 1 000 台，该如何划分 B 类 IP 地址的主机号部分？

答 在分类编制方案中，默认情况是不划分子网的，即一个分类网络地址仅用于 1 个子网，设某个 IP 地址的后缀有 y 位（B 类地址的 y=16），则唯一的子网中主机数最高可达 2^y-2。若从主机号字段划分出 3 比特作为子网号，则一个 B 类网络地址可用于 2^3-2 个子网，子网中的主机数可高达 $2^{(16-3)}-2$。同理，假定各子网的子网号长度一样，设子网号占 x（$x \geqslant 2$ 且 $x \leqslant y-2$）比特，则最多允许有 2^x-2 个子网，每个子网中最多有 $2^{(y-x)}-2$ 台主机。注意一般要求避免使用全 0 和全 1 的子网号和主机号。所以子网号位数至少为 2，以免没有可分配的子网号；子网号位数必须小于等于 y−2，也就是主机号位数大于等于 2，否则没有可分配的主机号。

一个 B 类地址的所有定长子网划分方法如表 4-2 所示。对于本例来说，对照表中给出的，能满足条件的（包含 5 个子网），且每个子网的主机可达 1 000 台的共有 4 种选择，表中阴影部分所示的 4 行，即子网号字段占 3—6 位都可以满足条件。若选择子网号长度为 3，则子网号可以为 001、010、011、100、101、110 中的任意 5 个。

表 4-2　一个 B 类地址的所有定长子网划分方案

子网号长度	子网数	每个子网的主机数	子网号长度	子网数	每个子网的主机数
0	1	65 534	8	254	254
2	2	16 382	9	510	126
3	6	8 190	10	1 022	62
4	14	4 094	11	2 046	30
5	30	2 046	12	4 096	14
6	62	1 022	13	8 190	6
7	126	510	14	16 382	2

划分子网需注意的事项：

（1）在实际的网络环境中，子网划分时不仅需要考虑目前需求，还应该为将来公司的扩展性留有余地。划分子网多借用几个主机位，可以得到更多子网，节约 IP 地址资源，为将来增加新部门时使用，不必再重新划分。

（2）一般来说，网络中的节点数过多的话，会因为广播通信而产生流量饱和，故网络中的主机数量的增长是有限的，应将更多的主机位用于子网位。

有子网掩码后，可以将 IP 地址和子网掩码进行逻辑"与"运算，得出 IP 地址所在的网络地址，其规则是：只要 IP 地址和子网掩码相同的位为"1"，结果为"1"，否则都为"0"。

例 4-4：已知 IP 地址是 141.14.72.24，子网掩码是 255.255.192.0。试求网络地址。

解 IP 地址的二进制为：10001111　00001110　01001000　00011000

子网掩码的二进制为：11111111　11111111　11000000　00000000

两者相进行逻辑"与"运输结果为：10001111　00001110　01000000　00000000

网络地址即为：141.14.64.0。

2. 使用子网时的分组转发

当进行子网划分之后，路由表必须包含目的网络地址、子网掩码和下一跳地址三项，必须适当修改主机和路由器上使用的 IP 转发算法。

在 IP 转发算法中，特定主机路由和默认路由属于特例，必须专门检查，对其他路由则按照常规方式进行表查询，路由表中普通路由的表项是（目的网络地址，下一跳地址）。不划分子网时，根据分类地址规定可以很容易地从待转发数据包的目的 IP 地址中提出网络地址。使用子网划分后，仅从目的 IP 地址无法判断出其中哪些比特对应网络部分（含子网部分），哪些比特对应主机部分。因此了网转发算法要求在路由表的每个表项中增加一个字段，指明该表项中的网络（子网）所使用的子网掩码（目的网络地址，子网掩码下一跳地址）。查找路由时，修改过的算法使用表项中的地址掩码与目的 IP 地址按比特进行"与"运输，再把结果与表项中的目的网络地址相比较，若相等，表明匹配，就把数据包转发到该表项的下一跳。具体分组转发规则如下：

（1）从收到的分组的首部提取目的 IP 地址 D。

（2）先用各网络的子网掩码和 D 逐位相"与"，看是否和相应的网络地址匹配。若匹配，则将分组直接交付。否则就是间接交付，执行（3）。

（3）若路由表中有目的地址为 D 的特定主机路由，则将分组传送给指明的下一跳路由器；否则，执行（4）。

（4）对路由表中的每一行的子网掩码和 D 逐位相"与"，若其结果与该行的目的网络地址匹配，则将分组传送给该行指明的下一跳路由器；否则，执行（5）。

（5）若路由表中有一个默认路由，则将分组传送给路由表中所指明的默认路由器；否则，执行（6）。

（6）报告转发分组出错。

⑩ 4-5：如图 4-12 所示，有三个子网，两个路由器，以及路由器 R_1 中的部分路由表。现在源主机 H_1 向目的主机 H_2 发送分组。讨论 R_1 收到 H_1 向 H_2 发送分组后查找路由表的过程。

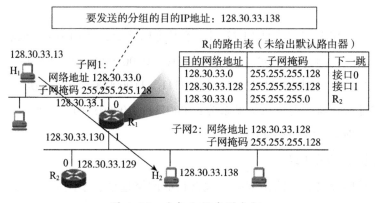

图 4-12　主机之间发送分组

⑩ 源主机 H_1 向目的主机 H_2 发送的分组的目的地址是 H_2 的 IP 地址 128.30.33.138。源主机 H_1 首先要进行的操作是要判断：发送的这个分组，是在本子网上进行直接交付还是要通过本子网上的路由器进行间接交付？

源主机 H_1 把本子网的"子网掩码 255.255.255.128"与目的主机 H_2 的"IP 地址

128.30.33.138"逐位相"与"（即逐位进行 AND 操作），得出 128.30.33.128，它不等于 H_1 的网络地址（128.30.33.0）。这说明 H_1 与 H_2 不在同一个子网上。因此 H_1 不能把分组直接交付 H_2，而必须交给子网上的默认路由器 R_1，由 R_1 来转发。

路由器 R_1 在收到一个分组后，就在其路由表中逐行寻找有无匹配的网络地址。

先看 R_1 路由表中的第一行。用这一行的"子网掩码 255.255.255.128"和收到的分组的"目的地址 128.30.33.138"逐位相"与"（即逐位进行 AND 操作），得出 128.30.33.128。然后和这一行给出的目的网络地址 128.30.33.0 进行比较。但比较的结果不一致（即不匹配）。

用同样方法继续往下找第二行。用第二行的"子网掩码 255.255.255.128"和该分组的"目的地址 128.30.33.138"逐位相"与"（即逐位进行 AND 操作），结果也是 128.30.33.128。这个结果和第二行的目的网络地址 128.30.33.128 相匹配，说明这个网络（子网 2）就是收到的分组所要寻找的目的网络。于是不需要再继续查找下去。R_1 把分组从接口 1 直接交付主机 H_2（它们都在一个子网上）。

4.4　构成超网（无分类编址 CIDR）

1. 为什么要构成超网？

划分子网在一定程度上缓解了互联网在发展中遇到的困难。然而，仍然不能满足互联网主干网上的路由表中项目数急剧增加的难题，IPv4 地址空间会被耗尽的困境。构成超网是在消除传统 A 类、B 类和 C 类地址以及子网划分的概念上，进一步提高 IPv4 地址资源的利用率。

CIDR 最主要的特点有两个：

（1）CIDR 消除了传统的 A 类、B 类和 C 类地址以及划分子网的概念，因而能更加有效地分配 IPv4 的地址空间。CIDR 把 32 位的 IP 地址划分为前后两个部分。前面部分是"网络前缀"，用来指明网络，后面部分则用来指明主机。因此 CIDR 使 IP 地址从三级编址（使用子网掩码）又回到了两级编址，但这已是无分类的两级编址。其记法是：

$$\text{IP 地址}：: = \{<网络前缀>, <主机号>\}。$$

CIDR 还使用"斜线记法"，即在 IP 地址后面加上斜线"/"，然后写上网络前缀所占的位数。

（2）CIDR 把网络前缀都相同的连续的 IP 地址组成一个"CIDR 地址块"。只要知道 CIDR 地址块中的任何一个地址，就可以知道这个地址块的起始地址（即最小地址）和最大地址，以及地址块中的地址数。

为了更方便地进行路由选择，CIDR 使用 32 位的地址掩码。地址掩码由一串 1 和一串 0 组成，而 1 的个数就是网络前缀的长度。虽然 CIDR 不使用子网了，但由于目前仍有一些网络还使用子网划分和子网掩码，因此 CIDR 使用的地址掩码也可继续称为子网掩码。例如，/20 地址块的地址掩码是：11111111 11111111 11110000 00000000（20 个连续的 1）。斜线记法中，斜线后面的数字就是地址掩码中 1 的个数。

由于一个 CIDR 地址块中有很多地址，所以在路由表中利用 CIDR 地址块来查找目的网络，这种地址的聚合常被称为路由聚合，它使路由表中的一个项目可以表示原来传统分类地址的很多个路由。路由聚合也叫做构成超网。

2. 超网

（1）构成超网的方式

构成超网与子网划分（把大网络分成若干小网络）的方法相反，它是把一些小网络组合成一个大网络。

例 4-6：某企业有一个网段，该网段有 200 台主机，使用 192.168.0.0 255.255.255.0 网段。后来计算机数量增加到 400 台，为后来增加的 200 台主机使用 192.168.1.0 255.255.255.0 网段，如图 4-13 所示。

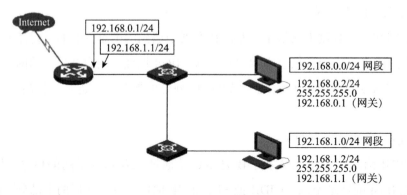

图 4-13　企业网段合并前图

在路由器配置了 192.168.0.1 的 IP 地址接口，再添加 192.168.1.1 地址后，这样 192.168.0.0 和 192.168.1.0 这两个网段内的主机就通过路由器转发来实现通信了。

那么有没有更好的办法，让这两个 C 类网段的计算机认为在一个网段？这就需要将 192.168.0.0/24 和 192.168.1.0/24 两个 C 类网络合并。如图 4-14 和图 4-15 所示。

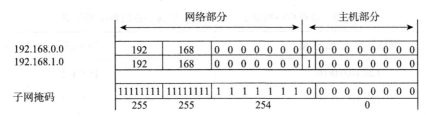

图 4-14　网络合并

网段合并：子网掩码向前移动 1 位，使得网络部分保持前部分相同。合并网段之后，如图 4-13 所示，这样所有主机相互通信就不再经过路由器转发了。

子网掩码往左移 1 位，能够合并 2 个连续的网段，但不是任何连续的网段都能合并。

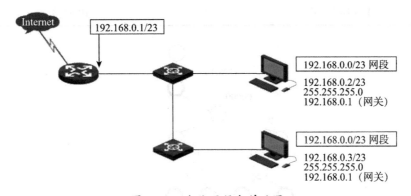

图 4-15　企业网段合并后图

（2）使用 CIDR 时路由查找的算法

使用 CIDR，路由表的每个表项应由"网络前缀 / 掩码"和"下一跳"组成。路由表中可能混合了非常多的路由条目，因此，采用二叉线索树法进行查找。具体地说，将各表项中的网络前缀写成比特串（取前缀长度个比特），表项中网络前缀的比特串决定从根节点逐层向下的路径，可以令 0 比特对应左分支，1 比特对应右分支，在每个地址路径的终止节点中应包含相应表项信息（网络前缀 / 掩码及下一跳地址）。如果包含特定主机路由，理论上二叉线索树为 33 层（含根）。

如表 4-3 所示的一组路由，建构的二叉线索树如图 4-16 所示。由于各路由开头有共同的"128.10"，因此可对线索树做适当优化，使根节点之下的连续 16 层的单分支合成一个分支。同样对特定主机地址的第 4 个字节对应的线索也进行了压缩。图中加粗的节点表示路由表中某个网络前缀路径的终止。

表4-3　含有同一网络的一般路由和特殊路由的路由表示例

网络前缀 / 前缀长度	下一跳
128.10.0.0/16	10.0.0.2
128.10.2.0/24	10.0.0.4
128.10.3.0/24	10.1.0.5
128.10.4.0/24	10.0.0.6
128.10.4.3/32	10.0.0.3
128.10.5.0/24	10.0.0.6
128.10.5.1/32	10.0.0.3

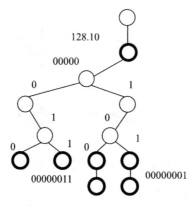

图4-16　表4-3中路由表所构建的二叉线索树

给定一个目的IP地址128.10.4.3（ID），从线索树的根节点开始，首先将ID的前16比特与分支的"128.10"比较，相等则转到下一个节点，该节点中存放路由信息，表示找到一个匹配项。但仍需要继续往下查找，经过"00000"、"1"、"0"、"0"等分支，到达一个包含路由信息的节点，表示又找到一个匹配路由，覆盖较早发现的匹配，因为较晚的匹配对应一个更长的前缀。继续与"00000011"比较，若相等则转到下一节点，该节点中包含路由，这表示又匹配了，再次覆盖先前发现的匹配，另外由于该节点是叶子节点，所有查找结束。最长前缀匹配所对应的下一跳地址是最终路由查找结果。如果ID是128.10.4.5，也将查找叶子节点，但最长前缀的匹配项存储在叶子节点的上一个节点中。

4.5　网际协议ARP

互联网使用TCP/IP软件实现物理网络的互连。TCP/IP软件使用IP地址标识通信主机，IP 地址将不同的物理地址"统一"起来，即建立 IP 地址和物理地址之间的映射。因为 IP 层以上各层使用 IP 地址，但在物理网络内仍使用各自的物理地址，互联网并不做任何改动。因此，协议软件需要一种将一个 IP 地址映射为相应的硬件地址，这种把高层地址映射为物理地址的问题称为地址解析问题。

TCP/IP 采用 2 种地址解析技术：直接映射法和动态绑定法。通过直接映射进行解析适合于物理地址是易配置的短地址的情形。而对固定长度的长物理地址，例如以太网地址，则通过动态绑定进行解析。TCP/IP 采用地址解析协议 ARP 完成动态地址解析。图 4-17 说明了 ARP 协议的作用。

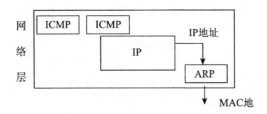

图 4-17 ARP 协议作用

ARP，即地址解析协议，实现通过 IP 地址到物理地址的映射。因此，要了解 ARP 协议，IP 地址与 MAC 地址的关系。

MAC 地址位于数据链路层，与网络无关，即无论将带有这个地址的硬件（如网卡、集线器、路由器等）接入到网络的何处，都有相同的 MAC 地址。而 IP 地址位于网络层，基于逻辑，是网络层和以上各层使用的地址，比较灵活。IP 地址与 MAC 地址的区别如图 4-18 所示。

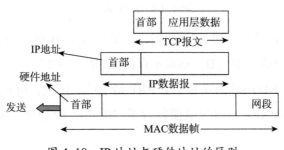

图 4-18 IP 地址与硬件地址的区别

以太网协议规定，同一局域网中的一台主机要和另一台主机进行直接通信，必须要知道目标主机的 MAC 地址，而在 TCP/IP 协议栈中网络层和传输层只关心目标主机的 IP 地址。这就导致在以太网中使用 IP 协议时，数据链路层的以太网协议接到上层 IP 协议提供的数据中只包含目的主机的 IP 地址。于是需要一种方法，根据目的主机的 IP 地址，获得其 MAC 地址。这就是 ARP 协议要做的事情，并且为了提高工作效率，每一台主机在本

地的 ARP 报文缓冲区里都会维护一张存放的是 IP 地址与 MAC 地址的映射关系的 ARP
列表。

　　可见 ARP 高速缓存非常有用。如果不使用 ARP 高速缓存，那么任何一台主机只要进
行一次通信，就必须在网络上用广播方式发送 ARP 请求分组，这就使网络上的通信量大
大增加。ARP 把已经得到的地址映射保存在高速缓存中，这样就使得该主机下次再和具
有同样目的地址的主机通信时，可以直接从高速缓存中找到所需的硬件地址而不必再用广
播方式发送 ARP 请求分组。一般来说，ARP 对保存在高速缓存中的每一个映射地址项目
都设置生存时间（例如，10—20 分钟）。凡超过生存时间的项目就从高速缓存中删除掉。

　　例如，主机 A 和主机 B 通信进行的 ARP 解析如图 4-19 所示。

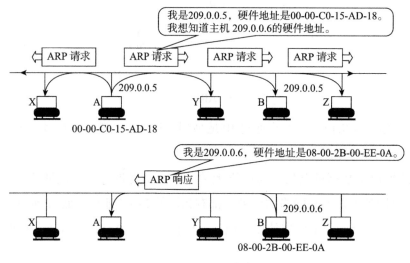

图 4-19　ARP 解析

　　（1）当源主机 A 查看自己的 ARP 列表，如果有 A 和 B 对应的 IP 和 MAC 地址列表，
则直接转发数据包给目的端主机 B。如果不存在，则执行（2）。

　　（2）源主机 A 在本地网段内发起一个 ARP 请求的广播包，用来查询目标主机 IP 地址
对应的 MAC 地址，该 ARP 请求包里面包含了"源主机 IP 地址、源主机 MAC 地址、目
标主机 IP 地址"。

　　（3）本地网段内的所有主机都会收到这个 ARP 请求包，并查看自己的 IP 地址和
MAC 地址，只有目的端主机 B 相同，则主机 B 给予回应并添加到本地的 ARP 列表中，
其余的主机则直接丢弃 ARP 请求包。

　　（4）源主机 A 收到这个 ARP 响应数据包后，将目标主机 B 的 IP 地址和 MAC 地址对
应关系添加到自己的 ARP 列表中。然后，便根据此信息进行数据的传输。

（5）如果源主机 A 一直得不到目的端主机 B 的 ARP 响应数据包，则说明 ARP 查询失败。

从 IP 地址到硬件地址的解析是自动进行的，主机的用户对这种地址解析过程是不知道的。只要主机或路由器要和本网络上的另一个已知 IP 地址的主机或路由器进行通信，ARP 协议就会自动地把这个 IP 地址解析为链路层所需要的硬件地址。因此，在虚拟的 IP 网络上能直接用 IP 地址进行通信。

4.6　网际协议 ICMP

IP 协议仅通过 IP 首部校验和提供一种传输差错检测手段，并没有提供差错纠正机制，而是让高层协议（如 TCP）解决各种差错。虽然不直接纠错，但 ICMP 作为 IP 的补充协议，提供了一种差错报告机制，用于路由器或目的主机把发生的交付问题或路由问题报告（发送 ICMP 报文）给源站，这就是 ICMP（Internet Control Message Protocol，网间信息控制协议）的作用。ICMP 提供可能发生的通信环境中各种问题的反馈，通过这些信息，管理员就可以对所发生的问题作出判断，然后采取适当的措施去解决它。

ICMP 是互联网的标准协议，但不是高层协议（看起来好像是高层协议，因为 ICMP 报文是封装在 IP 数据包中，作为其的数据部分），而是 IP 层的协议。ICMP 报文作为 IP 层数据包的数据，加上数据包的首部，组成 IP 数据包发送出去，如图 4-20 所示，ICMP 的报文格式。

类型	代码	校验和
路由器的IP地址		
原IP数据报首部		
原IP数据报数据的前8个字节		

图 4-20　ICMP 报文格式

ICMP 是一个"错误侦测与回馈机制"，可分为 ICMP 差错报告报文和提供信息的报文两大类。

所有的 ICMP 差错报告报文中的数据字段都具有同样的格式，如图 4-21 所示。把收到的需要进行差错报告的 IP 数据包的首部和数据字段的前 8 个字节提取出来，作为 ICMP 报文的数据字段，以便让接收方能更准确地判断应由哪个协议及应用程序对发生的差错负责。再加上相应的 ICMP 差错报告报文的前 8 个字节，就构成了 ICMP 差错报告报文。检验和算法与 IP 首部校验和算法相同，不过是计算整个 ICMP 报文的校验和。

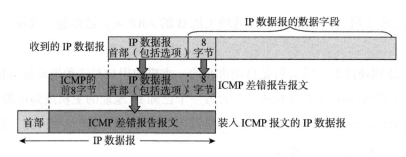

图 4-21　ICMP 差错报告报文

如图 4-22 所示，管理员检测网络的连通状况。主机 A 经过路由器向某主机发送查询数据包，当路由器收到一个不能被送到最终目的地的数据包时，路由器就会向源主机（主机 A）发送一个 ICMP 主机不可达的消息。

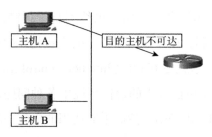

图 4-22　ICMP 的功能

ICMP 定义了很多信息类型，即 ICMP 报文中的代码项，如表 4-4 所示。

表 4-4　ICMP 的信息类型

类型	描述
0	回送应答（Ping 请求，与类型 8 的 Ping 应答一起使用）
3	目的地不可达
4	源消亡
5	重定向
8	回送请求（Ping 请求，与类型 0 的 Ping 应答一起使用）
9	路由器公告（与类型 10 一起使用）
10	路由器请求（与类型 9 一起使用）
11	TTL 超时
12	参数问题
17	地址掩码请求（与类型 18 一起使用）
18	地址掩码应答（与类型 17 一起使用）

对于一些特殊的情况，是不应发送 ICMP 差错报文的。如下：

① 对 ICMP 差错报告报文，不再发送 ICMP 差错报告报文。

② 对第一个分片的数据包的所有后续数据包，都不发送 ICMP 差错报告报文。

③ 对具有多播地址的数据包，都不发送 ICMP 差错报告报文。

④ 对具有特殊地址（如 127.0.0.0 或 0.0.0.0）的数据包，不发送 ICMP 差错报告报文。

ICMP 的一个重要应用就是分组网间探测 PING（Packet Internet Groper），用来测试两台主机之间的连通性。在第 7 章网络故障排除中会详细介绍。

例 4-7：分析 Windows 操作系统上提供的路径跟踪工具的实现原理。

答 在 Windows 操作系统上运行路径跟踪工具 tracert 跟踪本机到 Web 服务器 www. edu.cn 的路径，同时运行监听工具如 Sniffer，监视 tracert 产生的流量。注意观察 IP 首部包中的协议和 TTL 字段值，以及 ICMP 报文中的类型和代码取值。

4.7　组播及组播协议 IGMP

4.7.1　IP 组播的基本概念

信息传输过程中，如果要将信息发送给多个主机而非所有主机，若采用广播方式，就会将信息发送给不需要的主机而大量浪费带宽，也不能实现跨网段发送；若采用单播的方式，源主机就会重复发送信息的 IP 包，占用大量带宽，增加负载。所以，传统的单播和广播通信方式不能有效地解决单点发送、多点接收的问题，组播出现。

组播是指在 IP 网络中将数据包以尽力而为传送的形式发送到某个确定的节点集合。其基本思想是：源主机（多点播送源）只发送一份数据，其目的地址为多点播送组地址；多点播送组中的所有接收者都有可能收到同样的数据拷贝，并且只有多点播送组内的主机可以接收数据，而其他主机不能。如图 4-23 所示。

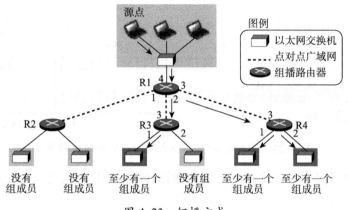

图 4-23　组播方式

组播技术有效地解决了单点发送、多点接收的问题，实现了 IP 网络中单点到多点的高效数据传送，能够大量节约网络带宽、降低网络负载。可以通过下面表格 4-5 了解到单播传输和组播传输优缺点。

表 4-5　单播传输和组播传输的优缺点

比较项目	单播传输	组播传输
交互性	交互性强，可实施例如暂停、快进和倒放之类交互操作	交互性差，无法实施例如暂停、快进和倒放之类交互操作
可控性	为每个用户提供独立视频流，完全可控	多用户共享一个视频流，不可控
带宽占用	带宽占用随着用户数增加而成比例增加	带宽占用基本不随用户数量增加而增加
网络要求	除视频源必须知道每个终端设备的正确 IP 地址外，对网络基本没要求，任何 IP 网均可	要求传输过程中的所有网络设备必须支持组播，会增加网络设备投资，并给调试带来困难

4.7.2　IP 组播地址和 IP 协议对组播的处理

互联网拥有以太网地址块的高 24 位为 00-00-5E，因此 TCP/IP 协议使用的以太网组播地址块的范围是从 01-00-5E-00-00-00 到 01-00-5E-7F-FF-FF。D 类 IP 地址可供分配的有 28 位，而在每一个地址中只有 23 位可用作组播，可见在这 28 位中的前 5 位不能用来构成以太网硬件地址，如图 4-24 所示，例如，IP 组播地址 224.128.64.32（即 E0-80-40-20）和另一个 IP 组播地址 224.0.64.32（即 E0-00-40-20）转换成以太网的硬件组播地址都是 01-00-5E-00-40-20。由于组播 IP 地址与以太网硬件地址的映射关系不是唯一的，因此收到组播数据报的主机，还要在 IP 层利用软件进行过滤，把不是本主机要接收的数据包丢弃。

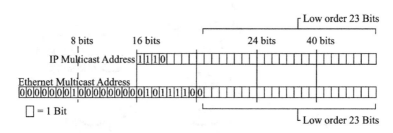

图 4-24　D 类 IP 地址与以太网组播地址的映射关系

IP 组播地址可以划分为永久组播地址和暂时性组播地址两类。永久组播地址也称为熟知组播地址，是用于因特网上的主要服务以及基础结构维护的，如表 4-6 中所示。永久组始终存在，不管组中是否有成员。暂时性组播地址可供临时使用，需要时创建使用暂时性组播地址的暂态组播组，没有组成员时撤销。

表 4-6　永久组播地址示例

永久地址	含义	永久组地址	含义
224.0.0.0	基地址（保留）	224.0.0.10	IGRP 路由器
224.0.0.1	本子网上的所有系统	224.0.0.11	移动代理
224.0.0.2	本子网上的所有路由器	224.0.0.12	DHCP 服务器 / 中继代理
224.0.0.4	DVMRP 路由器	224.0.0.13	所有 PIM 路由器
224.0.0.5	OSPFIGP 所有路由器	224.0.0.14	RSVP- 封装
224.0.0.6	OSPFIGP 指定路由器	224.0.0.15	所有 cbt 路由器
224.0.0.7	ST 路由器	224.0.0.16	指定的 sbm
224.0.0.8	ST 主机	224.0.0.17	所有的 sbms
224.0.0.9	RIP2 路由器	224.0.0.22	IGMP

在 224.0.0.0 和 224.0.0.255 之间的地址保留用于路由选择协议和其他低级别的拓扑发现或维护协议。

IP 组播地址只可以作为目的地址，不会出现在数据报的源地址字段，也不会出现在源路由或记录路由项目中，不会为组播数据报产生 ICMP 差错报告。

组播数据报要被封装在物理帧中发送，可以分为两种情况：① 物理网络仅支持单播和广播传送，此时一般采用硬件广播方式传送组播数据报；② 物理网络支持单播、广播和组播传送，如以太网，此时一般采用硬件组播方式传送组播数据报。

IP 组播可以用在单个物理网络上，这种情况下，主机只要直接把数据报封装到帧中，就可以把它发给目的主机，不需要组播路由器，永久组的组播就是这样。IP 组播也可以用在互联网上，这种情况下，需要组播路由器负责在网络间转发数据报。为此，组播路由器要管理组信息、传播组播路由选择信息并转发组播数据报。如果网络上有组播路由器，它将接收组播数据报，并根据目的地址将数据报转发到其他网络。当组播数据报要穿越不支持组播的互联网时，可使用 IP 隧道（IP-in-IP）技术传输，把组播数据报封装在常规的单播数据报中，单播数据报的源宿 IP 地址分别位隧道两头的组播路由器的 IP 地址中。

因特网中，并非所有主机都能参加组播通信。IP 协议规定，主机参与组播通信的方式有 3 级，如表 4-7 所示，能发送组播数据报的主机未必能接收组播数据报，而能接收定能发送，因为前者可能是组外主机，而后者必然是组成员。

表 4-7　主机参与组播通信方式

级别	含义
0	不能发送也不能接收 IP 组播数据报
1	能发送但不能接收 IP 组播数据报
2	既能发送也能接收 IP 组播数据报

4.7.3　网际组管理协议 IGMP

网际组管理协议 IGMP（Internet Group Management Protocol），是 TCP/IP 协议族中负责 IP 组播成员管理的一种通信协议。用来在 IP 主机和与其直接相邻的组播路由器之间建立、维护组播组成员关系。

从概念上讲，IGMP 的工作可分为两个阶段。

第一阶段：当某台主机加入新的组播组时，该主机应向组播组的组播地址发送一个 IGMP 报文，声明自己要成为该组的成员。本地的组播路由器收到 IGMP 报文后，还要利用组播路由选择协议把这种组成员关系转发给互联网上的其他组播路由器。

第二阶段：组成员关系是动态的。本地组播路由器要周期性地探询本地局域网上的主机，以便知道这些主机是否还继续是组的成员。只要有一台主机对某个组响应，那么组播路由器就认为这个组是活跃的。但一个组在经过几次的探询后仍然没有一台主机响应，组播路由器就认为本网络上的主机已经都离开了这个组，因此也就不再把这个组的成员关系转发给其他的组播路由器。

总之，如果一台主机上有多个进程都加入了某个组播组，那么这台主机对发给这个组播组的每个组播数据报只接收一个副本，然后给主机中的每一个进程发送一个本地复制的副本。同时，因为向局域网上的组成员转发数据报是使用硬件组播的，组播路由器就不需要保留组成员关系的准确记录。

为了使主机具有接收组播数据报的能力，对原主机 IP 软件的扩展较为复杂：① IP 软件必须提供应用程序加入或退出组播组的界面；② 假如一个主机上有若干应用程序加入同一组播组，IP 软件应为每一个应用程序传递一份发给该组的数据报副本；③ 如果所有应用程序都离开了某个组播组，主机必须记住自己不再参与该组的通信；④ IP 软件必须向本地组播路由器报告自己的组成员状态；⑤ IP 软件必须为本机所连的每个网络分别维护一份组播地址列表，同时，应用软件要求加入或退出某组播组时，都要指定相关的特定网络。

4.7.4　典型组播网应用

IP 组播应用大致分为三类：点对多点应用、多点对点应用和多点对多点应用。

① 点对多点应用是指一个发送者、多个接收者的应用形式，这是最常见的组播应用形式。典型应用包括媒体广播、媒体推送、信息缓存、事件通知和状态监视等。

② 多点对点应用是指多个发送者、一个接收者的应用形式。通常是双向请求响应应用，任何一端（多点或点）都可能发起请求。典型应用包括资源查询、数据收集、网络竞拍、信息咨询等。

③ 多点对多点应用是指多个发送者和多个接收者的应用形式。通常，每个接收者可以接收多个发送者发送的数据，同时，每个发送者可以把数据发送给多个接收者。典型应用包括，多点会议、资源同步、并行处理、协同处理、远程学习、讨论组、分布式交互模拟（DIS）、多人游戏等。

4.8　互联网的路由协议选择

本节介绍两种常用的内部网关路由选择协议（RIP，OSPF）和外部网关路由协议（BGP），并在实验中体现其具体操作过程。

4.8.1　有关路由选择协议的几个基本概念

为使网络设备相互通信，资源共享。各种网络设备除了物理上连接之外，还得采用路由协议使网络设备传输的信息相通。为了解决互联网规模巨大，不利于局部管理的局面，采用分层次的局域网模式，即把整个互联网划分为许多较小的自治系统 AS（Autonomous System）。

1. 理想的路由算法

路由选择协议的核心就是路由算法，一个理想的路由算法有如下特点：

（1）算法必须正确和完整。也就是，沿着各路由表所指引的路由，分组一定能够最终到达目的网络和目的主机。

（2）算法在计算上应简单，不应增加网络通信量的负担。

（3）算法应能自适应通信量和网络拓扑的变化。当网络中的通信量发生变化时，算法能自适应地改变路由以达到链路上地负载均衡。

（4）算法应具有稳定性。在稳定地网络拓扑中，路由算法得出地路由应该相对稳定，不应不停变化。

（5）算法应是公平的。对网络拓扑中的所有用户，路由选择算法应该是公平的。

（6）算法应是最优的。路由算法应算出最优的路径，使分组平均时延最小而网络的吞吐量最大。

2. 分层次路由选择协议

互联网采用的路由选择协议主要是自适应（即动态的）、分布式路由选择协议。互联网采用分层次的路由选择协议：

（1）互联网的规模巨大，如果让所有的路由器都知道所有网络的路径，则路由表将非常大，处理的时间也将很大。同时，所有这些路由器之间交换路由信息所需的带宽会使互联网的通信链路饱和。

（2）很多局域网络由于自身需求，不要连接外部互联网上。

为此，可以使用自治系统 AS 的方法解决以上困扰。自治系统 AS 是在单一技术管理下的一组路由器，而这些路由器使用一种自治系统内部的路由协议和共同的度量。一个 AS 对其他 AS 表现出的是一个单一的和一致的路由选择策略。

在目前的互联网中，一个大的 ISP 就是一个自治系统。这样，互联网就把路由协议划分为两大类，内部网关协议和外部网关协议。如图 4-25 所示。

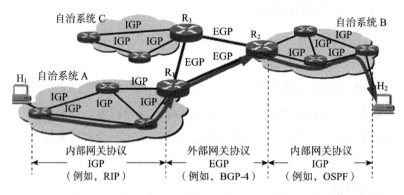

图 4-25　自治系统、内部网关协议和外部网关协议

内部网关协议 IGP 即在一个自治系统内部使用的路由选择协议，而这与在互联网中的其他自治系统选用什么路由协议无关。目前，常用的内部网关协议有 RIP 和 OSPF 协议。

外部网关协议 EGP 即源主机和目的主机处在不同的自治系统中（这两个自治系统可能使用不同的内部网关协议），当数据报传到一个自治系统的边界时，就需要使用一种协议将路由选择信息传递到另一个自治系统中。目前，常用的外部网关协议是 BGP 协议。

4.8.2　距离矢量路由协议 RIP

1. 工作原理

距离矢量是指以距离和方向构成的矢量来通告路由信息。距离按跳数等度量来定义，方向则是下一跳的路由器或送出接口。一般情况下，距离矢量协议适用于网络结构简单、扁平，不需要特殊的分层设计；管理员没有足够的知识来配置链路状态协议和排查故障；特定类型的网络拓扑结构，如集中星形（Hub-and-Spoke）网络；无需关注最差情况下收敛时间的网络。

RIP（Routing Information Protocol）就是一种分布式的基于距离向量的路由选择协议，是内部网关协议 IGP 中最先得到广泛使用的协议。其特点是：

（1）RIP 协议使用 UDP 的 520 端口发送和接收 RIP 分组；

（2）要求 AS 内的每一个路由器都要维护从它自己到其他每一个目的网络的距离向量；

（3）RIP 协议中的"距离"也称为"跳数"，从一个路由器到直接连接的网络的距离定义为 1，RIP 允许一条路径最多包含 15 跳，16 跳表示网络不可达；

（4）本地路由器通过周期更新机制，例如 30 s 一次，和相邻路的路由器交换路由信息，更新形成自己的路由表。

2. RIP 协议的报文格式

RIP 有两个版本：RIPv1 和 RIPv2。本教材和实验部分中，都使用 RIPv2，因为相对于 RIPv1 来说，RIPv2 可以支持变长子网掩码和无分类域间路由选择 CIDR，并且能提供简单的鉴别过程支持组播。RIPv2 的报文格式如图 4-26 所示。

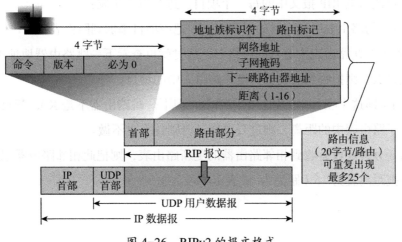

图 4-26　RIPv2 的报文格式

RIP 报文由首部和路由部分组成。

RIP 的首部占 4 个字节，其中的命令字段指出报文的意义。例如，1 表示请求路由信息，2 表示对请求路由信息的响应或未被请求而发出的路由更新报文。首部后面的"必为 0"是为了 4 字节字的对齐。

RIPv2 报文中的路由部分由若干个路由信息组成。每个路由信息需要用 20 个字节。地址族标识符（又称为地址类别）字段用来标志所使用的地址协议。如采用 IP 地址就令这个字段的值为 2（原来考虑 RIP 也可用于其他非 TCP/IP 协议的情况）。

路由标记填入自治系统号 ASN（Autonomous System Number），这是考虑使 RIP 有可能收到本自治系统以外的路由选择信息。

一个 RIP 报文最多可包括 25 个路由，因而 RIP 报文的最大长度是 $4+20×25=504$ 字节。如超过，必须再用一个 RIP 报文来传送。

RIPv2 还具有简单的鉴别功能。若使用鉴别功能，则将原来写入第一个路由信息（20字节）的位置用作鉴别。这时应将地址族标识符置为全 1（即 OxFFFF），而路由标记写入鉴别类型，剩下的 16 字节为鉴别数据。在鉴别数据之后才写入路由信息，但这时最多只能再放入 24 个路由信息。

3. 距离向量算法

距离向量算法的基础是 Bellman-Ford 算法（或 Ford-Fulkerson 算法）。在 RIP 协议中，路由器对每一个相邻路由器发送过来的 RIP 报文，将进行以下步骤：

（1）对地址为 x 的相邻路由器发来的 RIP 报文，先修改此报文中的所有项目：把"下一跳"字段中的地址都改为 x，并把所有的"距离"字段的值加 1。每一个项目都有三个关键数据，即：到目的网络 N，距离是 d，下一跳路由器是 X。

（2）对修改后的 RIP 报文中的每一个项目，进行以下步骤：

① 若原来的路由表中没有目的网络 N，则把该项目添加到路由表中。

② 否则（即在路由表中有目的网络 N，这时就再查看下一跳路由器地址），若下一跳路由器地址是 X，则把收到的项目替换原路由表中的项目。

③ 否则（即这个项目是：到目的网络 N，但下一跳路由器不是 X），若收到的项目中的距离 d 小于路由表中的距离，则进行更新，否则什么也不做。

（3）若 3 分钟还没有收到相邻路由器的更新路由表，则把此相邻路由器记为不可达的路由器，即把距离置为 16（距离为 16 表示不可达）。

（4）返回。

需要注意的是 RIP 协议让互联网中的所有路由器都和自己的相邻路由器不断交换路由信息，并不断更新其路由表，使得从每一个路由器到每一个目的网络的路由都是最短的（即跳数最少）。虽然所有的路由器最终拥有了整个自治系统的全局路由信息，但由于每一个路由器的位置不同，它们的路由表也不同。

例如图 4-27 所示的网络，采用 RIP 协议实现网络互连，分析各路由器中路由表信息。

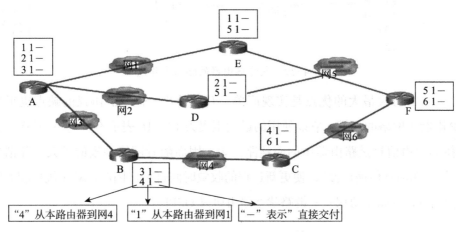

图 4-27 初始化的网络路由情况

此时，路由器 B 收到路由器 A 和 C 的路由信息：

A 说："我到网 1 的距离是 1"。因此 B 现在也可以到网 1，距离是 2，经过 A。

A 说："我到网 2 的距离是 1"。因此 B 现在也可以到网 2，距离是 2，经过 A。

A 说："我到网 3 的距离是 1"。但 B 没有必要绕道经过路由器 A 再到达网 3，因此这一项目不变。

C 说："我到网 4 的距离是 1"。但 B 没有必要绕道经过路由器 C 再到达网 4，因此这一项目不变。

C 说："我到网 6 的距离是 1"。因此 B 现在也可以到网 6，距离是 2，经过 C。

其过程可以表示为如图 4-28 所示：

最终通过所有的路由表之间交换信息，整个网络中的路由器的路由表收敛到如图 4-29 所示，可以看出，每一个路由器的路由表都不同。

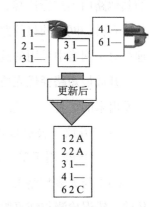

图 4-28 路由器 B 经过一次交互后的路由信息变化

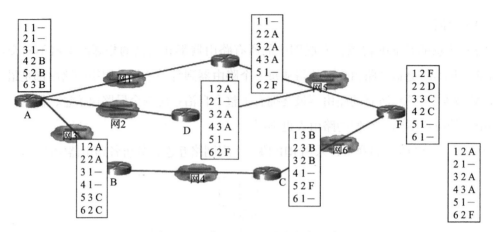

图 4-29　最终路由器的路由表信息

总之，RIP 协议最大的优点是实现简单，开销较小。但 RIP 协议的缺点也很多，首先，RIP 限制了网络的规模，它能使用的最大距离为 15（16 表示不可达）；其次，路由器之间交换的路由信息是路由器中的完整路由表，因而随着网络规模的扩大，开销也就增加；最后，"坏消息传播得慢"，使更新过程的收敛时间过长。因此，对于规模较大的网络就应当使用其他的路由协议——链路状态路由协议 OSPF。

4.8.3　链路状态路由协议 OSPF

1. 定义及特点

链路状态路由选择协议又称为最短路径优先协议，是目前使用最广的内部网关路由协议。它采用一种"拼图"的设计策略，即每个路由器将它到其周围邻居的链路状态向全网的其他路由器进行广播，创建网络的"完整视图"（即拓扑结构），并在拓扑结构中选择到达所有目的网络的最佳路径。一般情况下，链路状态协议适用于分层设计的大型网络；管理员对于网络中采用的链路状态路由协议非常熟悉；是对收敛速度要求极高的网络。

开放最短路径优先协议 OSPF（Open Shortest Path First），是为了克服 RIP 协议的缺点开发出来的，是一种链路状态路由选择协议。其特点是：

（1）"开放"表示 OSPF 协议不受任何一家商业公司控制，而是公开发表的。

（2）OSPF 用于单一系统内决策路由。

（3）与大多数路由协议不同，本协议不依赖于传输层协议（如 TCP、UDP）提供数据传输、错误检测与恢复服务，数据包直接封装在网际协议（协议号 89）内传输。

（4）OSPF 通过触发更新和周期更新的机制，洪泛法使路由器通过所有输出端口向所有相邻的路由器发送信息，同时，每一个相邻的路由器又再次将此信息发往其他相邻路由器（但不会再发送给刚刚发来信息的那个路由器）。这样，最终整个区域中所有的路由器得到了这个信息的一个副本，从而建立链路状态数据库，生成最短路径树，每个 OSPF 路由器使用这些最短路径构造路由。

2. OSPF 协议的报文格式

OSPF 构成的数据报很短，如图 4-30 所示。这样做可减少路由信息的通信量，也可以限制过长数据报的发送。分片传送的数据报只要丢失一个，就无法组装成原来的数据报，而整个数据报就必须重传。

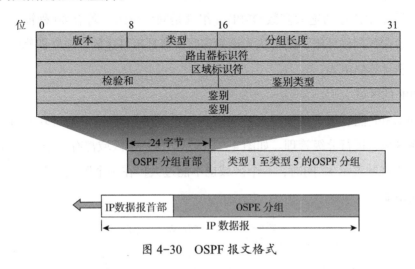

图 4-30 OSPF 报文格式

① 版本。当前的版本号是 2。

② 类型。可以是五种类型分组中的一种。

③ 分组长度。包括 OSPF 首部在内的分组长度，以字节为单位。

④ 路由器标识符。标志发送该分组的路由器的接口的 IP 地址。

⑤ 区域表示符。分组属的区域的标识符。

⑥ 检验和。用来检测分组中的错误。

⑦ 鉴别类型。目前只有两种，0（不用）和 1（口令）。

⑧ 鉴别。鉴别类型为 0 时就填入 0，鉴别类型为 1 时则填入 8 个字符的口令。

3. OSPF 的五种分组类型

（1）类型 1，问候（Hello）分组，用来发现和维持邻站的可达性。

（2）类型 2，数据库描述（DBD）分组，向邻站给出自己的链路状态数据库中的所有链路状态项目的摘要信息。

（3）类型 3，链路状态请求（LSR）分组，向对方请求发送某些链路状态项目的详细信息。

（4）类型 4，链路状态更新（LSU）分组，用洪泛法对全网更新链路状态。这种分组是最复杂的，也是 OSPF 协议最核心的部分。路由器使用这种分组将其链路状态通知给邻站。链路状态更新分组共有五种不同的链路状态，这里从略。

（5）类型 5，链路状态确认（LSACK）分组，对链路更新分组的确认。

OSPF 规定，每两个相邻路由器每隔 10 秒钟要交换一次问候分组。这样就能确知哪些邻站是可达的。对相邻路由器来说，"可达"是最基本的要求，因为只有可达邻站的链路状态信息才存入链路状态数据库（路由表就是根据链路状态数据库计算出来的）。在正常情况下，网络中传送的绝大多数 OSPF 分组都是问候分组。若有 40 秒钟没有收到某个相邻路由器发来的问候分组，则可认为该相邻路由器是不可达的，应立即修改链路状态数据库，并重新计算路由表。

4. OSPF 的区域

为了使 OSPF 能够用于规模很大的网络，OSPF 将一个自治系统再划分为若干个更小的范围，叫区域，进行分级管理。如图 4-31 所示，每一个区域都有一个 32 位的区域标识符（用点分十进制表示）。同时，一个区域也不能过大，在一个区域的范围内最好不要超过 200 个路由器。

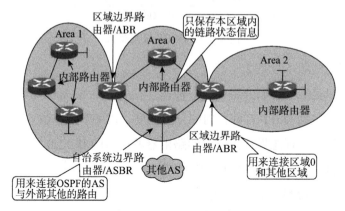

图 4-31 OSPF 的区域

划分区域的好处是把利用泛洪交换链路状态信息的范围局限于每一个区域而不是整个自治系统，这就减少了整个网络上的通信量。在一个区域内部的路由器只知道本区域的完整网络拓扑，而不知道其他区域的网络拓扑情况。为了使每一个区域能够和本区域以外的区域进行通信，OSPF 使用层次结构的区域划分。在上层的区域称为主干区域。主干区域的标识符规定为 0.0.0.0，作用是用来连通其他在下层的区域。从其他区域来的信息都由区域边界路由器进行概括，如上图标识的 ABR。在主干区域内的路由器叫做主干路由器，如上图 Area 0 区域中的路由器。在主干区域内还有一个路由器专门和本自治系统外的其他自治系统交换路由信息，成为自治系统边界路由器，如上图标识的 ASBR。

采用分层划分区域使每一个区域内部交换路由信息的通信量大大减少了，这在分层的网络设计中很重要。

5. OSPF 的工作过程

（1）启动配置完成后，本地路由器收发邻居路由器发来的 hello 包，建立邻居关系并生成邻居表；

（2）本地路由器再进行条件的匹配，匹配失败将停留于邻居关系，仅 hello 包保活即可；

（3）匹配成功者之间建立邻接关系，需要 DBD 共享数据库目录，并通过 LSR/LSU/LSACK 来获取未知的 LSA—链路状态通告信息，当收集完网络中所有的 LSA 后，生成链路状态数据表—LSDB；

（4）LSDB 建立完成后，本地路由器基于 OSPF 选路规则，计算本地到达所有未知网段的最短路径，然后将其加载到路由表中，完成收敛；

（5）收敛完成后，hello 包周期保活和 30 分钟周期的 BDB 比对，若不一致将会使用 LSR/LSU/LSACK 重新获取。

以上过程是两台路由器由相互没有发现对方的存在到建立邻接关系的过程，或网络中新加入一台路由器时的处理情况。如图 4-32 所示，当两台路由器之间的状态都已经达到了全邻接状态，如果此时网络中再有路由变化时，就无需重复以上的所有步骤，只由一方发送 LSU 报文通知需要更新的内容，另一方发送 LSACK 报文予以回应即可。双方路由器的状态不再发生变化。

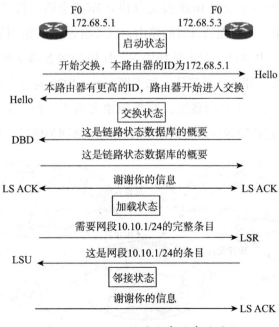

图 4-32　OSPF 链路状态同步的过程

OSPF 规定一个路由器通过以下几个点产生路由表：

（1）每个区域运行单独一份 OSPF 基本路由选择算法，算法规定路由器之间如何通告链路状态；

（2）一个区域中的所有路由器最终将有完全相同的链路状态数据库；

（3）每个路由器根据数据库构建最短路径树；

（4）最后由最短路径树得到路由表。

4.8.4　外部网关协议 BGP

上面的路由协议——RIP 和 OSPF 协议都是针对于相同类型的 AS 区域，对于不同 AS 互相连接，就会推动新的协议以满足需求，外部网关协议由此而生。早期的外部网关协议 EGP，设计简单，不能做任何优选，不能避免网络中的环路，很快就不能满足网络管理的要求。外部网关协议 BGP 出现，BGP 相比于 EGP，它具有很多路由协议的特征，能解决环路问题、收敛问题和进行路由出发更新等，是目前主流的外部网关协议。

外部网关协议 BGP（Border Gateway Protocol），是运行于 TCP 上的一种自治系统的路由协议，是唯一一个用来处理像因特网大小的网络协议，也是唯一能妥善处理好不同 AS 的多路链接的协议。

BGP 协议运行在外部路由器上，这些路由器被称为边界路由器，也叫做 BGP 发言人。一个 BGP 发言人和其他 AS 的 BGP 发言人要交换路由信息，就要先建立 TCP 连接（端口号为 179），然后在此连接上交换 BGP 报文以建立 BGP 会话，利用 BGP 会话交换路由信息，如增加了新的路由，或者撤销过时的路由，以及报告出差错的情况等等。使用 TCP 连接能提供可靠的服务，也简化了路由选择协议。使用 TCP 连接交换路由信息的两个 BGP 发言人，彼此成为对方的邻站或对等体。如下图所示，BGP 发言人和自治系统 AS 的关系示意图，在图 4-33 中有三个自治系统，五个 BGP 发言人。每一个 BGP 发言人除了必须运行 BGP 协议以外，还必须运行该自治系统使用的内部网关协议，如 RIP 或 OSPF。

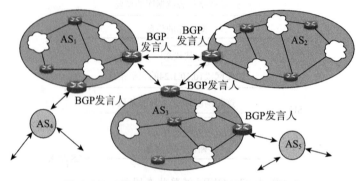

图 4-33　BGP 发言人和自治系统 AS 的关系

BGP 的工作原理类似于距离矢量协议，它创建一个由网络和 AS 组成的数据库，再根据该数据库确定前往目标网络的距离和矢量。如上图所示，假设 AS1 区域中的终端设备将分组发送给位于另一个 AS 中的远程终端设备，该目标终端设备的 IP 地址为192.168.32.1。由于该分组的目标 IP 地址不属于本地网络，因此内部路由器将默认路由传输分组，直到分组到达位于本地 AS 边缘的外部路由器（BGP 发言人）。外部边界路由器（BGP 发言人）维护着一个数据库，其中包含与其相连的所有自治系统。该可达性数据库向路由器提供了如下信息：① 网络 192.168.32.0 位于 AS2 中；② 前往该目标网络的路径穿越了多个自治系统；③ 该路径的下一跳是邻接 AS 中的一台直接相连的外部路由器（BGP 发言人）。外部路由器（BGP 发言人）将分组转发到路径中的下一跳，即邻接 AS2的外部路由器。分组到达邻接 AS 时，外部路由器（BGP 发言人）将检查其可达性数据库，然后将分组转发到路径中的下一个 AS。每个 AS 都重复上述过程，直到目标 AS 的外部路由器（BGP 发言人）发现分组的目标 IP 地址属于该 AS 中的内部网络。最后一台外部路由器（BGP 发言人）将分组转发到其路由选择表中列出的下一跳内部路由器。此后，该分组将像本地分组一样由内部路由选择协议进行转换，它穿过一系列内部路由器，最终到达目标终端设备 192.168.32.1。

对于不同自治系统 AS 中的终端设备要传输数据，如图 4-34 所示，给出了外部路由器（BGP 发言人）交换路径向量的方法。自治系统 AS2 的外部路由器（BGP 发言人）通知主干网的外部路由器（BGP 发言人）：要到达网络 N1，N2，N3 和 N4 可经过 AS2。主干网收到这个通知后，也发出通知：要到达网络 N1，N2，N3 和 N4 可经过（AS1，AS2）。同理，主干网还可以发出通知：要到达网络 N5，N6 和 N7 可经过（AS1，AS3）。以此类推，全网通。

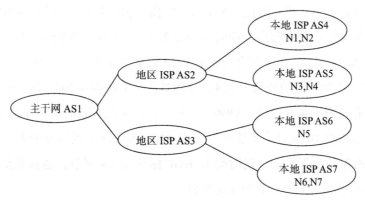

图 4-34　外部路由器（BGP 发言人）交换路径向量的例子

因此，BGP 协议执行三类路由：① AS 间路由，指发生在不同 AS 的两个或多个

BGP 路由器之间，即通过相同的物理网络的路由，也称为 EBGP；② AS 内部路由，指发生在同一 AS 内的两个或多个之间的对等路由器发生的路由，也成为 IBGP；③ 贯穿 AS 路由，一般发生在通过不运行的 BGP 的 AS 交换数据的两个或多个 BGP 对等路由器之间。

BGP 的报文有如下四种：

① OPEN（打开）报文，用来与相邻的另一个 BGP 发言人建立关系，使通信初始化。

② UPDATE（更新）报文，用来通告某一路由的信息，以及列出要撤销的多条路由。

③ KEEPALIVE（保活）报文，用来周期性地证实邻站的连通性。

④ NOTIFICATION（通知）报文，用来发送检测到的差错。

若两个邻站属于两个不同 AS，而其中一个邻站打算和另一个邻站定期地交换路由信息，这就应当有一个商谈的过程（因为很可能对方路由器的负荷已很重因而不愿意再加重负担）。因此，一开始向邻站进行商谈时就必须发送 OPEN 报文。如果邻站接受这种邻站关系，就用 KEEPALIVE 报文响应。这样，两个 BGP 发言人的邻站关系就建立了。

四种类型的 BGP 报文具有同样的通用首部，其长度为 19 字节，如图 4-35 所示。

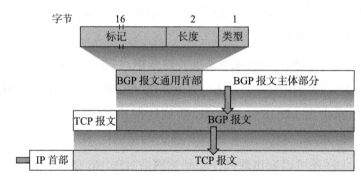

图 4-35　BGP 报文具有的通用首部

通用首部分为三个字段。标记（marker）字段为 16 字节长，用来鉴别收到的 BGP 报文（这是假定将来有人会发明出合理的鉴别方案）。当不使用鉴别时，标记字段要置为全 1。长度字段指出包括通用首部在内的整个 BGP 报文以字节为单位的长度，最小值是 19，最大值是 4 096。类型字段的值是 1 到 4，分别对应于上述四种 BGP 报文中的一种。

① OPEN 报文共有 6 个字段，即版本（1 字节，现在的值是 4）、本自治系统号（2 字节，使用全球唯一的 16 位自治系统号，由 ICANN 地区登记机构分配）、保持时间（2 字节，以秒计算的保持为邻站关系的时间）、BGP 标识符（4 字节，通常就是该路由器的 IP 地址）、可选参数长度（1 字节）和可选参数。

② UPDATE 报文共有 5 个字段，即不可行路由长度（2 字节，指明下一个字段的长度）、撤销的路由（列出所有要撤销的路由）、路径属性总长度（2 字节，指明下一个字段

的长度）、路径属性（定义在这个报文中增加的路径的属性）和网络层可达性信息 NLRI（Network Layer Reachability Information）。最后这个字段定义发出此报文的网络，包括网络前缀的位数、IP 地址前缀。

③ KEEPALIVE 报文只有 BGP 的 19 字节长的通用首部。

④ NOTIFICATION 报文有 3 个字段，即差错代码（1 字节）、差错子代码（1 字节）和差错数据（给出有关差错的诊断信息）。

关于路由协议的相关配置方法和实例将会在本书的实验部分详细介绍。

4.8.5 路由器的构成

1. 路由器的结构

路由器是一种具有多个输入端口和多个输出端口的专用计算机，其任务是转发分组。也就是说，将路由器某个输入端口收到的分组，按照分组要去的目的地（即目的网络），把该分组从路由器的某个合适的输出端口转发给下一跳路由器。下一跳路由器接受到分组后，也按照这种方法处理分组，直到该分组到达终点为止。如图 4-36 所示，路由器的构成框图，路由器可以划分为两个部分：路由选择部分和分组转发部分。路由选择部分的任务是根据所选定的路由选择协议构造出路由表，同时经常或定期地和相邻路由器交换路由信息而不断地更新和维护路由表，已在前面的小节中进行了详细的介绍；分组转发其作用是根据转发表（Forwarding Table）对分组进行处理，可以分为交换结构、一组输入端口和一组输出端口三个部分。

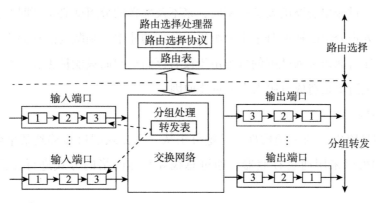

图 4-36 路由器结构

"转发"不同于"路由选择"，转发（forwarding）是路由器根据转发表将用户的 IP 数据包从合适的端口转发出去；而"路由选择"（routing）则是按照分布式算法，根据从各相邻路由器得到的关于网络拓扑的变化情况，动态地改变所选择的路由。在讨论路由选择的原理时，往往不去区分转发表和路由表的区别，可以笼统地使用路由表这一名词。

路由器的端口里装有物理层、数据链路层和网络层的处理模块。在输入端口方，数据链路层剥去帧首部和尾部后，将分组送到网络层的队列中排队等待处理。在输出端口方，数据链路层处理模块将分组加上链路层的首部和尾部，交给物理层后发送到外部线路。如图 4-37 和图 4-38 所示，输入端口对线路上收到的分组的处理和输出端口将交换结构传送来的分组发送到线路。

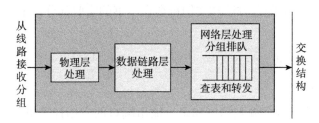

图 4-37　输入端口对线路上收到的分组的处理

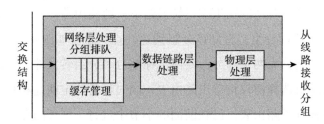

图 4-38　输出端口将交换结构传送来的分组发送到线路

从图上可知，在网络层的处理模块中设有一个缓冲区（队列）。当交换结构传送过来的分组的速率超过输出链路的发送速率时，来不及发送的分组就必须暂时存放在这个队列中。若路由器处理分组的速率赶不上分组进入队列的速率，则队列的存储空间最终必定减少到零，这就使后面再进入队列的分组由于没有存储空间而只能被丢弃。路由器中的输入或输出队列产生溢出是造成分组丢失的重要原因。

2. 交换结构

交换结构是路由器的关键构件，是把分组从一个输入端口转移到某个合适的输出端口。交换结构可以采用通过存储器、通过总线和互连网络的方式进行交换。如图 4-39 所示。

如图 4-39（a）通过存储器的交换结构有如下特点：

（1）当路由器的某个输入端口收到一个分组时，就用中断方式通知路由选择处理机。然后分组就从输入端口复制到存储器中。

（2）路由器处理机从分组首部提取目的地址，查找路由表，再将分组复制到合适的输

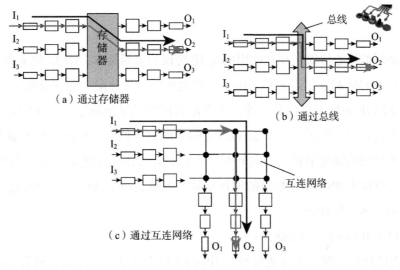

图 4-39　三种常用的交换方式

出端口的缓存中。

（3）若存储器的带宽（读或写）为每秒 M 个分组，那么路由器的交换速率（即分组从输入端口传送到输出端口的速率）一定小于 M/2。

如图 4-39（b）通过总线的交换结构有如下特点：

（1）数据报从输入端口通过共享的总线直接传送到合适的输出端口，而不需要路由选择处理机的干预。

（2）因为每一个要转发的分组都要通过这一条总线，因此路由器的转发带宽就受总线速率的限制。

（3）现代的技术已经可以将总线的带宽提高到每秒吉比特的速率，因此许多的路由器产品都采用这种通过总线的交换方式。

如图 4-39（c）通过互连网络的交换结构有如下特点：

（1）它有 2N 条总线，可以使 N 个输入端口和 N 个输出端口相连接。

（2）当输入端口收到一个分组时，就将它发送到与该输入端口相连的水平总线上。

（3）若通向所要转发的输出端口的垂直总线是空闲的，则在这个节点将垂直总线与水平总线接通，然后将该分组转发到这个输出端口。（谁空闲谁转发）

（4）若该垂直总线已被占用（有另一个分组正在转发到同一个输出端口），则后到达的分组就被阻塞，必须在输入端口排队。

4.9　IPv6

IP 是互联网的核心协议。现在使用的是 IP 协议的第四版本，用 32 位来表示，地址空间位 65 536 × 65 536=42.9 亿。但是，由于分配地址时，是分配一个网段而不是一个地址；同时一些特殊的 IP 地址用作保留地址，那么随着网络的迅速膨胀，IPv4 的地址空间已经耗尽。在这个过程中，出现了一些如 VLSM 的子网划分技术、NAT 地址转换技术等，试图来缓和地址空间的快速消耗。与此同时，人们也开发出一个地址空间更为庞大的 IP 协议，这个协议拥有比 IPv4 多出数倍的地址空间，来解决网络地址匮乏的问题，这个 IP 协议的就是 IP 版本 6，即 IPv6。

IPv6 相对于 IPv4 的主要变化是：

（1）更大的地址空间。IPv6 把地址从 IPv4 的 32 位扩大到 128 位，这样大的地址空间在可预见的将来是不会用完的。

（2）扩展的地址层次结构。由于 IPv6 地址空间大，因此，可以划分更多的层次。

（3）灵活的首部格式。IPv6 数据报的首部和 IPv4 不兼容。IPv6 定义了许多可选的扩展首部，比 IPv4 功能多，而且能提高路由器的处理效率。

（4）改进的选项。IPv6 允许数据报包含有选项的控制信息，故可以包含一些新的选项。

（5）支持即插即用。IPv6 不需要使用 DHCP。

（6）支持资源的预分配。IPv6 支持实时视像等要求保证一定的带宽和延时的应用。

（7）IPv6 首部为 8 字节对齐。IPv4 首部是 4 字节对齐。

（8）允许协议继续扩充。新应用的出现能使用 IPv6，而 IPv4 的功能是固定不变的。

4.9.1　IPv6 的报文格式

IPv6 仍支持无连接的传送，为了方便起见，仍采用数据报这一名词。IPv6 数据包由 IPv6 首部、扩展首部和上层协议数据单元三个部分组成，如图 4-40 所示。

IPv6 报头格式			
版本号（4bit）	流量等级（8bit）	流标签（20bit）	
数据长度（16bit）		下一报头（8bit）	跳限制（8bit）
源地址（128bit）			
目的地址（128bit）			

图 4-40　IPv6 报文格式

（1）版本　占 4 位。对 IPv6 该字段是 6。

（2）流量等级　占 8 位。这是为了区分不同的 IPv6 数据报的类别或优先级。

（3）流标签　占 20 位。IPv6 新增字段，标记需要 IPv6 路由器特殊处理的数据流。该字段用于某些对连接的服务质量有特殊要求的通信，例如音频或视频等实时数据传输。

（4）数据长度　占 16 位。它指明 IPv6 数据包除基本首部以外的字节数，包括扩展头和上层 PDU，最大位 64 KB（65 535 字节）。超过这一字节数的负载，该字段值置为"0"。

（5）下一报头　占 8 位。识别紧跟在 IPv6 头部后面的首部类型，相当于 IPv4 的协议字段或可选字段，如扩展头或某个传输层协议头（TCP、UDP 或 ICMPV6 等）。

（6）跳数限制　占 8 位。用来放置数据报在网络中无限期地存在。类似于 IPv4 地 TTL（生命期）字段，用包在路由器之间地转发次数来限定包地生命期。包每经过一次转发，该字段减 1，减到 0 时就把这个包丢弃。

（7）源地址　占 128 位。

（8）目的地址　占 128 位。

通常，一个典型地 IPv6 包没有扩展首部，仅当需要路由器或目的节点做某些特殊处理时，才由发送方添加一个或多个扩展首部。与 IPv4 不同，IPv6 扩展首部长度任意，不受 40 个字节地限制，以便日后扩充新增选项，这一特征加上选项地处理方式使得 IPv6 选项能被真正地利用。但为了提高处理选项首部和传输层协议地性能，扩展首部总是 8 字节长度地整数倍。

4.9.2　IPv6 地址

IPv6 地址同 IPv4 一样，分了许多类型，需要了解的是，Unicast（单播）、Anycast（任播）和 Multicast（组播）。

（1）单播（Unicast），单播就是传统的点对点通信。

（2）任播（Anycast），这是 IPv6 增加的一种类型，任播的终点是一组计算机，但数据报只交付给距离最近的一个。

（3）组播（Multicast），多播时一对多点的通信，数据报发送到一组计算机中的每一台设备。IPv6 并没有采用广播的术语，而将广播看作是组播的特例。

IPv6 把实现 IPv6 的主机和路由器称为节点。IPv6 给节点的每一个接口指派一个 IP 地址，一个节点可以有多个单播地址，而其中任何一个地址都可以当作到达该节点的目的地址。

IPv6 地址为 128 位，通常写成 8 组，每组为四个十六进制数的形式，即 IPv6 使用冒号十六进制记法。比如：AD80:0000:0000:0000:ABAA:0000:00C2:0002。

十六进制记法中，允许把数字前面的 0 省略。

冒号十六进制记法中使用零压缩法简化记法，即一连串连续的零可以用一对冒号取代。如上述地址就可写成 AD80::ABAA:0000:00C2:0002。需注意的是只能简化连续的段位的 0，其前后的 0 都要保留，比如 AD80 的最后的这个 0，不能被简化；任一个 IPv6 地址规定零压缩只能使用一次；ABAA 后面的 0000 就不能再次简化，但如果在 ABAA 后面使用 ::，这样的话前面的 12 个 0 就不能压缩了。这个限制的目的是为了能准确还原被压缩的 0，不然就无法确定每个 :: 代表了多少个 0。

冒号十六进制记法中还可以结合使用点分十进制记法的后缀。例如：0：0：0：0：0：0：128.10.2.1。需注意的是，这种记法中，虽然为冒号所分隔的每个值都是两个字节（16 位），但每个点分十进制部分的值则指明了一个字节（8 位）的值。再使用零压缩可得：::128.10.2.1

4.9.3 IPv4 向 IPv6 过渡

由于现在互联网的规模巨大，如果规定在某一个日期使所有的网络设备全变换成 IPv6 系统，显然不可行，只能采用逐步演进的策略。同时，必须使新安装的 IPv6 系统能够和 IPv4 系统兼容。现有的 IPv6 地址可以将 IPv4 地址内嵌进去，并且写成 IPv6 形式和平常习惯的 IPv4 形式的混合体。IPv6 常使用双协议栈和隧道技术实现 IPv4 向 IPv6 过渡的策略。

1. 双协议栈

实现 IPv6 节点与 IPv4 节点互通的最直接的方式是在 IPv6 节点中加入 IPv4 协议栈。具有双协议栈的节点称为 "IPv6/IPv4 节点"，这些节点可以收发 IPv4 的分组，也可以收发 IPv6 的分组。如图 4-41 所示，双协议栈不需要构造隧道，但第二种过渡的策略隧道技术需要双协议栈。

2. 隧道技术

IPv6 发展初期，对于局部网络部署的纯 IPv6 网络，为了和 IPv4 系统的网络互通，采用隧道技术。其原理是，在 IPv6 网络与 IPv4 网络间的隧道入口处，路由器将整个 IPv6 数据包封装入 IPv4 数据包的数据字段中，IPv4 分组的源地址和目的地址分别是隧道入口和出口的 IPv4 地址。在隧道的出口处再将 IPv6 分组取出转发给目的节点。如图 4-42 所示：

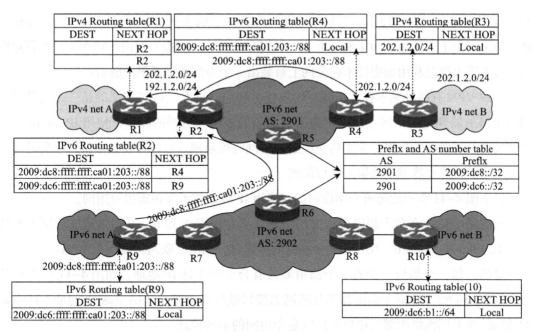

图 4-41　路由器上运行双协议栈

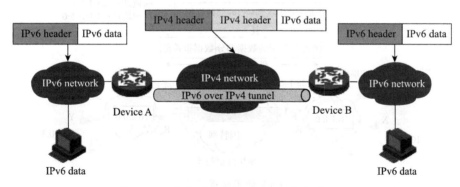

图 4-42　使用隧道技术从 IPv4 过渡到 IPv6

4.10　虚拟专用网络 VPN 和网络地址转换 NAT

4.10.1　虚拟专用网 VPN

因特网的功能是将所有的终端设备与它相连，实现终端设备之间的信息交互、资源共享，这是一种单层抽象的结构。因特网也可以看成一种双层的结构，在这种结构中，每个机构有一个专用互联网，另外有一个中央互联网连接各个专用互联网。

在传统的网络配置中，要进行远程访问，如果使用租用 DDN（数字数据网）专线的方法或帧中继，这样的通讯方案必然导致高昂的网络通讯和维护费用。对于移动用户与远端个人用户而言，如果使用通过拨号线路（Internet）的方式进入企业的局域网，这样必然会带来安全上的隐患。为了实现低成本、安全的传输，虚拟专用网（VPN）技术营运而生，其实质上就是利用加密技术在公网上封装出一个专用数据通讯的隧道。

实现 VPN 有两种基本技术：隧道传输技术和加密技术。VPN 定义的是一条从某网点的一个路由器到另一个网点的一个路由器之间的通过因特网的隧道，使用 IP-in-IP 封装要经过隧道转发的数据报。为了防止经过因特网时被窥视，在将外发数据报封装到另一个数据报之前，先要将整个数据报进行加密。

以下图 4-43 所示的场所为例说明如何使用 IP 隧道技术实现虚拟专用网。

假定某个机构在两个相隔较远的场所建立了专用网 A 和 B，其网络地址分别为专用地址 10.1.0.0 和 10.2.0.0。现在这两个场所需要通过公用的互联网构成一个 VPN。

显然，每一个场所至少有一个路由器具有合法的全球 IP 地址，如图 4-43（a）中的路由器 R1 和 R2。这两个路由器和互联网的接口地址必须是合法的全球 IP 地址。路由器 R1 和 R2 在专用网络内部的接口地址则是专用网的本地地址。

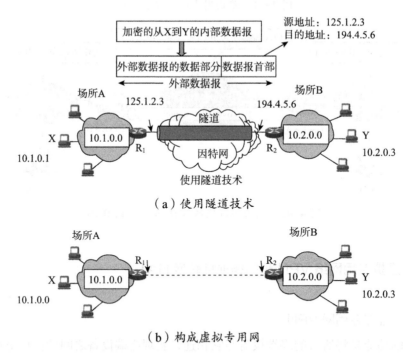

（a）使用隧道技术

（b）构成虚拟专用网

图 4-43　用隧道技术实现虚拟专用网

在每一个场所 A 或 B 内部的通信量都不经过互联网。但如果场所 A 的主机 X 要和另一个场所 B 的主机 Y 通信，那么就必须经过路由器 R1 和 R2。主机 X 向主机 Y 发送的 IP 数据包的源地址时 10.1.0.1，而目的地址时 10.2.0.3。这个数据包先作为本机构的内部数据包从 X 发送到与互联网连接的路由器 R1。路由器 R1 收到内部数据包后，发现其目的网络必须通过互联网才能到达，就把整个的内部数据包进行加密（这样就保证了内部数据包的安全），然后重新加上数据包的首部，封装成为在互联网上发送的外部数据包，其源地址是路由器 R1 的全球地址 125.1.2.3，而目的地址是路由器 R2 的全球地址 192.4.5.6。路由器 R2 收到数据包后将其数据部分取出进行解密，恢复出原来的内部数据包（目的地址时 10.2.0.3），交付主机 Y。可见，虽然 X 向 Y 发送的数据包是通过了公共的互联网，但在效果上就好像是在本部门的专用网上传送一样。如果主机 Y 要向 X 发送数据包，那么所进行的步骤也是类似的。

从上可知，数据包从 R1 传送到 R2 可能要经过互联网中的很多个网络和路由器。但从逻辑上看，在 R1 和 R2 之间好像是一条直通的点对点的链路，图 4-43（a）中的"隧道"就是这个意思。

如图 4-43（b）所示的，由场所 A 和 B 内部网络所构成的虚拟专用网 VPN 又称为内联网，表示场所 A 和 B 都属于同一个机构。有时，一个机构的 VPN 需要有某些外部机构（合作伙伴）参加进来，这样的 VPN 称为外联网。内联网和外联网都采用了互联网技术，都是基于 TCP/IP 协议的。还有一种类型的 VPN，就是远程接入 VPN。远程 VPN 能满足不在同一场所的部门办公。

4.10.2　MPLS VPN

1. 多协议标记交换 MPLS

MPLS 利用面向连接技术，使每个分组携带一个叫做标记（label）的整数（叫打标记）。当分组到达交换机（即标记交换路由器）时，交换机读取分组的标记，并用标记值来检索分组转发表。这样就比查找路由表来转发分组要快得多。

MPLS 具有以下三个方面的特点：（1）支持面向连接的服务质量。（2）支持流量工程，平衡网络负载。（3）有效地支持虚拟专用网 VPN。

MPLS 域是指该域中有许多彼此相邻的路由器，并且所有的路由器都是支持 MPLS 技术的标记交换路由器 LSR（Label Switching Router）。LSR 同时具有标记交换和路由选择这两种功能，标记交换功能是为了快速转发，但在这之前 LSR 需要使用路由选择功能构造转发表。

MPLS 的基本工作原理如下步骤，示意图如图 4-44 所示。

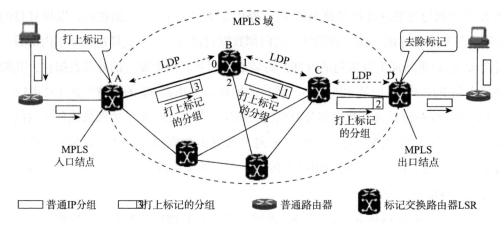

图 4-44　MPLS 协议的基本原理

① MPLS 域中的各 LSR 使用专门的标记分配协议 LDP（Label Distribution Protocol）交换报文，并找出和特定标记相对应的路径，即标记交换路径 LSP（Label Switched Path）。例如在图中的路径 A—B—C—D。各 LSR 根据这些路径构造出转发表。

② 当一个 IP 数据包进入到 MPLS 域时，MPLS 入口节点（ingress node）就给它打上标记，并按照转发表把它转发给下一个 LSR。以后的所有 LSR 都按照标记进行转发。

③ 一个标记仅在两个标记交换路由器 LSR 之间才有意义。分组每经过一个 LSR，LSR 就要做两件事：一是转发，二是更换新的标记，即把入标记更换成为出标记。这就叫做标记对换（label swapping）。做这两件事所需的数据都已清楚地写在转发表中。如图 4-44 中的标记交换路由器 B 从入接口 0 收到一个入标记为 3 的 IP 数据包，查找了如下的转发表 4-8：

表 4-8　MPLS 转发表

入接口	入标记	出接口	出标记
0	3	1	1

标记交换路由器 B 就知道应当把该 IP 数据包从出接口 1 转发出去，同时把标记对换为 1。当 IP 数据包进入下一个 LSR 时，这时的入标记就是刚才得到的出标记。因此，标记交换路由器 C 接着在转发该 IP 数据包时，又把入标记 1 对换为出标记 2。

④ 当 IP 数据包离开 MPLS 域时，MPLS 出口节点（egress node）就把 MPLS 的标记去除，把 IP 数据包交付非 MPLS 的主机或路由器，以后就按照普通的转发方法进行转发。

上述的这种"由入口 LSR 确定进入 MPLS 域以后的转发路径"称为显式路由选择（explicit routing），它和互联网中通常使用的"每一个路由器逐跳进行路由选择"有着很大的区别。

2. MPLS VPN

MPLS VPN 是指基于 MPLS 技术构建的虚拟专用网，即采用 MPLS 技术，在公共 IP 网络上构建企业 IP 专网，实现数据、语音、图像等多业务宽带连接。并结合差别服务、流量工程等相关技术，为用户提供高质量的服务。MPLS VPN 能够在提供原有 VPN 网络所有功能的同时，提供强有力的 QoS 能力，具有可靠性高、安全性高、扩展能力强、控制策略灵活以及管理能力强大等特点。

MPLS 的工作流程可以分为三个方面：即网络的边缘行为、网络的核心行为以及如何建立标记交换路径。

（1）网络的边缘行为

当 IP 数据包到达一个入口 LSR 时，MPLS 第一次应用标记。首先，入口 LSR 要分析 IP 包头的信息，并且按照它的目的地址和业务等级加以区分。

（2）网络的核心行为

当一个带有标记的包到达 LSR 的时候，LSR 提取入局标记，同时以它作为索引在标记信息库中查找。当 LSR 找到相关信息后，取出出局的标记，并由出局标记代替入局标记，从标记信息库中所描述的下一跳接口送出数据包。

最后，数据包到达了 MPLS 域的另一端，在这一点，LSR 剥去封装的标记，仍然按照 IP 包的路由方式将数据包继续传送到目的地。

（3）如何建立标记交换路径

建立 LSP 的方式主要有："Hop by Hop（逐跳寻径）"路由方式和显式路由方式两种。

MPLS 是一种结合了链路层和 IP 层优势的新技术。在 MPLS 网络上不仅仅能提供 VPN 业务，也能够开展 QoS、TE、组播等的业务。随着 MPLS 应用的不断升温，不论是产品还是网络，对 MPLS 的支持已不再是额外的要求。其优点如下：

① 高安全性。MPLS 的标记交换路径（LSP）具有高的安全性；同时，MPLS VPN 还集成了 IPSEC 加密，同时也实现了对用户透明，用户可以采用防火墙、数据加密等方法，进一步提高安全性。

② 强大的扩展性。网络可以容纳的 VPN 数目很大；同一 VPN 的用户很容易扩充。

③ 业务的融合能力。MPLS VPN 提供了数据、语音和视频三网融合的能力。

④ 灵活的控制策略。可以制定特殊的控制策略，同时满足不同用户的特殊需求，实现增值服务。

⑤ 强大的管理功能。采用集中管理的方式，业务配置和调度统一平台，减少了用户

的负担。

⑥ 服务级别协议（SLA）。目前利用差别服务、流量控制和服务级别来保证一定的流量控制，将来可以提供宽带保证以及更高的服务质量保证。

⑦ 为用户节省费用。

4.10.3　网络地址转换 NAT

1. NAT 的基本概念

若专用网络内部的一些主机本来已经分配到了本地 IP 地址（仅在本专用网内使用的专用地址），现在又要和互联网上的主机通信，当如何操作？最简单的就是给需要和互联网通信的主机申请全球 IP 地址，但这种情况难以支撑全球 IPv4 地址所剩不多的现状。目前最好的方法就是采用网络地址转换。

NAT（网络地址转换）提供一种机制将使用专用 IP 地址的域和使用全球唯一注册 IP 地址的外部域连通。NAT 要求网点具有一条到因特网的连接，至少有一个全球唯一 IP 地址 G。可在互联网点和因特网的路由器上运行 NAT 软件，将 G 分配给该路由器。运行 NAT 软件的计算机称为 NAT 盒（NAT box）。

2. NAT 的工作原理

NAT 的基本工作原理是，当私有网主机和公共网主机通信的 IP 包经过 NAT 网关时，将 IP 包中的源 IP 或目的 IP 在私有 IP 和 NAT 的公共 IP 之间进行转换。

如图 4-45 所示，NAT 网关有 2 个网络端口，其中公共网络端口的 IP 地址是统一分配的公共 IP，为 202.20.65.5；私有网络端口的 IP 地址是保留地址为 192.168.1.1。私有网中的主机 192.168.1.2 向公共网中的主机 202.20.65.4 发送了 1 个 IP 包（Dst=202.20.65.4, Src=192.168.1.2）。

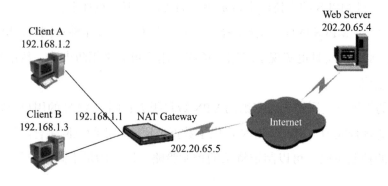

图 4-45　NAT 转换拓扑图

经过网关时，NAT Gateway 会将 IP 包的源 IP 转换为 NAT Gateway 的公共 IP 并转发到公共网，此时 IP 包（Dst=202.20.65.4，Src=202.20.65.5）中已经不含任何私有网 IP 的信息。由于 IP 包的源 IP 已经被转换成 NAT Gateway 的公共 IP，Web Server 发出的响应 IP 包（Dst=202.20.65.5，Src=202.20.65.4）将被发送到 NAT Gateway。

这时，NAT Gateway 会将 IP 包的目的 IP 转换成私有网中主机的 IP，然后将 IP 包（Des=192.168.1.2，Src=202.20.65.4）转发到私有网。对于通信双方而言，这种地址的转换过程是完全透明的。转换示意图如 4-46 所示。

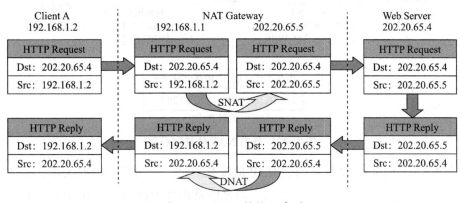

图 4-46 NAT 转换示意图

如果内网主机发出的请求包未经过 NAT，那么当 Web Server 收到请求包，回复的响应包中的目的地址就是私有网络 IP 地址，在 Internet 上无法正确送达，导致连接失败。

3. NAT 的分类

NAT 有三种类型：静态 NAT（Static NAT）、动态地址 NAT（Pooled NAT）、网络地址端口转换 NAPT，如表 4-9 所示三者的特点。

表 4-9 NAT 的三种类型

NAT 类型	特点
静态 NAT	一个私有 IP 固定映射一个公有 IP 地址，提供内网服务器对外访问服务（一对一的关系）
动态 NAT	私有 IP 映射地址池中的公有 IP，映射关系是动态的，临时的（一对多的关系）
NAPT	私有 IP 地址和端口号与同一个公有地址加端口进行映射（多对多的关系）

以静态 NAT 为例进行分析，如图 4-47 所示，内网主机 A：172.16.10.10 发送数据给外网主机 B：210.38.224.20。在数据到达网络边缘 NAT 路由器之前，报文的源 IP 为 A 的 IP 地址：172.16.10.10，目的 IP 为 B 的 IP 地址：210.38.224.20。报文到达路由器后，路由

器会查找 NAT 映射表，取得 172.16.10.10 映射的内部全局地址 202.80.20.1，继而将报文的源 IP 地址替换为 202.80.20.1，如图 4-47 所示的数据包转发。在外网主机 B 和内网主机 A 的通信过程中，则会将报文的目的 IP 地址进行替换。

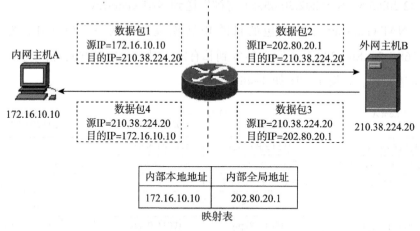

图 4-47 静态 NAT 转换拓扑图

静态 NAT 其内部的 IP 地址与公有 IP 地址是一种一一对应的映射关系，能让外部主机通过内部全局地址访问内部的服务器，对外隐藏内部主机的真实 IP 地址，起到保护内部主机的作用。

4.11 网络层提供的两种服务

在计算机网络领域，网络层应该向运输层提供怎样的服务（"面向连接"还是"无连接"）曾引起了长期的争论。争论焦点的实质就是：在计算机通信中，可靠交付应当由谁来负责？是网络还是端系统？

最开始借鉴电信网的经验，让网络负责可靠交付。网络模仿打电话所使用的面向连接的通信方式。当两台计算机进行通信时，首先应当先建立连接（分组交换中建立的是一条虚电路 VC），以预留双方通信所需的一切网络资源；然后双方就沿着已建立的虚电路发送分组；最后在通信结束后释放建立的虚电路。这样传输信息时，分组的首部不需要填写完整的目的主机地址，只需要填写这条虚电路的编号（一个不大的整数），以便减少分组的开销。这种通信方式如果再使用可靠传输的网络协议，就可使所发送的分组无差错按序到达终点，当然也不丢失、不重复。图 4-48 是网络提供虚电路服务的示意图。主机之间交换的分组都必须在事先建立的虚电路上传送。

图 4-48　虚电路服务

但虚电路的通信方式并不适合于复杂的网络和智能的网络终端设备，互联网设计了"数据报"服务—网络层向上只提供简单灵活的、无连接的、尽最大努力交付服务。这里的"数据报"是互联网的设计者最初使用的名词，其实数据报（或 IP 数据包）就是本书中使用的"分组"，故数据报和分组是同义词，可以混用。

网络在分组时不需要先建立连接，每一个分组都是独立发送；网络层不提供服务质量的保证，则说明所发送的分组可能出错、丢失、重复和失序等；传输的网络不提供端到端的可靠传输服务。这样的设计大大降低了网络的造价成本，运行灵活方便。目前，Internet 主流的、网络层提供的服务是数据报服务。如图 4-49 所示。

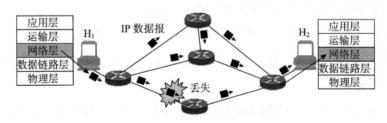

图 4-49　数据报服务

表 4-10 总结了虚电路与数据报服务的主要区别，如下所示。

表 4-10　虚电路和数据报服务

对比的方面	虚电路服务	数据报服务
思路	可靠通信由网络保证	可靠通信由用户主机保证
连接的建立	有	无
终点地址	在连接建立时使用，每个分组使用短的虚电路号	每个分组都有终点的完整地址
分组的转发	属于同一条虚电路的分组按同一路由进行转发	每个分组独立选择路由进行转发
节点出现故障时	所有通过故障的节点的虚电路都不能工作	出故障的节点会出现丢失分组，网络路由会发生变化
分组的顺序	按发送顺序到达终点	不一定按顺序到达终点

续表

对比的方面	虚电路服务	数据报服务
端到端的差错处理和流量控制	由网络负责	由主机负责

练习题

1. 网络互连有何实际意义？进行网络互连时，有哪些共同的问题需要解决？

2. 作为中间设备，转发器、网桥、路由器和网关有何区别？

3. 试简单说明下列协议的作用：IP，ARP，RARP 和 ICMP。

4. IP 地址分为几类？各如何表示？IP 地址的主要特点是什么？

5. 试说明 IP 地址与硬件地址的区别。为什么要使用这两种不同的地址？

6.（1）子网掩码为 255.255.255.0 代表什么意思？

（2）一个网络的现在掩码为 255.255.255.248，问该网络能够连接多少台主机？

（3）一个 A 类网络和一个 B 类网络的子网号 subnet-id 分别为 16 个 1 和 8 个 1，问这两个网络的子网掩码有何不同？

（4）一个 B 类地址的子网掩码是 255.255.240.0。试问在其中每一个子网上的主机数最多是多少？

（5）一个 A 类网络的子网掩码为 255.255.0.255，它是否为有效的子网掩码？

（6）某个 IP 地址的十六进制表示是 C2.2F. 14.81，试将其转换为点分十进制的形式。这个地址是哪一类 IP 地址？

（7）C 类网络使用子网掩码有无实际意义？为什么？

7. 设某路由器建立了如下路由表：

目的网络	子网掩码	下一跳
128.96.39.0	225.225.255.128	接口 m0
128.96.39.128	225.225.255.128	接口 m1
128.96.40.0	225.255.255.128	R2
192.4.153.0	225.225.255.192	R3
*（默认）	—	R4

现共收到 5 个分组，其目的地址分别为：

（1）128.96.40.12

（2）128.96.40.151

（3）192.4.153.17

（4）192.4.153.90

（5）128.96.39.10

试分别计算其下一跳。

8. 有如下 4 个 /24 地址块，试进行最大可能的聚合。

212.56.132.0/24；212.56.133.0/24；212.56.134.0/24；212.56.135.0/24

9. 某单位分配到一个地址块 136.23.12.64/26。现在需要进一步划分为 4 个一样大的子网。试问：

（1）每个子网的网络前缀有多长？

（2）每一个子网中有多少个地址？

（3）每一个子网的地址块是什么？

（4）每一个子网可分配给主机使用的最小地址和最大地址是什么？

第 5 章　传输层

传输层又称为运输层，它是 OSI 参考模型中的第四层，TCP/IP 参考模型中的第三层。传输层的作用是在通信子网提供的服务的基础上，为上层应用进程提供端到端的传输服务。使高层用户在互相通信时不必关心通信子网的实现细节和具体服务质量。传输层是网络体系结构的关键层次。

本章主要阐述无连接的传输层协议——用户数据报协议 UDP 和面向连接的传输层协议——传输控制协议 TCP。通过本章的学习，理解传输层的功能和提供的服务，理解传输层的编址，掌握 UDP 格式和校验方法，重点掌握 TCP 格式、连接管理、可靠传输、流量控制和拥塞控制机制。

5.1　传输层概述

5.1.1　传输层的功能

面向连接的传输层与面向连接的网络服务相似，无连接的传输服务与无连接的网络服务也相似，那么，为什么有了网络层还需要传输层？

（1）传输层为应用进程之间提供端到端的逻辑通信。两个主机进行通信实际上是两个主机中的应用进程间互相通信。一个主机中经常有多个应用进程同时分别与另一个主机中的多个应用进程通信。

假设局域网 LAN1 上的主机 A 和局域网 LAN2 上的主机 B 通过互连的广域网 WAN 进行通信。从网络层看，通信的两端是两台主机。网络层协议与网际互联协议能够将分组送达到目的主机，但它无法交付给主机中的某个应用进程（TCP/IP 协议簇中，IP 地址标识的是一个主机，并没有标识主机中的应用进程）。因此，网络层是通过通信子网为主机之间提供逻辑的通信。但"两台主机之间的通信"这种说法还不够清楚。这是因为，真正进行通信的实体是在主机中的进程，是这台主机中的一个进程和另一台主机中的一个进程在交换数据（即通信）。本质上说，两台主机进行通信就是两台主机中的应用进程互相通信。IP 协议虽然能把分组送到目的主机，但是这个分组还停留在主机的网络层而没有交付主机中的应用进程。从传输层看，传输层是依靠网络层的服务，在两个主机的应用进程之间建立端到端的逻辑通信信道。也就是说，端到端的通信是应用进程之间的通信。在一台主机中经常有多个应用进程同时分别和另一台主机中的多个应用进程通信。例如，某用户在使用浏览器查找某网站的信息时，其主机的应用层运行浏览器客户进程。如果在浏览网页的同时，还要用电子邮件给网站发送反馈意见，那么主机的应用层就还要运行电子邮件的客户进程。如图 5-1 说明了传输层为互相通信的应用进程提供的逻辑通信。

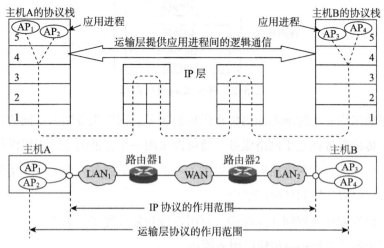

图 5-1　传输层为互相通信的应用进程提供了逻辑通信

其中，图中所示两个传输层之间的一个双向粗箭头，写明"传输层提供应用进程间的逻辑通信"。"逻辑通信"的意思是：从应用层来看，只要把应用层报文交给下面的传输层，传输层就可以把这报文传送到对方的传输层（哪怕双方相距很远，例如几千公里），好像这种通信就是沿水平方向直接传送数据。但事实上这两个传输层之间并没有一条水平方向的物理连接。数据的传送是沿着图中的虚线方向（经过多个层次）传送的。

（2）传输层对整个报文段进行差错校验和检测。因为 IP 数据包每经过一个路由器都要重新计算校验和，为了提高效率，IP 数据包首部中的首部校验和字段只校验 IP 数据包的首部是否出现差错而不检查数据部分。

（3）传输层的存在使得传输服务比网络服务更加合理有效。网络层是通信子网的组成部分，用户不能对通信子网加以控制，无法解决网络层的服务质量不佳的问题，更不能通过改进数据链路层纠错能力来改善底层条件。解决这个问题的办法就是在网络层上面增加一层——传输层。TCP/IP 协议的传输层既包括 TCP 协议，也包括 UDP 协议，他们提供不同的服务。如果应用层协议强调数据传输的可靠性，那么选择 TCP 协议比较好，分组的

丢失，残缺甚至网络重置都可以被传输层检测到，并采取相应的补救措施。如果应用层协议强调实时应用要求，那么选择 UDP 协议为宜。

传输层的功能归属如图 5-2 所示。从通信处理的角度看，传输层属于面向通信功能的最高层。但从用户功能来划分，则传输层又属于用户功能中的最底层。在通信子网中没有传输层。

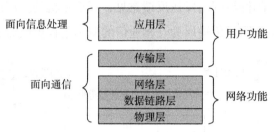

图 5-2　传输层的功能归属

（4）传输层采用一个标准的原语集提供传输服务。网络服务则因不同的网络可能有很大差异。由于传输服务独立于网络服务，故可以采用一个标准的原语集提供传输服务。因为传输服务是标准的，它为网络向高层提供了一个统一的服务界面，所以用传输服务原语编写的应用程序可以运用到各种网络中。

传输接口允许应用进程间建立连接、使用连接和释放连接。表 5-1 所示，给出了最基本的，传输层服务的思想——传输层服务原语。

表 5-1　简单的传输服务原语

原语	发送分组	含义
LISTEN	无	阻塞，直到某个客户进程连接
CONNECT	CONNECT REQ	客户主动尝试建立连接
SEND	DATA	发送分组
RECEIVE	无	阻塞，直到有数据分组到达
DISCONNECT	DISCONNECT REQ	释放连接

首先，服务器执行 LISTEN 原语，阻塞服务器，直到有客户请求到达。当有一个客户要跟服务器进行连接时，执行 CONNECT 原语，引起一个 CONNECT REQ TPDU（传输协议数据单元）分组发往服务器。服务器收到后，给客户发回一个 CONNECT ACCEPTED TPDU 分组，至此双方的连接建立。此后，双方可以通过 SEND 和 RECEIVE 原语交换数据 DATA。当不需要数据传输时，任何一方都可以发出 DISCONNECT 原因，

引起一个 DISCONNECT REQ TPDU 分组发送给另一方，双方通信结束，连接释放。

显然，从以上分析看，仅网络层是不能实现这些功能，必须要单独的一层——传输层协议去实现。

5.1.2 传输层的两个主要协议

TCP/IP 传输层中的两个主要协议为用户数据报协议 UDP（User Datagram Protocol）和传输控制协议 TCP（Transmission Control Protocol）。图 5-3 给出了这两个主要协议在协议栈中的位置。

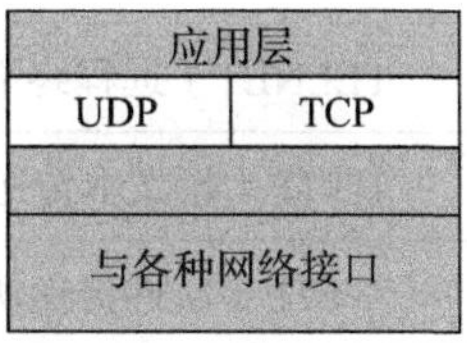

应用层	
UDP	TCP
与各种网络接口	

图 5-3　TCP/IP 体系中的传输层协议

在 OSI 的术语中，两个对等传输实体在通信时传送的数据单位叫做传输协议数据单元 PDU（Transport Protocol Data Unit）。在 TCP/IP 体系中，则根据所使用的协议是 TCP 或 UDP，分别称之为 TCP 报文段（segment）或 UDP 用户数据报。

UDP 在传送数据之前不需要先建立连接。远地主机的传输层在收到 UDP 报文后，不需要给出任何确认。虽然 UDP 不提供可靠交付，但在某些情况下 UDP 却是一种最有效的工作方式。

TCP 则提供面向连接的服务。在传送数据之前必须先建立连接，数据传送结束后要释放连接。TCP 不提供广播或多播服务。由于 TCP 要提供可靠的、面向连接的传输服务，因此不可避免地增加了许多的开销，如确认、流量控制、计时器以及连接管理等。这不仅使协议数据单元的首部增大很多，还要占用许多的处理机资源。

表 5-2 给出了一些应用和应用层协议主要使用的传输层协议（UDP 或 TCP）。

表 5-2　使用 UDP 和 TCP 协议的各种应用和应用层协议

应用	应用层协议	传输层协议
名字转换	DNS（域名系统）	UDP
文件传送	TFTP（简单文件传送协议）	UDP
路由选择协议	RIP（路由信息协议）	UDP
IP 地址配置	DHCP（动态主机配置协议）	UDP

应用	应用层协议	传输层协议
网络管理	SNMP（简单网络管理协议）	UDP
远程文件服务器	NFS（网络文件系统）	UDP
IP 电话	专用协议	UDP
流式多媒体通信	专用协议	UDP
多播	IGMP（网际组管理协议）	UDP
电子邮件	SMTP（简单邮件传送协议）	TCP
远程终端接入	TELNET（远程终端协议）	TCP
万维网	HTTP（超文本传送协议）	TCP
文件传送	FTP（文件传送协议）	TCP

5.1.3 传输层端口和套接字

1. 传输层端口

传输层中一个很重要的功能就是复用和分用。应用层的应用进程都可以通过传输层再传送到 IP 层（网络层），这就是复用。传输层从 IP 层收到发送给各应用进程的数据后，必须分别交付指明的各应用进程，这就是分用。例如，一个机构的所有部门向外单位发出的公文都由收发室负责寄出，相当于各部门都"复用"这个收发室。当收发室按照信封上写明的本机构的部门地址进行正确交付时，则完成"分用"功能。具体实现如图 5-4 所示。

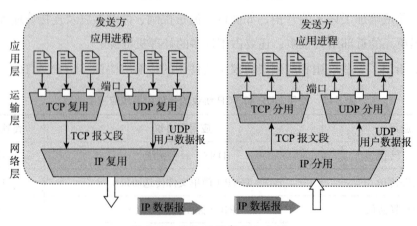

图 5-4　传输层的复用和分用

TCP/IP 网络体系结构中，将传输层与应用层之间的访问服务点 TSAP 当做是端口，传输层与网络层之间的访问服务点 NSAP 是 IP 数据包首部的协议号。传输层的 UDP 和 TCP 都使用端口（port）与上层的应用程序进行通信。因此，端口就是传输层服务访问点 TSAP（也就是应用进程的接口）。端口的作用就是当数据发送时让应用层的各种应用进程都能将其数据通过端口向下交付给传输层，以及当接受数据时让传输层知道应当将其报文段中的数据向上通过端口交付给相应的应用进程。因此，端口是应用进程的标识。例如：当我们要给某人写信时，就必须在信封上写明他的通信地址（这是为了找到他的住所，相当于 IP 地址），并且还要写上收件人的姓名（这是因为在同一住所中可能有好几个人，这相当于端口号）。在信封上还写明自己的地址。当收信人回信时，很容易在信封上找到发信人的地址。

TCP/IP 的传输层端口用一个 16 位端口号来标志，可允许有 65 535 个不同的端口号。请注意，端口号只具有本地意义，在互联网不同计算机中，相同的端口号是没有关联的。因此，两个计算机中的进程要互相通信，不仅需要知道对方的 IP 地址（为了找到对方的计算机），还要知道对方的端口号（为了找到对方计算机中的应用进程）。传输层的端口号分为下面的两大类。

（1）服务器端使用的端口号这里又分为两类，最重要的一类叫做熟知端口号（well-knownportnumber）或系统端口号，数值为 0—1 023。IANA 把这些端口号指派给了 TCP/IP 最重要的一些应用程序，让所有的用户都知道。当一种新的应用程序出现后，IANA 必须为它指派一个熟知端口，否则互联网上的其他应用进程就无法和它进行通信。表 5-3 给出了一些常用的熟知端口号。

表 5-3　常用的熟知端口号

应用程序	FTP	TELNET	SMTP	DNS	TFTP	HTTP	SNMP	SNMP（trap）	HTTPS
熟知端口号	21	23	25	53	69	80	161	162	443

另一类叫做登记端口号，数值为 1 024—49 151。这类端口号是为没有熟知端口号的应用程序使用的。使用这类端口号必须在 IANA 按照规定的手续登记，以防止重复。

（2）客户端使用的端口号数值为 49 152—65 535。由于这类端口号仅在客户进程运行时才动态选择，因此又叫做短暂端口号。这类端口号留给客户进程选择暂时使用。当服务器进程收到客户进程的报文时，就知道了客户进程所使用的端口号，因而可以把数据发送给客户进程。通信结束后，刚才已使用过的客户端口号就不复存在，这个端口号就可以供其他客户进程使用。

2. 套接字

两台计算机中的进程要相互通信，不仅需要知道双方的 IP 地址，通过 IP 地址可以找到对方的计算机，而且还要知道对方的端口号，其标识了计算机中的应用进程。而套接字（socket）就是 IP 地址和端口的结合，也称为插口或套接口。

套接字 =＜IP 地址，端口号 ＞

因为套接字是 IP 地址和进程的端口号结合在一起的，用 IP 地址唯一标识出全球互联网上的某一台主机，该套接字的端口号部分则受限于 IP 地址，仅能标识出该主机上的特定进程，而不会与其他主机上使用相同端口号的进程相混淆。因特网上使用五元组来标识进行通信的双方的唯一连接。

五元组 =＜源 IP 地址，源端口，目的 IP 地址，目的端口，传输协议 ＞

总之，TCP 连接就是由协议软件所提供的一种抽象。虽然有时为了方便，在一个应用进程和另一个应用进程之间建立了一条 TCP 连接，但一定要记住：TCP 连接的端点是个很抽象的套接字，即（IP 地址：端口号）。也还应记住：同一个 IP 地址可以有多个不同的 TCP 连接，而同一个端口号也可以出现在多个不同的 TCP 连接中。

5.1.4 传输层中提供的无连接服务和面向连接的服务

从通信的角度上看，网络中各层所提供的服务可以分为两大类：无连接的服务和面向连接的服务。

无连接服务和邮政系统的工作模式相似，两个实体之间的通信不需要先建立好连接，是一种不可靠的服务。这种服务也常被描述为"尽最大努力交付"或"尽力而为的服务"。而面向连接的服务和电话系统的工作模式相似，具有连接建立、数据传输和连接释放 3 个阶段。两种服务的类比如表 5-4 所示。

表 5-4　两大服务的对比

对比方面	无连接服务	面向连接的服务
连接建立	通信之前不需要建立连接	数据通信之前需建立连接，传输过程中需保持连接，数据通信完毕后释放连接
分组顺序	分组可能经历不同路径到目的主机，先发送的不一定先到，接收的数据分组可能出现乱序、重复或丢失	先发送的数据先到达对方，收发数据顺序不变
地址信息	每个分组都携带有完整的目的地址，各分组在系统中时独立传送的	数据传输阶段中，各分组不需要携带目的地址

对比方面	无连接服务	面向连接的服务
服务可靠性	不可靠服务	可靠服务
服务效率	协议简单，效率高	协议复制，效率不高

当传输层采用面向连接的协议——TCP 协议时，它为应用进程在传输实体间建立一条全双工的可靠逻辑信道，尽管下面的网络层可能是不可靠的；当传输层采用无连接的服务——UDP 协议时，这种逻辑信道就是不可靠的。

5.2 用户数据报协议

5.2.1 UDP 概述

用户数据报协议 UDP 只在 IP 的数据报服务之上增加了复用和分用的功能以及差错检测的功能。UDP 有以下特点：

（1）UDP 是无连接的。在传输数据之前不需要与对方建立连接，减少了开销和发送数据之前的时延。

（2）UDP 提供不可靠的服务。数据可能不按发送顺序到达接收方，也可能会重复或者丢失数据。

（3）UDP 是面向报文的。发送方的 UDP 协议，对应用进程传下来的报文，在封装成 UDP 用户数据报之后就向下交付给网络层处理；接收方的 UDP 协议，对网络层交上去的 UDP 报文，去除首部之后就递交给应用进程。

（4）UDP 同时支持点到点和多点之间的通信，这对网络实时应用是很重要的。网络出现的拥塞不会使源主机的发送速率降低。

（5）UDP 的首部只有 8 个字节，传输开销小。

5.2.2 UDP 的首部格式

1. UDP 报文格式

UDP 用户数据报由数据字段和首部字段组成。如图 5-5 所示。

（1）源端口号。在需要对方回信时选用。不需要时可用全 0。

（2）目的端口号。这在终点交付报文时必须使用。

（3）长度。UDP 用户数据报的长度，其最小值是 8（仅有首部）。

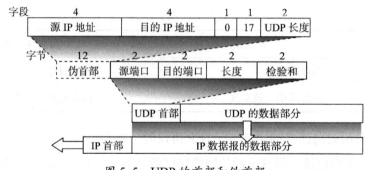

图 5-5　UDP 的首部和伪首部

（4）检验和检测 UDP 用户数据报在传输中是否有错，有错就丢弃。

2. UDP 校验和

UDP 用户数据报首部中检验和的计算方法有些特殊。在计算检验和时，要在 UDP 用户数据报之前增加 12 个字节的伪首部。所谓"伪首部"是因为这种伪首部并不是 UDP 用户数据报真正的首部。只是在计算检验和时，临时添加在 UDP 用户数据报前面，得到一个临时的 UDP 用户数据报。检验和就是按照这个临时的 UDP 用户数据报来计算的。伪首部既不向下传送也不向上递交，而仅仅是为了计算检验和。图 5-5 的最上面给出了伪首部各字段的内容。

UDP 计算检验和的方法和计算 IP 数据包首部检验和的方法相似。但不同的是：IP 数据包的检验和只检验 IP 数据包的首部，但 UDP 的检验和是把首部和数据部分一起都检验。

在发送方，首先是先把全零放入检验和字段。再把伪首部以及 UDP 用户数据报看成是由许多 16 位的字串接起来的。若 UDP 用户数据报的数据部分不是偶数个字节，则要填入一个全零字节（但此字节不发送）。然后按二进制反码计算出这些 16 位字的和。将此和的二进制反码写入检验和字段后，就发送这样的 UDP 用户数据报。

在接收方，把收到的 UDP 用户数据报连同伪首部（以及可能的填充全零字节）一起，按二进制反码求这些 16 位字的和。当无差错时其结果应为全 1。否则就表明有差错出现，接收方就应丢弃这个 UDP 用户数据报（也可以上交给应用层，但附上出现了差错的警告）。图 5-6 给出了一个计算 UDP 检验和的例子。这里假定用户数据报的长度是 15 字节，因此要添加一个全 0 的字节。

UDP 不保证可靠交付，而且在传输数据之前不需要建立连接。只要应用程序接受这样的服务质量就可以使用 UDP。在很多的实时应用中，如 IP 电话、实时视频会议及广播或多播等的情况下，必须使用 UDP 协议。

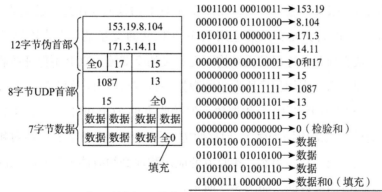

按二进制反码运算求和 10010110 11101101 → 求和得出的结果
将得出的结果求反码 01101001 00010010 → 检验和

图 5-6　计算 UDP 检验和的例子

5.3　传输控制协议

TCP 是 TCP/IP 协议族中的最重要协议之一，因特网中各种物理网络服务质量参差不齐，因此，必须要有一个功能很强的传输协议，满足可靠传输的要求。

5.3.1　TCP 的特点

TCP 协议非常复杂，其主要特点如下：

（1）TCP 是面向连接的。在传送数据前，必须先建立 TCP 连接；在传送数据完毕后，必须释放已经建立的 TCP 连接。就好像应用进程之间的通信是在"打电话"：通话前要拨号建立连接，通话结束要挂机释放连接。

（2）TCP 只能进行点到点的通信，不提供广播或多播服务。

（3）TCP 提供可靠的服务。TCP 可以保障传送的数据按发送顺序到达，且无差错、不丢失、不重复。

（4）TCP 提供全双工通信。TCP 允许通信双方的应用进程在任何时候都能发送数据。TCP 连接的两端都设有发送缓存和接收缓存，用来临时存放双向通信的数据。发送时，应用程序把数据传送给 TCP 缓存后，就可以做其他事情，而 TCP 会在合适的时候把数据发出去。反之，在接收时，TCP 先把数据放入缓存，上层应用进程在合适的时候读取缓存中的数据。

（5）TCP 的首部固定部分为 20 个字节，最长可达 60 字节。其传输开销比 UDP 大。

（6）TCP 是面向字节流的。发送方的 TCP 将应用进程交付的数据视为无结构的字节流，并且分割成若干报文段进行传输，在接收方 TCP 协议向应用进程递交的也是字节流。

"面向字节流"的含义是：虽然应用程序和 TCP 的交互是个大小不等的数据块，但 TCP 把这个数据块看成是一连串的无结构、无意义的字节流。TCP 不保证接收方应用程序所收到的数据块和发送方应用程序所发出的数据块具有对应大小的关系（例如，发送方应用程序交给发送方的 TCP 共 10 个数据块，但接收方的 TCP 可能只用了 4 个数据块就把收到的字节流交付上层的应用程序）。但接收方应用程序收到的字节流必须和发送方应用程序发出的字节流完全一样。当然，接收方的应用程序必须有能力识别收到的字节流，把它还原成有意义的应用层数据。如图 5-7 所示。

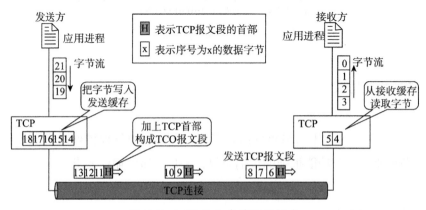

图 5-7　TCP 面向字节流的概念

因此，TCP 和 UDP 发送报文的方式完全不同。TCP 并不关心应用进程一次把多长的报文发送到 TCP 的缓存中，而是根据对方给出的窗口值和当前网络拥塞的程度来决定一个报文段应包含多少个字节（在下文的章节中将详细介绍），而 UDP 发送的报文长度是应用进程给出的。

5.3.2　TCP 报文段首部格式

TCP 报文段由 TCP 首部和 TCP 数据两部分组成。TCP 的首部的前 20 个字节是固定的，后面有 40 字节是根据需要而增加的选项。所以说 TCP 首部的最小长度是 20 字节，如图 5-8 所示。

固定的各字段的意义如下：

（1）源端口和目的端口　端口是传输层与应用层的服务接口，各占 2 个字节，写入源端口号和目的端口号。

（2）序号　TCP 是面向字节流的，TCP 传送的报文可看成连续的字节流。TCP 报文段中数据部分的每一个字节都有一个编号，该字段指明本报文段所发送数据的第一个字节

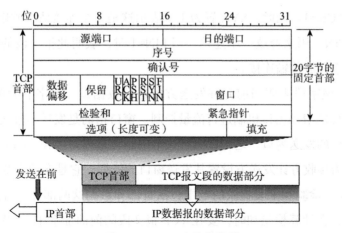

图 5-8　TCP 的首部格式

的序号，占 4 字节。

（3）确认号　是期望收到对方下一个报文段的第一个数据字节的序号，占 4 字节。确认具有累积效果，若确认号为 M，则表明序号 M-1 为止的所有数据都已经正确收到。

（4）数据偏移　指出 TCP 报文段的首部长度，以 4 字节为单位。

（5）保留　占 6 位，保留为今后使用，但目前应置为 0。

（6）紧急 URG（URGent）　当 URG=1 时，表明紧急指针字段有效。它告诉系统此报文段中有紧急数据，应尽快传送（相当于高优先级的数据），而不要按原来的排队顺序来传送。当 URG 置 1 时，发送应用进程就告诉发送方的 TCP 有紧急数据要传送。于是发送方 TCP 就把紧急数据插入到本报文段数据的最前面，而在紧急数据后面的数据仍为普通数据。这时要与首部中的紧急指针联合使用。

（7）确认 ACK（ACKnowledgment）　仅当 ACK=1 时确认号字段才有效。当 ACK=0 时，确认号无效。TCP 规定，在连接建立后所有传送的报文段都必须把 ACK 置 1。

（8）推送 PSH（Push）　当两个应用进程进行交互式的通信时，有时在一端的应用进程希望在键入一个命令后立即就能够收到对方的响应。在这种情况下，TCP 就可以使用推送（push）操作。这时，发送方 TCP 把 PSH 置 1，并立即创建一个报文段发送出去。接收方 TCP 收到 PSH=1 的报文段，就尽快地（即"推送"向前）交付接收应用进程，而不再等到整个缓存都填满了后再向上交付。

（9）复位 RST（ReSeT）　当 RST=1 时，表明 TCP 连接中出现严重差错，必须释放连接，然后再重新建立传输连接。

（10）同步 SYN（SYNchronization）　在连接建立时用来同步序号。当 SYN=1 而 ACK=0 时，表明这是一个连接请求报文段。对方若同意建立连接，则应在响应的报文段中使 SYN=1 和 ACK=1。因此，SYN 置为 1 就表示这是一个连接请求或连接接受报文。

（11）终止 FIN　用来释放一个连接。当 FIN=1 时，表明此报文段的发送方的数据已发送完毕，并要求释放传输连接。

（12）窗口　该字段表明当前允许发送方发送的数据量，以字节为单位，占 2 字节。TCP 使用大小可变的滑动窗口机制进行流量控制。窗口指的是发送本报文段的一方的接收窗口，而不是自己的发送窗口。之所以要有这个限制，是因为接收方的数据缓存空间是有限的。窗口值作为接收方让发送方设置其发送窗口的依据，它是在动态变化着的。

（13）检验和　检验和字段检验的范围包括首部和数据这两部分，占 2 字节。和 UDP 用户数据报一样，在计算检验和时，要在 TCP 报文段的前面加上 12 字节的伪首部。伪首部的格式与图 5-5 中 UDP 用户数据报的伪首部一样。但应把伪首部中的第 4 个字段的 17 改为 6（TCP 的协议号为 6），把第 5 字段中的 UDP 长度改为 TCP 的长度。接收方收到此报文段后，仍要加上这个伪首部来计算校验和。

（14）紧急指针　只有在 URG=1 时才有效，占 2 字节。指明本报文段中的紧急数据的字节数。紧急指针指出了紧急数据的末尾在报文段中的位置。当所有紧急数据都处理完时，TCP 就告诉应用程序恢复到正常操作。

（15）选项　长度在 0-40 字节可变。必须填充 4 字节的整数倍。最常用的选项字段就是最大长度 MSS（Maximum Segment Size），MSS 是 TCP 报文段中数据字段的最大长度。它的值等于 TCP 报文段长度减去 TCP 首部长度，即 TCP 数据部分的最大长度。

例 5-1：根据 TCP 报文段格式的理解，试回答下列问题。

（1）为什么端口字段放置在 TCP 报文格式中的最前面？

（2）为什么 TCP 首部的最大长度不能超过 60 个字节？

（3）TCP 首部中"URG"标志位和"紧急指针"字段是如何配合使用的？

（4）源主机向目的主机发送两个 TCP 报文段，其序号分别是 100 和 200。试问第一个报文段携带了多少字节的数据？当目的主机收到第一个报文段后发回的确认报文中的确认号字段是多少？

（5）如果 TCP 协议使用的最大窗口尺寸为 65 535 字节，假设传输信道不产生差错，带宽也不受限制。TCP 报文在网络上的平均往返时间为 20 ms，问所能得到的最大吞吐量是多少？

答（1）网络传输时，TCP 报文段将作为 IP 数据报中的数据部分传输，将端口号放在 TCP 报文段格式的最前面，是因为当网络传输 IP 数据报出错时，会向源主机发送一个 ICMP 差错报告报文，把需要进行差错报告的 IP 数据报的首部和数据部分的前 8 个字节提取出来，作为 ICMP 差错报文的数据字段。而这个 8 字节就包含了传输层的端口信息，端口信息是源主机向高层协议报告出错连接的重要信息。

（2）TCP 首部中的"数据偏移"字段指出了 TCP 报文段的首部长度，由于该字段占 4 个比特，所有能够表示的最大值是 0X1111，即十进制的 15。而该字段以 4 字节为单位，所以最大的 TCP 首部长度是 15×4=60 个字节。

（3）当 URG 标志位置"1"时，表明发送应用进程的 TCP 有紧急数据传输（比如用户发出了中断的命令）。于是发送方 TCP 协议就将紧急数据插入到本报文段数据部分的最前面。这时候，紧急指针字段才有意义，紧急指针字段中的值指出了本报文段中紧急数据的字节数。注意，即使窗口字段的值为 0，紧急数据也是可以发送出去的。

（4）TCP 是面向字节流的。主机 A 连续发送了两个 TCP 报文段，其序号分别是 100 和 200，所以第一个报文段的数据序号从第 100—199 个字节。因此携带了 100 个字节的数据。

TCP 首部中确认号字段的值是表示期望收到的下一个报文段首部的序号字段的值。所以目的主机收到第一个报文段后发回的确认报文中的确认号字段值是 200。

（5）理论计算出最大的吞吐量是 $=65\,535 \times 8$ bit/20 ms$=26.214$ Mbps。

5.3.3　TCP的传输连接管理

TCP 是面向连接的协议，传输连接是用来传送 TCP 报文的，TCP 传输连接的建立和释放是每一次面向连接的通信中必不可少的过程。因此，传输连接就有三个阶段，即连接建立、数据传送和连接释放。传输连接的管理就是使传输连接的建立和释放都能正常地进行。

在 TCP 连接建立过程中要解决以下三个问题：

（1）要使每一方能够确知对方的存在。

（2）要允许双方协商一些参数（如最大窗口值、是否使用窗口扩大选项和时间戳选项以及服务质量等）。

（3）能够对传输实体资源（如缓存大小、连接表中的项目等）进行分配。

1. TCP 的连接建立

TCP 连接的建立采用客户服务器方式。主动发起连接建立的应用进程叫做客户（client），而被动等待连接建立的应用进程叫做服务器（server）。TCP 建立连接的过程叫做握手，握手需要在客户和服务器之间交换三个 TCP 报文段。图 5-9 画出了三报文握手建立 TCP 连接的过程。

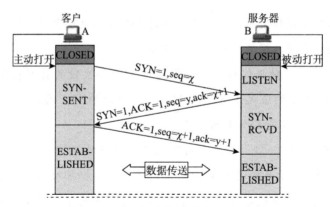

图 5-9　用三报文握手建立 TCP 连接

假定主机 A 运行的是 TCP 客户程序，而 B 运行 TCP 服务器程序。最初两端的 TCP 进程都处于 CLOSED（关闭）状态。图 5-9 中在主机下面的方框分别是 TCP 进程所处的状态。请注意，在本例中，A 主动打开连接，而 B 被动打开连接。

一开始，B 的 TCP 服务器进程先创建传输控制块 TCB，准备接受客户进程的连接请求。然后服务器进程就处于 LISTEN（监听）状态，等待客户的连接请求。如有，即作出响应。

A 的 TCP 客户进程也是首先创建传输控制模块 TCB。然后，在打算建立 TCP 连接时，向 B 发出连接请求报文段，这时首部中的同步位 SYN=1，同时选择一个初始序号 seq=x。TCP 规定，SYN 报文段（即 SYN=1 的报文段）不能携带数据，但要消耗掉一个序号。这时，TCP 客户进程进入 SYN-SENT（同步已发送）状态。

B 收到连接请求报文段后，如同意建立连接，则向 A 发送确认。在确认报文段中应把 SYN 位和 ACK 位都置 1，确认号是 ack=x+1，同时也为自己选择一个初始序号 seq=y。请注意，这个报文段也不能携带数据，但同样要消耗掉一个序号。这时 TCP 服务器进程进入 SYN-RCVD（同步收到）状态。

TCP 客户进程收到 B 的确认后，还要向 B 给出确认。确认报文段的 ACK 置 1，确认号 ack=y+1，而自己的序号 seq=x+1。TCP 的标准规定，ACK 报文段可以携带数据。但如果不携带数据则不消耗序号，在这种情况下，下一个数据报文段的序号仍是 seq=x+1。这时，TCP 连接已经建立，A 进入 ESTABLISHED（已建立连接）状态。

当 B 收到 A 的确认后，也进入 ESTABLISHED 状态。

上面给出的连接建立过程叫做三报文握手。请注意，在图 5-9 中 B 发送给 A 的报文段，也可拆成两个报文段。可以先发送一个确认报文段（ACK=1，ack=x+1），然后再发送一个同步报文段（SYN=1，seq=y）。这样的过程就变成了四报文握手，但效果是一样的。

为什么 A 最后还要发送一次确认呢？这主要是为了防止已失效的连接请求报文段突然又传送到了 B，因而产生错误。

所谓"已失效的连接请求报文段"是这样产生的。考虑一种正常情况，A 发出连接请求，但因连接请求报文丢失而未收到确认。于是 A 再重传一次连接请求。后来收到了确认，建立了连接。数据传输完毕后，就释放了连接。A 共发送了两个连接请求报文段，其中第一个丢失，第二个到达了 B，没有"已失效的连接请求报文段"。

现假定出现一种异常情况，即 A 发出的第一个连接请求报文段并没有丢失，而是在某些网络节点长时间滞留了，以致延误到连接释放以后的某个时间才到达 B。本来这是一个早已失效的报文段，但 B 收到此失效的连接请求报文段后，就误认为是 A 又发出一次新的连接请求。于是就向 A 发出确认报文段，同意建立连接。假定不采用报文握手，那么只要 B 发出确认，新的连接就建立了。

由于现在 A 并没有发出建立连接的请求，因此不会理睬 B 的确认，也不会向 B 发送数据。但 B 却以为新的传输连接已经建立了，并一直等待 A 发来数据，B 的许多资源就这样白白浪费了。

采用三报文握手的办法，可以防止上述现象的发生。例如在刚才的异常情况下，A 不会向 B 的确认发出确认。B 由于收不到确认，就知道 A 并没有要求建立连接。

2. TCP 的连接释放

TCP 连接释放也叫做四次握手，过程比较复杂，仍结合双方状态的改变来阐明连接释放的过程。

数据传输结束后，通信的双方都可释放连接。现在 A 和 B 都处于 ESTABLISHED 状态（图 5-10）。A 的应用进程先向其 TCP 发出连接释放报文段，并停止再发送数据，主动关闭 TCP 连接。A 把连接释放报文段首部的终止控制位 FIN 置 1，其序号 seq=u，它等于前面已传送过的数据的最后一个字节的序号加 1。这时 A 进入 FIN-WAIT-1（终止等待 1）状态，等待 B 的确认。请注意，TCP 规定，FIN 报文段即使不携带数据，它也消耗掉一个序号。

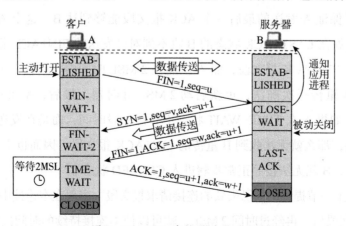

图 5-10　TCP 连接释放的过程

B 收到连接释放报文段后即发出确认，确认号是 ack-u+1，而这个报文段自己的序号是 v，等于 B 前面已传送过的数据的最后一个字节的序号加 1。然后 B 就进入 CLOSE-WAIT（关闭等待）状态。TCP 服务器进程这时应通知高层应用进程，因而从 A 到 B 这个方向的连接就释放了，这时的 TCP 连接处于半关闭（half-close）状态，即 A 已经没有数据要发送了，但 B 若发送数据，A 仍要接收。也就是说，从 B 到 A 这个方向的连接并未关闭，这个状态可能会持续一段时间。

A 收到来自 B 的确认后，就进入 FIN-WAIT-2（终止等待 2）状态，等待 B 发出的连接释放报文段。

若 B 已经没有要向 A 发送的数据，其应用进程就通知 TCP 释放连接。这时 B 发出的连接释放报文段必须使 FIN=1。现假定 B 的序号为 w（在半关闭状态 B 可能又发送了一些数据）。B 还必须重复上次已发送过的确认号 ack=u+1。这时 B 就进入 LAST-ACK（最后确认）状态，等待 A 的确认。

A 在收到 B 的连接释放报文段后，必须对此发出确认。在确认报文段中把 ACK 置 1，确认号 ack=w+1，而自己的序号是 seq=u+1（根据 TCP 标准，前面发送过的 FIN 报文段要消耗一个序号）。然后进入到 TIME-WAIT（时间等待）状态。请注意，现在 TCP 连接还没有释放掉。必须经过时间等待计时器（TIME-WAITtimer）设置的时间 2 MSL 后，A 才进入到 CLOSED 状态。时间 MSL 叫做最长报文段寿命（Maximum Segment Lifetime），RFC793 建议设为 2 分钟。但这完全是从工程上来考虑的，对于现在的网络，MSL=2 分钟可能太长了一些。因此 TCP 允许不同的实现可根据具体情况使用更小的 MSL 值。因此，从 A 进入到 TIME-WAIT 状态后，要经过 4 分钟才能进入到 CLOSED 状态，才能开始建立下一个新的连接。当 A 撤销相应的传输控制块 TCB 后，就结束了这次的 TCP 连接。

为什么 A 在 TIME-WAIT 状态必须等待 2 MSL 的时间呢？这有两个理由。

第一，为了保证 A 发送的最后一个 ACK 报文段能够到达 B。这个 ACK 报文段有可能丢失，因而使处在 LAST-ACK 状态的 B 收不到对已发送的 FIN+ACK 报文段的确认。B 会超时重传这个 FIN+ACK 报文段，而 A 就能在 2 MSL 时间内收到这个重传的 FIN+ACK 报文段。接着 A 重传一次确认，重新启动 2 MSL 计时器。最后，A 和 B 都正常进入到 CLOSED 状态。如果 A 在 TIME-WAIT 状态不等待一段时间，而是在发送完 ACK 报文段后立即释放连接，那么就无法收到 B 重传的 FIN+ACK 报文段，因而也不会再发送一次确认报文段。这样，B 就无法按照正常步骤进入 CLOSED 状态。

第二，防止上一节提到的"已失效的连接请求报文段"出现在本连接中。A 在发送完最后一个 ACK 报文段后，再经过时间 2 MSL，就可以使本连接持续的时间内所产生的所有报文段都从网络中消失。这样就可以使下一个新的连接中不会出现这种旧的连接请求报文段。

　　B 只要收到了 A 发出的确认，就进入 CLOSED 状态。同样，B 在撤销相应的传输控制块 TCB 后，就结束了这次的 TCP 连接。我们注意到，B 结束 TCP 连接的时间要比 A 早一些。

　　上述的 TCP 连接释放过程是四报文握手。

　　除时间等待计时器外，TCP 还设有一个保活计时器（keepalivetimer）。设想有这样的情况：客户己主动与服务器建立了 TCP 连接。但后来客户端的主机突然出故障。显然，服务器以后就不能再收到客户发来的数据。因此，应当有措施使服务器不要再白白等待下去。这就是使用保活计时器。服务器每收到一次客户的数据，就重新设置保活计时器，时间的设置通常是两小时。若两小时没有收到客户的数据，服务器就发送一个探测报文段，以后则每隔 75 秒钟发送一次。若一连发送 10 个探测报文段后仍无客户的响应，服务器就认为客户端出了故障，接着就关闭这个连接。

　　3. TCP 的有限状态机

　　为了更清晰地看出 TCP 连接的各种状态之间的关系，图 5-11 给出了 TCP 的有限状态机。图中每一个方框即 TCP 可能具有的状态，每个方框中的大写英文字符串是 TCP 标准所使用的 TCP 连接状态名。状态之间的箭头表示可能发生的状态变迁。箭头旁边的字，表明引起这种变迁的原因，或表明发生状态变迁后又出现什么动作。请注意图中有三种不同的箭头。粗实线箭头表示对客户进程的正常变迁。粗虚线箭头表示对服务器进程的正常变迁。另一种细线箭头表示异常变迁。

　　当应用进程希望进行数据传送之前，需要建立通信的连接，如表 5-5 所示。

表 5-5　TCP 有限状态机建立连接过程描述

操作方	运动	初状态	变迁状态	引起变迁的描述
服务器	1 被动打开	状态（1）	状态（2）	服务器从 CLOSED 状态开始，首先执行被动打开的操作，连接尚未建立时一直处于 LISTEN 状态
客户端	2 主动打开	状态（1）	状态（4）	客户端也从 CLOSED 状态开始，发起连接请求，执行主动打开操作
服务器	3 收到 SYN 发送 SYN+ACK	状态（2）	状态（3）	服务器端收到来自客户端的 SYN 置为 1 的连接请求报文后，发送确认 ACK
客户端	4 发送 ACK 收到 SYN+ACK	状态（4）	状态（5）	当客户端收到来自服务器的 SYN 和 ACK 时，客户端就发送三次握手中的最后一个 ACK，就进入连接已经建立的状态 ESTABLISHED
服务器	5 收到 ACK	状态（3）	状态（5）	服务器端在收到三次握手中的最后一个确认 ACK 时，也转为 ESTABLISHED 状态

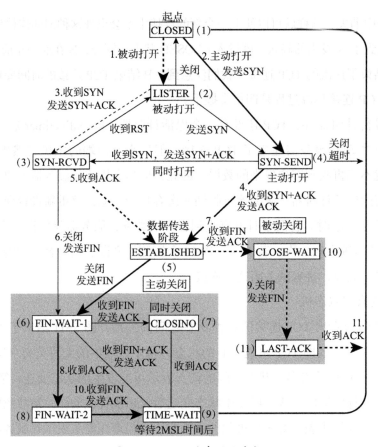

图 5-11 TCP 的有限状态机

当应用进程结束数据传送时，就要释放已经建立的连接。如表 5-6 所示，假设客户端先发起的连接释放过程，此时 TCP 有限状态机释放连接的过程描述如下。

表 5-6 TCP 有限状态机释放连接过程描述

操作方	运动	初状态	变迁状态	引起变迁的描述
客户端	6 发送 FIN	状态（5）	状态（6）	发送 FIN 置为 1 的报文，等待确认 ACK 的到达
服务器	7 收到 FIN 发送 ACK	状态（5）	状态（10）	收到从客户端发送的 FIN 报文段，发出确认 ACK
客户端	8 收到 ACK	状态（6）	状态（8）	收到来自服务器端的确认 ACK，处于半关闭状态
服务器	9 发送 FIN	状态（10）	状态（11）	数据传输完毕，就发送出 FIN 置为 1 的报文给客户端
客户端	10 收到 FIN 发送 ACK	状态（8） 状态（9）	状态（1） 状态（9）	收到服务器发送的 FIN 置为 1 的报文后，发送确认 ACK，此时客户端进入 TIME_WAIT 状态，这时另一条连接也关闭了。但是 TCP 还要等待报文段在网络中寿命的两倍时间，TCP 才删除原来建立的连接记录，返回到初始的 CLOSED 状态

操作方	运动	初状态	变迁状态	引起变迁的描述
服务器	11 收到 ACK	状态（11）	状态（1）	收到客户端的 ACK 时，服务器进程就释放连接，删除连接记录，状态回到原来的 CLOSED 状态

另外，可以将图 5-9 和图 5-10、图 5-11 综合对照起来看。在图 5-9 和图 5-10 中左边客户进程从上到下的状态变迁，就是图 5-11 中粗实线箭头所指的状态变迁。而在图 5-9 和图 5-10 右边服务器进程从上到下的状态变迁，就是图 5-11 中粗虚线箭头所指的状态变迁。

5.4　TCP 可靠传输

5.4.1　如何实现可靠传输

网络层只能提供尽最大努力服务。那么，为了保证整个信道的质量，如何才能实现可靠的传输？理想的传输条件有以下两个特点：

（1）传输信道不产生差错。

（2）不管发送方以多快的速度发送数据，接收方总是来得及处理收到的数据。

理想传输条件下，不需要采取任何措施就能够实现数据信息的可靠传输。而实际的网络都不是理想的，为了达到理想目的，必须使用一些可靠传输协议，当出现差错时让发送方重传出现差错的数据，同时在接收方来不及处理收到的数据时，及时告诉发送方，降低发送数据的速度。只有这样，不可靠的传输信道才能实现数据信息的可靠传输。

1. 停止等待协议

"停止等待"就是每发送完一个分组就停止发送，等待对方的确认。在收到确认后再发送下一个分组。停止等待协议是可靠传输原理的基础，也叫做自动重传请求 ARQ（Automatic Repeatre Quest）——重传的请求是自动进行的，接收方不需要发出请求。停止等待协议包括无差错、有差错、确认丢失和确认迟到四种情况。

假设有主机 A 和 B 进行通信，如图 5-12（a）是最简单的停止等待协议中无差错的情况。A 发送分组 M_1，发完就暂停发送，等待 B 的确认。B 收到了就向 A 发送确认。A 在收到了对 M_1 的确认后，就再发送下一个分组 M_2。同样，在收到 B 对 M_2 的确认后，再发送 M_3。如图 5-12（b）停止等待协议中出现差错的情况。B 接收 M_1 时检测出了差错，就丢弃 M_1，其他什么也不做。

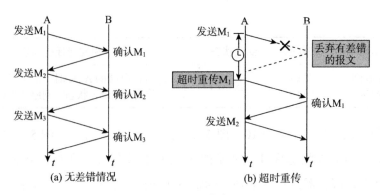

(a) 无差错情况　　　　　(b) 超时重传

图 5-12　停止等待协议

为了保证出现差错时也能进行可靠传输，要在发送端 A 设置一个超时计时器，进行超时重传。即 A 只要超过了这个时间仍没有收到确认，就认为刚才发送的分组丢失了，因而重传前面发送过的分组。如果在超时计时器到期之前收到了对方的确认，就撤销已设置的超时计时器。同时，设计可靠传输时要注意：

（1）在发送完一个分组后，必须暂时保留已发送的分组的副本（在发生超时重传时使用）。只有在收到相应的确认后才能清除暂时保留的分组副本。

（2）分组和确认分组都要进行编号，这样才能明确是哪一个发送出去的分组收到了确认，而哪一个分组还没有收到确认。

（3）超时计时器设置的重传时间应当比数据在分组传输的平均往返时间更长一些。

图 5-13（a）是确认丢失的情况，A 在设定的超时重传时间内没有收到确认，无法知道是自己发送的分组出错、丢失，或是 B 发送的确认丢失了。此时，A 在超时计时器到期后重传 M_1。若后期 B 又收到了重传的分组 M_1，B 将分组 M_1 直接丢弃。

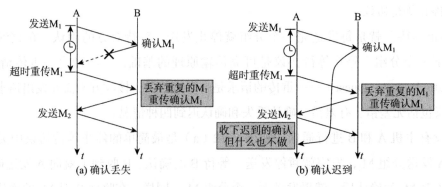

(a) 确认丢失　　　　　(b) 确认迟到

图 5-13　确认丢失和确认迟到

图 5-10（b）是确认迟到的情况。传输过程中没有出现差错，但 B 对分组 M_1 的确认迟到了。A 会收到重复的确认。对重复的确认的处理很简单：收下后就丢弃。B 仍然会收

到重复的 M_1 并且同样要丢弃重复的 M_1 并重传确认分组。

一般来说，A 最终是可以收到对所有发出的分组的确认。如果 A 不断重传分组但总是收不到确认，就说明通信线路太差，不能进行通信。

2. 滑动窗口和 ARQ 协议

虽然停止等待协议能够在不可靠的传输网络上实现可靠的通信，但是信道利用率低下。为了提高传输效率，发送方可以采用流水线传输方式，即发送方连续发送多个分组，不必每发完一个分组就停顿下来等待对方的确认。这样信道上一直有数据不间断地在传送。显然，信道利用率得到了极大提高。如图 5-14 所示的流水线传输模式。

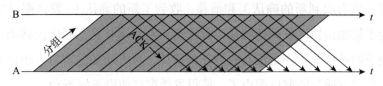

图 5-14 流水线传输

（1）滑动窗口协议

发送方在没有得到任何确认信息时，允许连续发送后续的分组，但需要对允许连续发送的分组数目进行限制。影响这一问题的两个因素是：一是若未得到确认的分组太多，出现错误分组，就会重发已经发出去的分组，或者只发送出错的分组，接收端就要设置大的缓存区去保存，资源就会耗费，效率就会降低。二是若连续发送的分组量大，编号占用的比特数就多，增加额外开销，效率低。因此，滑动窗口的出现就是限制连续发送分组数量的方法。

滑动窗口就是允许发送方在收到接收方的应答之前连续发送多个分组的策略，这种协议除了能提高传输效率外，还应满足流量控制，差错控制等数据链路层的基本要求。

TCP 的滑动窗口是以字节为单位的。假定 A 收到了 B 发来的确认报文段，其中窗口是 20 字节，而确认号是 31（这表明 B 期望收到的下一个序号是 31，而序号 30 为止的数据已经收到了）。根据这两个数据，A 就构造出自己的发送窗口，如图 5-15 所示。

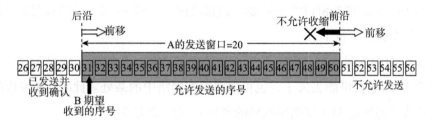

图 5-15 根据 B 给出的窗口值，A 构造出自己的发送窗口

① 发送方

在发送方，把未得到确认而允许连续发送的分组序号集合称为发送窗口，发送方未得到确认而允许连续发送的分组的最大数目，称为发送窗口尺寸。

发送窗口里面的序号表示允许发送的序号。显然，窗口越大，发送方就可以在收到对方确认之前连续发送更多的数据，因而可获得更高的传输效率。发送窗口后沿的后面部分表示已发送且已收到了确认。这些数据不需要再保留了。而发送窗口前沿的前面部分表示不允许发送的，因为接收方都没有为这部分数据保留临时存放的缓存空间。

发送窗口的位置由窗口前沿和后沿的位置共同确定。发送窗口后沿的变化情况有两种可能，即不动（没有收到新的确认）和前移（收到了新的确认）。发送窗口后沿不可能向后移动，因为不能撤销掉已收到的确认。发送窗口前沿通常是不断向前移动，但也有可能不动。这对应于两种情况：一是没有收到新的确认，对方通知的窗口大小也不变；二是收到了新的确认但对方通知的窗口缩小了，使得发送窗口前沿正好不动。

现在假定 A 发送了序号为 31—41 的数据。这时，发送窗口位置并未改变，但发送窗口内靠后面有 11 个字节（黑色小方框表示）表示已发送但未收到确认。而发送窗口内靠前面的 9 个字节（42—50）是允许发送但尚未发送的。如图 5-16 所示。

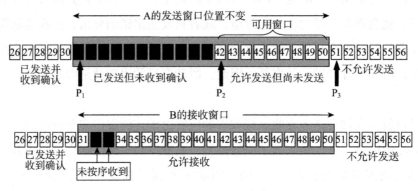

图 5-16 A 发送了 11 个字节的数据

② 接收方

如图 5-16，B 的接收窗口大小是 20。故接收窗口外到 30 号为止的数据是已经发送过确认，并已经交付给主机了。

接收窗口内的序号（31—50）是要求按顺序接收的，B 收到了序号为 32 和 33 的数据。序号为 31 的数据可能丢失了，也可能滞留在网络中的某处。此时，B 发送的确认报文段中的确认号仍然是 31（即期望收到的序号），而不能是 32 或 33。

若假定 B 收到了序号为 31 的数据，并把序号为 31—33 的数据交付主机，然后 B 删除这些数据。接着把接收窗口向前移动 3 个序号，同时给 A 发送确认，其中窗口值仍为 20，但确认号是 34。这表明 B 已经收到了到序号 33 为止的数据。同时，B 还收到了序号为 37，38 和 40 的数据，但这些都没有按序到达，只能先暂存在接收窗口中。A 收到 B 的确认后，就可以把发送窗口向前滑动 3 个序号。A 的可用窗口也增大了，可发送的序号范围是 42—53。如图 5-17 所示。

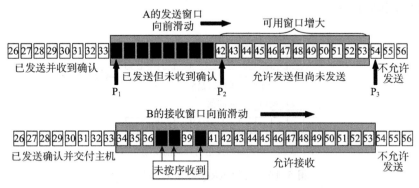

图 5-17 A 收到新的确认号，发送窗口向前滑动

A 在继续发送完序号 42—53 的数据后，发送窗口内的序号都已用完，但还没有再收到确认，因此必须停止发送。假若此时发送窗口内所有的数据都已正确到达 B，B 也早已发出了确认，只是所有的确认都滞留在网络中。为了保证可靠传输，A 只能认为 B 还没有收到这些数据。于是，A 在经过一段时间后（由超时计时器控制）就重传这部分数据，重新设置超时计时器，直到收到 B 的确认为止。如果 A 收到确认号落在发送窗口内，那么 A 就可以使发送窗口继续向前滑动，并发送新的数据。如图 5-18 所示。

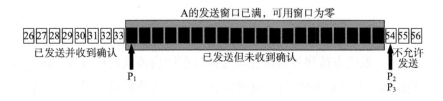

图 5-18 发送窗口内的序号都属于已发送但未被确认

在滑动窗口协议中，当发送窗口大小 =1，接收窗口大小 =1 时，这种机制是停止等待协议——自动重传请求；当发送窗口大小＞1，根据出现差错后重传分组的方法分类，若接收窗口大小 =1 时，这种机制被称为连续 ARQ 协议；若接收窗口大小＞1 时，这种机制被称为选择 ARQ 协议，

（2）连续 ARQ 协议

连续 ARQ 协议的发送窗口尺寸大于 1，接收窗口尺寸等于 1。发送方可以连续发送多

个分组，由于接收窗口尺寸是 1，所以接收方只能按顺序接收当前接收窗口所指定的序号的分组，只有该分组被正确接收，接收窗口才能向前滑动一个，接收下一个分组。这样，虽然发送方可以连续发送多个分组，但当前面的某个分组丢失或出错后，接收方由于对其后到达的分组都不接收，所以当发送方超时后，必须重发出错的分组及以后所有分组，因此连续 ARQ 协议又可称为返回 N 帧 ARQ 协议，或全部重发协议。如图 5-19 所示，连续 ARQ 协议的工作原理图。

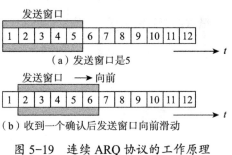

图 5-19　连续 ARQ 协议的工作原理

图 5-19（a）表示发送方的发送窗口，位于发送窗口内的 5 个分组都可连续发送出去，而且不需要等待对方的确认。这样，就可以提高信道利用率。

图 5-19（b）表示发送方收到了对第 1 个分组的确认，于是把发送窗口向前移动一个分组的位置。如果原来已经发送了前 5 个分组，那么现在就可以发送窗口内的第 6 个分组了。

接收方通常采用累积确认的方式。接收方不必对收到的分组逐个发送确认，而是在收到几个分组后，对按序到达的最后一个分组发送确认，说明到这个分组为止的所有分组都已正确收到了。

因此，连续 ARQ 协议的特点是：

① 正常情况。发送方按序号依次在发送窗口范围内连续发送分组。接收方接收到每一分组，经检验无误后交给网络层，发出应答，并使接收窗口序号加 1，准备下一个分组。发送方接收到应答，继续发分组。

② 出现分组的丢失或损坏情况。由于差错，接收方不能按序接收到正确的分组，则对于出错的分组及后续的分组全部丢弃，并不做应答。发送方则重新发送确认超时的分组及其后所有发送过的分组。

③ 确认应答分组丢失。发送方因没有收到应答确认而超时，需重新发送确认超时的分组及其后所有发送过的分组。此时接收方可能又正确接收了若干后续分组并发出应答，于是就导致接收方收到了重复分组。对于重复分组，接受方直接丢弃，并依次重新返回应

答，然后再按顺序接收后面新分组。

④ 最大发送窗口尺寸。最大发送窗口尺寸为 $2^n - 1$。通常，将最大发送窗口尺寸选为和序号空间的大小一致，分组的序号在传输中仍不会重复，但实际传输中可能会出现混淆序号的问题。

（3）选择 ARQ 协议

选择 ARQ 协议的发送窗口尺寸大于 1，接收窗口尺寸也大于 1。这种机制是对连续 ARQ 机制的改进，进一步提高了信道的利用率，只重传出现差错的分组或者是计时器超时的分组。

① 工作过程

使用选择 ARQ 协议避免了重复传送那些已经正确到达接收方的分组，但接收方就须设置具有相当容量的缓存空间。TCP 协议使用的就是类似选择 ARQ 的传输控制方法。如图 5-20 所示。

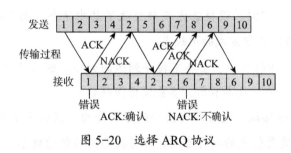

图 5-20　选择 ARQ 协议

由于接收窗口尺寸大于 1，所以当序号在接收窗口内的某个分组出错或丢失时，不会影响对其后的序号在接收窗口之内的分组的接收。这些分组如果经过校验都是正确的，可以将它们暂时保留在接收缓冲区中。当发送方超时后，就只需要重发出错的分组，对于其后已经发送过的正确的分组都不必重发。接收方待收到发送方重发的分组后，可以将其保留在缓冲区内的分组重新排序，一起交给网络层。

如上图，若设发送窗口 = 接收窗口 =4。当第 2 个分组出错被丢弃后，后续的 3、4、5 号分组，其序号仍然在接收窗口内，就可以暂时保留在接收方的缓冲区里面。待收到重发的 2 号分组后，这些分组一同提高给高层，然后继续后续的分组传送。

② 最大窗口尺寸

选择 ARQ 的最大窗口尺寸为 $2^{(n-1)}$。对于选择 ARQ 协议，前后相邻的两个接收窗口所包含的序号不能包含相同的分组序号。如果有相同序号，那么某一个分组在前一个窗口被接收方接收并确认后，如果确认分组丢失而使发送方重发了相同序号的分组，就会落在下一个窗口，被接收方再次接收而误认为新的分组。一般情况下，选择 ARQ 协议中，发送窗口的尺寸和接收窗口的尺寸一样。

5.4.2 TCP 的可靠传输的实现

TCP 是可靠的传输层协议，主要通过序号确认机制和超时重传机制来实现可靠传输。

1. 序号确认机制

TCP 将所要传送的整个应用报文看成一个个字节组成的数据流，然后对每个分组进行编序号。在连接建立时，双方要商定初始序号，TCP 就将每一次所传送的报文段中的第一个分组字节的序号，放在自己首部的序号字段中。

TCP 的确认是对接收到的数据的最高序号标识确认，但返回的确认序号是已收到的分组最高序号加 1。也就是说，确认序号表示期望下次收到的第一个分组字节的序号，具有"累计确认"效果。

例 5-2：发送方每个报文中含有 100 字节的数据，且一连发送了 8 个分组，其序号分别为 1，101，201，…，701。设接收方正确接收了其中 7 个，而未收到序号为 201 的分组。试比较用 ARQ 协议处理方式的优缺点。

答 ① 使用连续 ARQ 协议，丢弃不按序到达的分组。则从序号 201 开始的所有分组都得重发。这种处理简单，效率不高，不要缓存保存分组。

② 使用选择 ARQ 协议，缓存没有按序到达的分组，只需要重发序号为 201 的分组。这种方法较为复杂，需要较大的缓存空间，但可提高网络传输效率。

2. 超时重传机制

TCP 的发送方在规定的时间内没有收到确认就要重传已发送的报文段。由于 TCP 的下层是互联网环境，发送的报文段可能经过高速率的局域网，也可能经过低速率的网络，并且每个 IP 数据包所选择的路由还可能不同。如果把超时重传时间设置得太短，就会引起很多报文段的不必要的重传，使网络负荷增大。但若把超时重传时间设置得过长，则又使网络的空闲时间增大，降低了传输效率。那么，传输层的超时计时器的超时重传时间究竟应设置为多大呢？

TCP 采用了一种自适应算法，它记录一个报文段发出的时间，以及收到相应确认的时间。这两个时间之差就是报文段的往返时间 RTT。将各个报文段的往返时延样本加权平均，就得出报文段的平均往返时延 RTT。每测量到一个新的往返时延样本，就按下列公式重新计算一次平均往返时延。

新的 RTTS=RTTS（第一次测的 RTT 样本值）

新的 RTTS=（1-a）×（旧的 RTTS）+a（新的 RTT 样本）（第二次以后的测量）

在上式中，$0 \leqslant a < 1$。若 a 很接近于零，表示新的 RTTS 值和旧的 RTTS 值相比变化不大，而对新的 RTT 样本影响不大（RTT 值更新较慢）。若选择 a 接近于 1，则表示新的 RTTS 值受新的 RTT 样本的影响较大（RTT 值更新较快）。推荐的 a 值为 7/8，即 0.875。用这种方法得出的加权平均往返时间 RTTS 就比测量出的 RTT 值更加平滑。

显然，超时计时器设置的超时重传时间 RTO（RetransmissionTime-Out）应略大于上面得出的加权平均往返时间 RTTS。

RTO=RTTS+4×RTTD

公式中的 RTTD 是 RTT 的偏差的加权平均值，它与 RTTS 和新的 RTT 样本之差有关。当第一次测量时，RTTD 值取为测量到的 RTT 样本值的一半。在以后的测量中，则使用下式计算加权平均的 RTTD：

新的 RTTD=RTTS/2（第一次测量得到的样本值）

新的 RTTD=β×（新的 RTTD）+（1-β）×|新的 RTT-RTTS|（第二次以后的测量）

这里 β 是个小于 1 的系数，它的推荐值是 3/4，即 0.75。

例 5-3：已知 TCP 往返时延的初始样本值是 30 ms。现收到了 3 个连续的确认报文段，它们比相应的数据报文段的发送时间分别滞后的时间是：26 ms、32 ms。设 a=0.9，β=3/4，分别计算每次新估计的往返时延值 RTT 和超时重传时间 RTO。

答 ① 初始情况如下：

　　新的 RTT=RTTS=30 ms

　　新的 RTTD= 新的样本 RTT/2=30/2=15 ms

　　RTO=RTTS+4×RTTD=30+4×15=90 ms

② 第一个确认报文在 RTTS=26 ms 到达时的情况如下：

　　新的 RTTS=（1-a）×（旧的 RTTS）+a（新的 RTT 样本）

　　　　　　=（1-a）×26+a×30=29.6 ms

　　新的 RTTD=β×（新的 RTTD）+（1-β）×|新的 RTT-RTTS|

　　　　　　=β×15+（1-β）×|29.6-26|=12.15 ms

　　RTO=RTTS+4×RTTD=29.6+4×12.15=78.2 ms

③ 第二个确认报文段在 RTTS=32 ms 到达时的情况如下：

　　新的 RTTS=（1-a）×（旧的 RTTS）+a（新的 RTT 样本）

　　　　　　=（1-a）×32+a×29.6=29.84 ms

　　新的 RTTD=β×（新的 RTTD）+（1-β）×|新的 RTT-RTTS|

$$=\beta \times 12.15+（1-\beta）\times |29.84-32|=9.652 \text{ ms}$$

$$\text{RTO=RTTS}+4\times \text{RTTD}=29.84+4\times 9.652=68.45 \text{ ms}$$

上面所说的往返时间的测量，实现起来相当复杂。发送出一个报文段，超时重发时间到了，还没收到确认，于是重发此报文段，后来收到了确认报文段。那如何判定此确认报文段是对原来报文段的确认，还是对重发报文段的确认？由于重发的报文段和原来的报文段完全一样，因此源站在收到确认后，无法做出正确的判断。Karn 提出了一个算法：在计算平均往返时延时，只要报文段重发了，就不采用其往返时延值作为样本。这样得出的平均往返时延和重发时间较为准确。

3. 定时器

为了保证数据传输正常进行，TCP 实现中应用到了 3 种定时器。

（1）重传定时器：发送方发送数据后，将数据放到缓存中，同时设定重传计时器，如果重传时间 RTO 之内没有收到接收方发来的确认报文段，则将缓存数据重新发送。

（2）持续定时器：接收方由于缓存满，会给发送方发送一个窗口字段值为 0 的报文段。当接收方缓存有了空闲，会发送窗口更新报文段给发送方。但若更新报文段丢失了，双方就会进入到死锁状态。持续定时器就是为了避免此类情况设定的。当持续定时器超时，发送方就给接收方发送一个探寻的消息，接收方响应，将发送窗口更新报文段给发送方。

（3）保活定时器：当一个连接双方空闲了较长时间后，该定时器超时，从而发送一个报文段查看通信的另一方是否存在，若对方没有应答，则终止连接。

5.5　TCP 的流量控制

通常情况下，为了提高信道利用率就会提高数据的传输速率。但如果发送方把数据发送得过快，接收方就可能来不及接收，这就会造成数据的丢失。所谓流量控制（flowcontrol）就是让发送方的发送速率不要太快，要让接收方来得及接收。利用滑动窗口机制可以很方便地在 TCP 连接上实现对发送方的流量控制。

发送窗口在连接建立时，通信双方都将自己能够支持的 MSS 设定好，并通过 TCP 报文段的"选项"字段通知对方，以后就按照这个数值传输数据。在通信的过程中，接收端可根据自己的资源情况，随时动态地调整自己地接收窗口，然后告诉发送方，使发送方的发送窗口和自己的接收窗口一致。这种方法在计算机网络中经常使用。图 5-21 所示，通过大小可变的滑动窗口机制对发送窗口进行调节达到流量控制目的的例子。

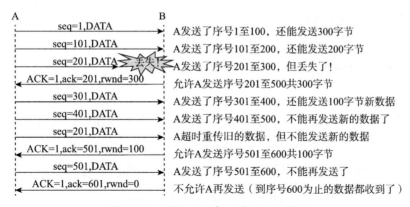

图 5-21 利用可变窗口进行流量控制

上图中所示，设 A 向 B 发送数据。在连接建立时，B 告诉了 A："我的接收窗口 rwnd=400"。因此，发送方的发送窗口不能超过接收方给出的接收窗口的数值。请注意，TCP 的窗口单位是字节，不是报文段。TCP 连接建立时的窗口协商过程在图中没有显示出来。再设每一个报文段为 100 字节长，而数据报文段序号的初始值设为 1（见图中第一个箭头上面的序号 Seq=1。图中右边的注释可帮助理解整个过程）。请注意，图中箭头上面大写 ACK 表示首部中的确认位 ACK，小写 ack 表示确认字段的值。

接收方的主机 B 进行了三次流量控制。第一次把窗口减小到 rwnd=300，第二次又减到 rwnd=100，最后减到 rwnd=0，即不允许发送方再发送数据了。这种使发送方暂停发送的状态将持续到主机 B 重新发出一个新的窗口值为止。此时，B 向 A 发送的三个报文段都设置了 ACK=1，只有在 ACK=1 时确认号字段才有意义。

如果 B 向 A 发送了零窗口的报文段后不久，B 的接收缓存又有了一些存储空间。于是 B 向 A 发送了 rwnd=400 的报文段。然而这个报文段在传送过程中丢失了。A 一直等待收到 B 发送的非零窗口的通知，而 B 也一直等待 A 发送的数据。如果没有其他措施，这种互相等待的死锁局面将一直延续下去。

为了解决这个问题，TCP 为每一个连接设有一个持续计时器（persistencetimer）。只要 TCP 连接的一方收到对方的零窗口通知，就启动持续计时器。若持续计时器设置的时间到期，就发送一个零窗口探测报文段（仅携带 1 字节的数据），而对方就在确认这个探测报文段时给出了现在的窗口值。如果窗口仍然是零，那么收到这个报文段的一方就重新设置持续计时器。如果窗口不是零，那么死锁的僵局就可以打破了。

5.6 TCP 的拥塞控制

5.6.1 拥塞控制概述

1. 拥塞产生的原因

在计算机网络中的链路容量（即带宽）、交换节点中的缓存和处理机等，都是网络的资源。在某段时间，若对网络中某一资源的需求超过了该资源所能提供的可用部分，网络的性能就要变坏，这种情况就叫做拥塞（congestion）。出现网络拥塞的条件如下关系：

$$\sum 对资源的需求 > 可用资源$$

网络拥塞往往是由许多因素引起的。例如，当某个节点缓存的容量太小时，到达该节点的分组因无存储而不得不被丢弃。当分组被丢弃时，发送这一分组的源点就会重传这一分组，甚至可能还要重传多次。这样会引起更多的分组流入网络和被网络中的路由器丢弃，反而会加剧网络的拥塞；当将该节点缓存的容量扩大时，于是凡到达该节点的分组均可在节点的缓存队列中排队，不受任何限制。但是输出链路的容量和处理机的速度并未提高，因此在这队列中的绝大多数分组的排队等待时间将会大大增加，结果上层软件只好把它们进行重传（因为早就超时了），拥塞问题依然存在。

又如，处理机处理的速率太慢可能引起网络的拥塞。简单地将处理机的速率提高，可能会使上述情况缓解一些，但往往又会将瓶颈转移到其他地方。问题的实质往往是整个系统的各个部分不匹配。只有所有的部分都平衡了，问题才会得到解决。

2. 拥塞控制和流量控制的区别

拥塞控制是一个全局性的过程，涉及所有的主机、所有的路由器，以及与降低网络传输性能有关的所有因素，以防止过多的数据注入到网络中，使网络中的路由器或链路不致过载。

流量控制是指点对点通信量的控制，是个端到端的问题（接收端控制发送端）。流量控制所要做的就是抑制发送端发送数据的速率，以便使接收端来得及接收。

拥塞控制和流量控制常常被弄混，因为某些拥塞控制算法是向发送端发送控制报文，并告诉发送端，网络已出现麻烦，必须放慢发送速率。在实施拥塞控制时，需要在节点之间交换信息和各种命令，以便选择控制的策略和实施控制。这样就产生了额外开销。拥塞控制有时需要将一些资源（如缓存、带宽等）分配给个别用户（或一些类别的用户）单独使用，这样就使得网络资源不能更好地实现共享。因此，考虑拥塞控制时，须考虑流量控制的因素。

例如，设某个光纤网络的链路传输速率为 1 000 Gbps。有一台巨型计算机向一台个人电脑以 1 Gbps 的速率传送文件。显然，网络本身的带宽是足够大的，因而不存在产生拥塞的问题。但流量控制却是必需的，因为巨型计算机必须经常停下来，以便使个人电脑来得及接收。但如果有另一个网络，其链路传输速率为 1 Mbps，而有 1 000 台大型计算机连接在这个网络上。假定其中的 500 台计算机分别向其余的 500 台计算机以 100 kbps 的速率发送文件。那么现在的问题已不是接收端的大型计算机是否来得及接收，而是整个网络的输入负载是否超过网络所能承受的极限。

3. 拥塞控制的作用

在图 5-22 中的横坐标是提供的负载（offered load），代表单位时间内输入给网络的分组数目。因此提供的负载也称为输入负载或网络负载。纵坐标是吞吐量（throughput），代表单位时间内从网络输出的分组数目。具有理想拥塞控制的网络，在吞吐量饱和之前，网络吞吐量应等于提供的负载，故吞吐量曲线是 45° 的斜线。但当提供的负载超过某一限度时，由于网络资源受限，吞吐量不再增长而保持为水平线，即吞吐量达到饱和。这就表明提供的负载中有一部分损失掉了（例如，输入到网络的某些分组被某个节点丢弃了）。虽然如此，在这种理想的拥塞控制作用下，网络的吞吐量仍然维持在其所能达到的最大值。

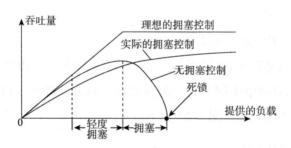

图 5-22　拥塞控制的作用

但是，实际网络的情况就很不相同了。从图 5-22 可看出，随着提供的负载的增大，网络吞吐量的增长速率逐渐减小。也就是说，在网络吞吐量还未达到饱和时，就已经有一部分的输入分组被丢弃了。当网络的吞吐量明显地小于理想的吞吐量时，网络就进入了轻度拥塞的状态。更值得注意的是，当提供的负载达到某一数值时，网络的吞吐量反而随提供的负载的增大而下降，这时网络就进入了拥塞状态。当提供的负载继续增大到某一数值时，网络的吞吐量就下降到零，网络已无法工作，这就是所谓的死锁（deadlock）。

4. 拥塞控制设计

从原理上讲，寻找拥塞控制的方案无非是寻找使不等式不再成立的条件。或是增大网络的某些可用资源（如业务繁忙时增加一些链路，增大链路的带宽，或使额外的通信量从另外的通路分流），或是减少一些用户对某些资源的需求（如拒绝接受新的建立连接的请求，或要求用户减轻其负荷，这属于降低服务质量）。但事实上拥塞是一个动态的过程，拥塞控制很难设计。

计算机网络是个庞大、复杂的系统，从控制理论的角度可以分为开环控制和闭环控制两种方法。开环控制就是在设计网络时事先将有关发生拥塞的因素考虑周到，力求网络在工作时不产生拥塞。但一旦整个系统运行起来，就不再中途进行改正了。闭环控制是基于反馈环路的概念，通过监测网络系统检测何时、何处发生拥塞；然后，将拥塞发生的信息传到可采取行动的地方；最后调整网络系统的运行，解决问题。

此外，过于频繁地采取行动以缓和网络的拥塞，会使系统产生不稳定的振荡。但过于迟缓地采取行动又不具有任何实用价值。因此，要采用某种折中的方法。但选择正确的时间常数是相当困难的。

5.6.2 TCP 的拥塞控制方法

TCP 进行拥塞控制算法有四种，慢开始（slow-start）、拥塞避免（congestionavoidance）、快重传（fastretransmit）和快恢复（fastrecovery）。下面就介绍这些算法的原理。为了集中精力讨论拥塞控制，假定：

（1）数据是单方向传送的，对方只传送确认报文。

（2）接收方总是有足够大的缓存空间，因而发送窗口的大小由网络拥塞程度来决定。

以下面的例子说明网络中拥塞控制的过程中，TCP 的拥塞窗口 cwnd 的变化，假定 TCP 的发送窗口等于拥塞窗口。图 5-23 如下所示。

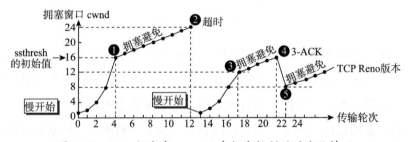

图 5-23　TCP 拥塞窗口 cwnd 在拥塞控制时的变化情况

1. 拥塞控制原理

拥塞控制也叫做基于窗口的拥塞控制。为此，发送方维持一个叫做拥塞窗口 cwnd（congestion window）的状态变量。拥塞窗口的大小取决于网络的拥塞程度，并且动态地在变化。发送方让自己的发送窗口等于拥塞窗口。

发送方控制拥塞窗口的原则是：只要网络没有出现拥塞，拥塞窗口就可以再增大一些，以便把更多的分组发送出去，这样就可以提高网络的利用率。但只要网络出现拥塞或有可能出现拥塞，就必须把拥塞窗口减小一些，以减少注入到网络中的分组数，以便缓解网络出现的拥塞。

发送方又是如何知道网络发生了拥塞呢？当网络发生拥塞时，路由器就要丢弃分组。因此只要发送方没有按时收到应当到达的确认报文，也就是说，只要出现了超时，就可以猜想网络可能出现了拥塞。现在通信线路的传输质量一般都很好，因传输出差错而丢弃分组的概率是很小的（远小于 1%）。因此，判断网络拥塞的依据就是出现了超时。

2. 慢开始

（1）慢开始思路

慢开始算法的思路是这样的：当主机开始发送数据时，由于并不清楚网络的负荷情况，所以如果立即把大量数据字节注入到网络，那么就有可能引起网络拥塞。经验证明，较好的方法是先探测一下，即由小到大逐渐增大发送窗口，也就是说，由小到大逐渐增大拥塞窗口数值。在刚刚开始发送报文段时，先把初始拥塞窗口 cwnd 设置为不超过 2 至 4 个 SMSS 的数值，具体的规定如下：

若 SMSS > 2 190 字节，

则设置初始拥塞窗口 cwnd=2×SMSS 字节，且不得超过 2 个报文段。

若（SMSS > 1 095 字节）且（SMSS ≤ 2 190 字节），

则设置初始拥塞窗口 cwnd=3×SMSS 字节，且不得超过 3 个报文段。

若 SMSS ≤ 1 095 字节，

则设置初始拥塞窗口 cwnd=4×SMSS 字节，且不得超过 4 个报文段。

可见这个规定就是限制初始拥塞窗口的字节数。

慢开始规定，在每收到一个对新的报文段的确认后，可以把拥塞窗口增加最多一个 SMSS 的数值。即：拥塞窗口 cwnd 每次的增加量 =min（N，SMSS）。

其中 N 是原先未被确认的、但现在被刚收到的确认报文段所确认的字节数。不难看出，当 N < SMSS 时，拥塞窗口每次的增加量要小于 SMSS。

用这样的方法逐步增大发送方的拥塞窗口 cwnd，可以使分组注入到网络的速率更加合理。

（2）慢开始原理

下面的例子以报文段的个数作为窗口大小的单位说明慢开始算法的原理。

在一开始发送方先设置 cwnd=1，发送第一个报文段 M_1，接收方收到后确认 M_1。发送方收到对方的确认后，把 cwnd 从 1 增大到 2，于是发送方接着发送 M_2 和 M_3 两个报文段，接收方收到后发回对 M_2 和 M_3 的确认。发送方每收到一个对新报文段的确认（重传的不算在内）就使发送方的拥塞窗口加 1，因此发送方在收到两个确认后，cwnd 就从 2 增大到 4，并可发送 M_4—M_7 共 4 个报文段。因此使用慢开始算法后，每经过一个传输轮次（transmission round），拥塞窗口 cwnd 就加倍。如图 5-24 所示。

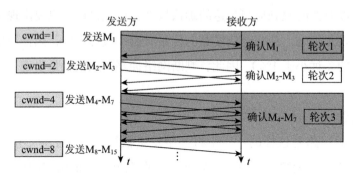

图 5-24　发送方每收到一个确认就把窗口 cwnd 加 1

上面提到的传输轮次是指往返时间 RTT。使用"传输轮次"是为了强调：把拥塞窗口 cwnd 所允许发送的报文段都连续发送出去，并收到了对已发送的最后一个字节的确认。例如，拥塞窗口 cwnd 的大小是 4 个报文段，那么这时的往返时间 RTT 就是发送方连续发送 4 个报文段，并收到这 4 个报文段的确认，总共经历的时间。

慢开始的"慢"并不是指 cwnd 的增长速率慢，而是指在 TCP 开始发送报文段时先设置 cwnd=1，使得发送方在开始时只发送一个报文段（目的是试探一下网络的拥塞情况），然后再逐渐增大 cwnd。这当然比设置大的 cwnd 值一下子把许多报文段注入到网络中要"慢得多"。这对防止网络出现拥塞是一个非常好的方法。

图 5-24 只是为了说明慢开始的原理。在 TCP 的实际运行中，发送方只要收到一个对新报文段的确认，其拥塞窗口 cwnd 就立即加 1，并可以立即发送新的报文段，而不需要等这个轮次中所有的确认都收到后再发送新的报文段。

3. 拥塞避免

为了防止拥塞窗口 cwnd 增长过大引起网络拥塞，还需要设置一个慢开始门限 ssthresh 状态变量。慢开始门限 ssthresh 的用法如下：

当 cwnd < ssthresh 时，使用上述的慢开始算法。

当 cwnd > ssthresh 时，停止使用慢开始算法而改用拥塞避免算法。

当 cwnd = ssthresh 时，既可使用慢开始算法，也可使用拥塞避免算法。

拥塞避免算法的思路是让拥塞窗口 cwnd 缓慢地增大，即每经过一个往返时间 RTT 就把发送方的拥塞窗口 cwnd 加 1，而不是像慢开始阶段那样加倍增长。因此在拥塞避免阶段就有"加法增大"AI（AdditiveIncrease）的特点。这表明在拥塞避免阶段，拥塞窗口 cwnd 按线性规律缓慢增长，比慢开始算法的拥塞窗口增长速率缓慢得多。

前面图 5-23 中的数字❶至❺说明了慢开始和拥塞避免的过程。

当 TCP 连接进行初始化时，把拥塞窗口 cwnd 置为 1。为了便于理解，图中的窗口单位不使用字节而使用报文段的个数。在本例中，慢开始门限的初始值设置为 16 个报文段，即 ssthresh=16。在执行慢开始算法时，发送方每收到一个对新报文段的确认 ACK，就把拥塞窗口值加 1，然后开始下一轮的传输（请注意，图 5-23 的横坐标是传输轮次，不是时间）。因此拥塞窗口 cwnd 随着传输轮次按指数规律增长。当拥塞窗口 cwnd 增长到慢开始门限值 ssthresh 时（图 5-23 中的点❶，此时拥塞窗口 cwnd=16），就改为执行拥塞避免算法，拥塞窗口按线性规律增长。"拥塞避免"并非完全能够避免拥塞。"拥塞避免"是说把拥塞窗口控制为按线性规律增长，使网络比较不容易出现拥塞。

当拥塞窗口 cwnd=24 时，网络出现了超时（图 5-23 中的点❷），发送方判断为网络拥塞。于是调整门限值 ssthresh=cwnd/2=12，同时设置拥塞窗口 cwnd=1，进入慢开始阶段。

按照慢开始算法，发送方每收到一个对新报文段的确认 ACK，就把拥塞窗口值加 1。当拥塞窗口 cwnd=ssthresh=12 时（图 5-23 中的点❸，这是新的 ssthresh 值），改为执行拥塞避免算法，拥塞窗口按线性规律增大。

4. 快重传和快恢复

当拥塞窗口 cwnd=16 时（图 5-23 中的点❹），出现了一个新的情况，就是发送方一连收到 3 个对同一个报文段的重复确认（图中记为 3-ACK）。关于这个问题要解释如下。

有时，个别报文段会在网络中丢失，但实际上网络并未发生拥塞。如果发送方迟迟收不到确认，就会产生超时，就会误认为网络发生了拥塞。这就导致发送方错误地启动慢开始，把拥塞窗口 cwnd 又设置为 1，因而降低了传输效率。

采用快重传算法可以让发送方尽早知道发生了个别报文段的丢失。快重传算法首先要求接收方不要等待自己发送数据时才进行捎带确认，而是要立即发送确认，即使收到了失序的报文段也要立即发出对已收到的报文段的重复确认。如图 5-25 所示，接收方收到了 M_1 和 M_2 后都分别及时发出了确认。现假定接收方没有收到 M_3 但却收到了 M_4。本来接收方可以什么都不做。但按照快重传算法，接收方必须立即发送对 M_2 的重复确认，以便让发送方及早知道接收方没有收到报文段 M_3。发送方接着发送 M_5 和 M_6。接收方收到后也仍要再次分别发出对 M_2 的重复确认。这样，发送方共收到了接收方的 4 个对 M_2 的确认，其中后 3 个都是重复确认。快重传算法规定，发送方只要一连收到 3 个重复确认，就知道接收方确实没有收到报文段 M_3，因而应当立即进行重传（即"快重传"），这样就不会出现超时，发送方也就不会误认为出现了网络拥塞。使用快重传可以使整个网络的吞吐量提高约 20%。

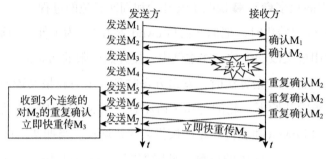

图 5-25　快重传的示意图

因此，在图 5-23 中的点 ❹，发送方知道现在只是丢失了个别的报文段。于是不启动慢开始，而是执行快恢复算法。这时，发送方调整门限值 ssthresh=cwnd/2=8，同时设置拥塞窗口 cwnd=ssthresh=8（见图 5-23 中的点 ❺），并开始执行拥塞避免算法。

在图 5-23 中还标注有"TCP Reno 版本"，表示区别于老的 TCPTahao 版本。

请注意，也有的快恢复实现是把快恢复开始时的拥塞窗口 cwnd 值再增大一些（增大 3 个报文段的长度），即等于新的 ssthresh+3×MSS。这样做的理由是：既然发送方收到 3 个重复的确认，就表明有 3 个分组已经离开了网络。这 3 个分组不再消耗网络的资源而是停留在接收方的缓存中（接收方发送出 3 个重复的确认就证明了这个事实）。可见现在网络中并不是堆积了分组而是减少了 3 个分组。因此可以适当把拥塞窗口扩大些。

从图 5-23 可以看出，在拥塞避免阶段，拥塞窗口是按照线性规律增大的，这常称为加法增大 AI（Additive Increase）。而一旦出现超时或 3 个重复的确认，就要把门限值设置为当前拥塞窗口值的一半，并大大减小拥塞窗口的数值，这种通常称为"乘法减小"MD（Multiplicative Decrease）。二者结合就是所谓的 AIMD 算法。

5. 小结

总之，采用这样的拥塞控制方法使得 TCP 的性能有明显的改进。如图 5-26 所示的拥塞控制流程图，具体表明了从慢开始到快恢复的关系，及出现超时后所采用的措施。

慢启动：在 TCP 刚建立连接或者当网络发生拥塞超时的时候，将拥塞窗口 cwnd 设置成一个报文段大小，并且当 cwnd ≤ ssthresh 时，按指数方式增大 cwnd（即每经过一个传输轮次，cwnd 加倍）。

拥塞避免：当 cwnd ≥ ssthresh 时，为避免网络发生拥塞，进入拥塞避免算法，这时候以线性方式增大 cwnd（即每经过一个传输轮次，cwnd 只增大一个报文段）。

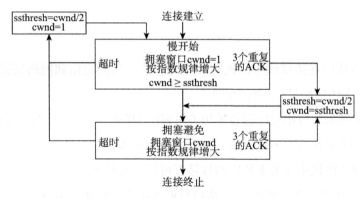

图 5-26　TCP 的拥塞控制的流程图

快重传：快重传算法是指发送方如果连续收到 3 个重复确认的 ACK，则立即重传该报文段，而不必等待重传定时器超时后再重传。

快恢复：快恢复算法是指当采用快重传算法的时候，直接执行拥塞避免算法，这样可以提高传输效率。

其中，门限值 ssthresh 是为了防止因发送数据过大而引起网络拥塞，是在几种拥塞控制算法之间切换的阈值，其值设置为出现拥塞时的发送窗口 swnd 值得一半（大于等于 2）。不管是在慢启动还是拥塞避免阶段，只要网络发生超时现象，则必须退回到慢启动阶段，cwnd 从 1 个 MSS 重新开始。若采用快速重传算法，则 cwnd 值就是调整后的 ssthresh 门限值，可以提高网络吞吐量。

在这一节的开始就假定了接收方总是有足够大的缓存空间，因而发送窗口的大小由网络的拥塞程度来决定。但实际上接收方的缓存空间总是有限的。接收方根据自己的接收能力设定了接收方窗口 rwnd，并把这个窗口值写入 TCP 首部中的窗口字段，传送给发送方。因此，接收方窗口又称为通知窗口（advertisedwindow）。因此，从接收方对发送方的流量控制的角度考虑，发送方的发送窗口一定不能超过对方给出的接收方窗口值 rwnd。

如果把本节所讨论的拥塞控制和接收方对发送方的流量控制一起考虑，那么很显然，发送方的窗口的上限值应当取为接收方窗口 rwnd 和拥塞窗口 cwnd 这两个变量中较小的一个，也就是说：

发送方窗口的上限值 =Min［rwnd，cwnd］

当 rwnd < cwnd 时，是接收方的接收能力限制发送方窗口的最大值。

反之，当 cwnd < rwnd 时，则是网络的拥塞程度限制发送方窗口的最大值。

也就是说，rwnd 和 cwnd 中数值较小的一个，控制了发送方发送数据的速率。

1. 试说明传输层在协议栈中的地位和作用。传输层的通信和网络层的通信有什么重要的区别？为什么传输层是必不可少的？

2. 试举例说明哪些应用程序愿意采用不可靠的 UDP，而不愿意采用可靠的 TCP。

3. 端口的作用是什么？为什么端口号要划分为三种？

4. 在停止等待协议中如果不使用编号是否可行？为什么？

5. 为什么在 TCP 首部中要把 TCP 端口号放入最开始的 4 个字节？

6. 在 TCP 的拥塞控制中，什么是慢开始、拥塞避免、快重传和快恢复算法？这里每一种算法各起什么作用？"乘法减小"和"加法增大"各用在什么情况下？

7. TCP 的拥塞窗口 cwnd 大小与传输轮次 n 的关系如下所示：

cwnd	1	2	4	8	16	32	33	34	35	36	37	38	39
n	1	2	3	4	5	6	7	8	9	10	11	12	13
cwnd	40	41	42	21	22	23	24	25	26	1	2	4	8
n	14	15	16	17	18	19	20	21	22	23	24	25	26

（1）试画出如图 5-25 所示的拥塞窗口与传输轮次的关系曲线。

（2）指明 TCP 工作在慢开始阶段的时间间隔。

（3）指明 TCP 工作在拥塞避免阶段的时间间隔。

（4）在第 16 轮次和第 22 轮次之后发送方是通过收到三个重复的确认还是通过超时检测到丢失了报文段？

（5）在第 1 轮次、第 18 轮次和第 24 轮次发送时，门限 ssthresh 分别被设置为多大？

（6）在第几轮次发送出第 70 个报文段？

（7）假定在第 26 轮次之后收到了三个重复的确认，因而检测出了报文段的丢失，那么拥塞窗口 cwnd 和门限 ssthresh 应设置为多大？

第 6 章　应用层

应用层是 OSI 参考模型中的第七层，TCP/IP 参考模型中的第四层，该层为用于通信的应用程序和用于消息传输的底层网络提供接口。网络应用是计算机网络存在的原因，而应用层正是应用层协议得以存在和网络应用得以实现的地方。本章主要讨论各种应用进程通过什么样的应用层协议来使用网络所提供的这些通信服务。

通过本章的学习，理解应用层协议的功能，熟悉常见的应用层协议，如 TELNET、DNS、FTP、WWW、SMTP、DHCP、SNMP 等等。

6.1　远程登录

远程登录（TELNET）协议是 TCP/IP 协议族中的一员，是因特网远程登录服务器的标准协议和主要方式。它为用户提供了在本地计算机上完成远程主机工作的能力。

TELNET 也使用客户机 / 服务器方式。在本地系统运行 TELNET 客户进程，而在远地主机则运行 TELNET 服务器进程。服务器中的主进程等待新的请求，并产生从属进程来处理每一个连接。

使用 TELNET 协议进行远程登录时需要满足以下条件：在本地计算机上必须装有包含 TELNET 协议的客户程序；必须知道远程主机的 IP 地址或域名；必须知道登录标识与口令。

此外，TELNET 定义了数据和命令如何通过互联网，这些定义就是所谓的网络虚拟终端 NVT（Net Virtual Terminal）。

TELNET 远程登录服务分为以下 4 个过程：

（1）本地与远程主机建立连接。该过程实际上是建立一个 TCP 连接，用户必须知道远程主机的 IP 地址或域名；

（2）将本地终端上输入的用户名和口令及以后输入的任何命令或字符以网络虚拟终端 NVT 格式传送到远程主机，该过程实际上是从本地主机向远程主机发送一个 IP 数据包；

（3）将远程主机输出的 NVT 格式的数据转化为本地所接受的格式送回本地终端，包括输入命令回显和命令执行结果；

（4）最后，本地终端对远程主机进行撤消连接。该过程是撤销一个 TCP 连接。

虽然 TELNET 较为简单实用也很方便，但是在格外注重安全的现代网络技术中，TELNET 并不被重用。原因在于它是一个明文传送协议，它将用户的所有内容，包括用户名和密码都以明文在互联网上传送，具有一定的安全隐患，因此许多服务器都会选择禁用该服务。如果我们要使用远程登录，使用前应在远端服务器上检查并设置允许 TELNET 服务的功能。

6.2 域名系统

6.2.1 域名系统概念

因特网既然有了 IP 地址，为何还要有域名？域名系统又是什么？

域名系统 DNS（Domain Name System）是互联网使用的命名系统，它作为将域名和 IP 地址互相映射的一个分布式数据库，能够让我们更方便的访问互联网。

用户与某台主机通信时，需要知道对方的 IP 地址。但 32 位的二进制主机地址非常难以记忆，就算转换成点分十进制记法也并不容易记忆。域名系统 DNS 能够把互联网上的主机名字转换为 IP 地址。

互联网可以只使用一台域名服务器，装入互联网上所有的域名，且负责对所有 IP 地址的查询工作。但这样的话，这台域名服务器的负荷会随着互联网规模的不断增大而增大，一旦这台域名服务器出现故障，整个互联网就会瘫痪。所以，互联网采用层次树状结构的命名方法，并使用分布式的域名系统 DNS。

将 DNS 设计成联机分布式数据库系统，并采用 C/S（客户机 / 服务器）应用模式。这样的设计，使得大多数域名都在本地进行解析，只有少量解析需要在互联网上通信，解析的时延会很低，效率很高。如果某台解析服务器出了故障，由于 DNS 是分布式系统，也不会妨碍整个域名系统的正常工作。

6.2.2 域名结构

域名结构的设计会影响到整个网络系统的工作效率。互联网采用层次树状结构的命名方法，域名结构使整个名字空间是一个规则的倒树形结构。域名（Domain Name）就是每一个互联网上的主机或路由器拥有唯一的层次结构的名字。域可以划分为子域，子域又可继续划分为子域的子域，这样就形成了顶级域、二级域、三级域、四级域等。

以下面这个域名为例：

mail.njupt.edu.cn

该域名是南京邮电大学邮件服务器的域名，用点号"."将各级域分开，域的层次应自右向左，即最右侧的域名级别最高。它由四个标号组成，其中标号 cn 是顶级域名，标号 edu 是二级域名，标号 njupt 是三级域名，标号 mail 是四级域名，每一个标号中间用点"."隔开。域名中的"点"和点分十进制 IP 地址中的"点"并无对应的关系。

域名中的标号不区分大小写字母，并且都由英文字母和数字组成，每个标号最多 63 个字符，通常我们为了方便记忆，标号的字符数尽量不要太多。级别最高的顶级域名写在最右边，而级别最低的域名则写在最左边。一个域名的级数不超过 127 层，一个域名总共不超过 255 个字符。每一级域名由其上一级的域名管理机构管理，而最高的顶级域名由互联网名称与数字地址分配机构 ICANN（The Internet Corporation for Assigned Names and Numbers）进行管理。

ICANN 是一个非营利性的国际组织，成立于 1998 年 10 月，是一个集合了全球网络界商业、技术及学术各领域专家的非营利性国际组织，负责在全球范围内对互联网唯一标识符系统及其安全稳定的运营进行协调，包括互联网协议（IP）地址的空间分配、协议标识符的指派、通用顶级域名（gTLD）以及国家和地区顶级域名（ccTLD）系统的管理、以及根服务器系统的管理。

为了保证数据库安全，ICANN 并没有让某一个人来控制整个数据库，而是选择了 7 名人士作为钥匙保管者，以及另 7 名人士作为替补的保管者。这些钥匙保管者拥有的钥匙能打开分布在全球各地的保管箱，而保管箱中存放着智能钥匙卡。将这 7 个智能卡放在一起就可以得到"主钥匙"。这是一串计算机代码，可被用于访问 ICANN 的数据库。自 2010 年以来，7 名钥匙保管者每年会面 4 次，以生成新的主钥匙，即新的访问密码。《卫报》报道称，钥匙保管者会面过程中的安保措施非常严格。参加者需要通过多个有锁的大门，这些大门需要使用密钥代码和指纹扫描来打开，而会面的房间中屏蔽了所有电子通信信号。

由于因特网起源于美国，通常默认国家代码的第一级域均指美国，其他国家则需要在后面加上国家顶级域名，比如 edu.cn（cn 表示中国，us 表示美国，uk 表示英国，等等）。常见的通用顶级域名如表 6-1 所示。

表 6-1　常用顶级域名

顶级域名	名称	顶级域名	名称
com	公司企业	pro	持证专业人员
net	网络组织	store	商品交易部门
gov	政府部门	nom	个人网址
edu	教育机构	aero	航空运输企业
org	非营利性组织	asia	亚太地区
int	国际组织	coop	合作团体
mil	军事部门	name	个人

互联网的域名系统可以用域名树来表示。图 6-1 是一个互联网域名空间的结构示意图，可以看成是一棵倒过来的树，在最上面的是根，根下面一级的节点就是顶级域名。顶级域名可往下划分子域，即二级域名。再往下划分就是三级域名、四级域名，等等。

图 6-1 列举了一些域名作为例子：二级域名有惠普、京东、IBM 等公司，三级域名有清华大学、北京大学、东南大学、南京邮电大学等学校。

图 6-1　互联网的域名空间

值得注意的是，虽然 IBM 公司和清华大学都有邮件服务器，分别为 mail.ibm.com 和 mail.tsinghua.edu.cn，但它们的域名在整个互联网中并不相同，且是唯一的，因此不会产生冲突。

6.2.3　域名解析服务

域名解析是把域名指向网站空间 IP，让人们通过注册的域名可以方便地访问到网站的一种服务。域名的解析工作由 DNS 服务器完成。简单的说就是将好记的域名解析成 IP，服务由 DNS 服务器完成，是把域名解析到一个 IP 地址，然后在此 IP 地址的主机上将一个子目录与域名绑定。整个过程是自动进行的，主要目的就是为了便于记忆。

域名的解析工作是由多台分布在互联网上不同地方域名服务器完成的。

详细的解析过程如下：

（1）当某台主机需要将一个主机域名映射为 IP 地址时，就调用域名解析函数，把需要解析的域名放在 DNS 请求报文中，以 UDP 报文方式发送给域名服务器，一般来说，主机会自动获取 ISP 提供的本地域名服务器，也可以手动填写熟知的域名服务器。

（2）域名服务器在查到域名对应的 IP 地址后，就把该 IP 地址返回给主机，该主机的某个具体应用进程获得地址后即可进行通信。

熟记几个常用 DNS 服务器地址，在排查网络故障时是很有必要的，在域名解析出现故障时可以第一时间替换其他的 DNS 服务器。国内常见的公共 DNS 服务器有以下这些：

（1）114DNS

首选：114.114.114.114　　　　备选：114.114.114.115

（2）百度 DNS

首选：180.76.76.76　　　　备选：无

（3）阿里 DNS

首选：223.5.5.5　　　　备选：223.6.6.6

（4）360DNS

首选：101.226.4.6　　　　备选：无

6.3　万维网

蒂姆·伯纳斯·李是万维网 WWW（World Wide Web）的发明者，他在 1990 年的 12 月 25 日，成功实现了 HTTP 代理与服务器的的第一次通讯，制作出第一个万维网浏览器和第一个网页服务器，被誉为互联网之父。他因"发明万维网、第一个浏览器和使万维网得以扩展的基本协议和算法"而获得 2016 年度的图灵奖（图灵奖是计算机界最负盛名、最崇高的一个奖项，有"计算机界的诺贝尔奖"之称）。WWW 的汉语译词"万维网"（Wan Wei Wang）非常精妙，传意、传形、更传神。

万维网已经成为因特网中最受瞩目的一种多媒体超文本信息服务系统。它基于客户机／服务器模式，分为 Web 客户端和 Web 服务器程序。WWW 可以让客户端（通常是浏览器）访问 Web 服务器上的存储的页面。在这个系统中，每个有用的事物，称为一样"资源"；并且由一个全局统一资源定位符（URL）标识；这些资源通过超文本传输协议 HTTP（Hyper Text Transfer Protocol）传送给用户，而后者通过点击链接（link）来获得资源。

6.3.1 统一资源定位符 URL

统一资源定位系统 URL（Uniform Resource Locator）是因特网的万维网服务程序上用于指定信息位置的表示方法。正如访问资源的方法有很多种一样，对资源进行定位的方案也有好几种。URL 的一般语法只是为使用协议来建立新方案提供了一个框架，并通过提供资源位置的一种抽象标志符来对资源进行定位。

系统定位了一个资源后，可能会对它进行各种各样的操作，这些操作可以抽象为下面的几个词：访问、更新、替换、发现属性。互联网上的所有资源是指在互联网上可以被访问的任何对象，包括文件目录、文件、文档、图像、声音等，用任意形式与互联网相连的数据，均有一个唯一确定的 URL，因此我们可以简单的认为，URL 就是在互联网上的资源地址，它相当于一个文件名在网络范围的完整路径。

URL 的一般格式如下所示：

<协议>：//<主机>：<端口>/<路径>

<协议>指明获取该万维网文档使用的是哪个协议。比较常见的有 http（超文本传输协议），https（超文本传输安全协议，该协议是以安全为目标的 http 通道，简单的说就是 http 的安全版），ftp（文件传输协议）等。

<主机>指明该文档是位于哪一台主机上的。通常是指这台主机的域名，也可以是这台主机的全球 IP 地址。

<端口>指明该服务器使用了哪一个端口来提供数据传输服务，如果使用了熟知端口 80，则可以省略。

<路径>指明了该万维网文档位于这台服务器上的具体存储路径，如果省略，则表示访问的是主页。

为了使用方便，在用户输入 URL 时，很多浏览器会自动添加"http://"和"WWW"。例如，用户只要输入 njupt.edu.cn，浏览器就自动把未键入的字符补齐，浏览器的地址栏会自动跳出 http://www.njupt.edu.cn。大家知道，http 协议是万维网最常用的协议。下面，我们就以这个 URL 来做分析。

http://www.njupt.edu.cn

在这个 URL 中，"http"是它使用的具体协议。"www.njupt.edu.cn"是它域名，也就是主机名。

而 http 默认使用的端口号就是"80"，作为熟知端口号"80"在这里是可以省略的。

路径在这个 URL 中也被省略，则表示访问的是该 URL 的主页，也就是南京邮电大学的主页面。

下面我们看一个带有复杂路径的 URL，这是南京邮电大学学校章程页面的 URL：

http://www.njupt.edu.cn/10/list.htm

打开后如图 6-2。

图 6-2　南京邮电大学学校章程 URL

其中"10/list.htm"就是这个 URL 的路径名，表明了这个页面的文档存储在服务器上的位置。

6.3.2　超文本传输协议 HTTP

超文本传输协议（HTTP）是用于从万维网服务器传输超文本到本地浏览器的传送协议。它是基于 TCP/IP 通信协议来传递数据的。

1. HTTP 的工作原理

（1）HTTP 协议工作于客户端 / 服务器架构上。浏览器作为 HTTP 客户端通过 URL 向 HTTP 服务端即 WEB 服务器发送所有请求。

（2）Web 服务器有：Apache 服务器，IIS 服务器（Internet Information Services）等。

（3）Web 服务器根据接收到的请求后，向客户端发送响应信息。

（4）HTTP 默认端口号为 80，也可以改为 8080 或者其他端口。

2. HTTP 的三点注意事项

（1）HTTP 是无连接：HTTP 作为应用层协议，其本身是无连接的，但它使用了面向连接的 TCP 提供的服务，确保可靠地交换多媒体文件。无连接的含义是限制每次连接只处理一个请求。服务器处理完客户的请求，并收到客户的应答后，即断开连接。采用这种方式可以节省传输时间。

（2）HTTP 是媒体独立的：这意味着，只要客户端和服务器知道如何处理数据内容，任何类型的数据都可以通过 HTTP 发送。客户端以及服务器指定使用适合的 MIME-type 内容类型。

（3）HTTP 是无状态：HTTP 协议是无状态协议。无状态是指协议对于事务处理没有记忆能力。缺少状态意味着如果后续处理需要前面的信息，则它必须重传，这样可能导致每次连接传送的数据量增大。另一方面，在服务器不需要先前信息时它的应答就较快。

3. HTTP 的工作过程

HTTP 通信机制是在一次完整的 HTTP 通信过程中，客户端与服务器之间将完成下列 8 个步骤。下面我们以打开 www.njupt.edu.cn 这个域名为例，详细阐述 HTTP 工作的过程。

（1）浏览器分析这个页面的 URL。

（2）浏览器向 DNS 请求解析 www.njupt.edu.cn 的 IP 地址。

（3）域名系统 DNS 解析出南京邮电大学服务器的 IP 地址。

（4）浏览器与服务器建立 TCP 连接。

（5）浏览器发出取 index.htm 文件命令。

（6）服务器给出响应，把文件 index.htm 发给浏览器。

（7）TCP 连接释放。

（8）浏览器显示"南京邮电大学"文件 index.htm 中的所有文本。

6.3.3　超文本标记语言 HTML

超文本标记语言 HTML（Hyper Text Markup Language）是一种标识性的语言。它包括一系列标签。通过这些标签可以将网络上的文档格式统一，使分散的 Internet 资源连接为一个逻辑整体。HTML 文本是由 HTML 命令组成的描述性文本，HTML 命令可以说明文字、图形、动画、声音、表格、链接等。

超文本是一种组织信息的方式，它通过超级链接方法将文本中的文字、图表与其他信息媒体相关联。这些相互关联的信息媒体可能在同一文本中，也可能是其他文件，或是地理位置相距遥远的某台计算机上的文件。这种组织信息方式将分布在不同位置的信息资源用随机方式进行连接，为人们查找，检索信息提供方便。

超文本标记语言 HTML 是标准通用标记语言下的一个应用，也是一种规范，一种标准，它通过标记符号来标记要显示的网页中的各个部分。网页文件本身是一种文本文件，通过在文本文件中添加标记符，可以告诉浏览器如何显示其中的内容（如：文字如何处理，画面如何安排，图片如何显示等）。浏览器按顺序阅读网页文件，然后根据标记符解释和显示其标记的内容，对书写出错的标记将不指出其错误，且不停止其解释执行过程，编制者只能通过显示效果来分析出错原因和出错部位。但需要注意的是，对于不同的浏览器，对同一标记符可能会有不完全相同的解释，因而可能会有不同的显示效果。

超级文本标记语言文档制作不是很复杂，但功能强大，支持不同数据格式的文件嵌入，其主要特点如下：

（1）简易性：超级文本标记语言版本升级采用超集方式，从而更加灵活方便。

（2）可扩展性：超级文本标记语言的广泛应用带来了加强功能，增加标识符等要求，超级文本标记语言采取子类元素的方式，为系统扩展带来保证。

（3）平台无关性：虽然个人计算机大行其道，但使用 MAC 等其他机器的大有人在，超级文本标记语言可以使用在广泛的平台上，这也是万维网（WWW）盛行的另一个原因。

（4）通用性：另外，HTML 是网络的通用语言，一种简单、通用的全置标记语言。它允许网页制作人建立文本与图片相结合的复杂页面，这些页面可以被网上任何其他人浏览到，无论使用的是什么类型的电脑或浏览器。

一个网页对应多个 HTML 文件，超文本标记语言文件以 .htm 为扩展名或 .html 为扩展名。可以使用任何能够生成 TXT 类型源文件的文本编辑器来产生超文本标记语言文件，只用修改文件后缀即可。标准的超文本标记语言文件都具有一个基本的整体结构，标记一般都是成对出现（部分标记除外例如：
），即超文本标记语言文件的开头与结尾标志和超文本标记语言的头部与实体两大部分。有三个双标记符用于页面整体结构的确认。

（1）标记符 <html>：说明该文件是用超文本标记语言来描述的，它是文件的开头，而 </html> 则表示该文件的结尾，它们是超文本标记语言文件的开始标记和结尾标记。

（2）<head></head>：这 2 个标记符分别表示头部信息的开始和结尾。头部中包含的标记是页面的标题、序言、说明等内容，它本身不作为内容来显示，但影响网页显示的效果。头部中最常用的标记符是标题标记符和 meta 标记符，其中标题标记符用于定义网页的标题，它的内容显示在网页窗口的标题栏中，网页标题可被浏览器用做书签和收藏清单。

以下表 6-2 列出了 HTML head 元素。

表 6-2　HTML head 元素

标签	描述
<head>	定义了文档的信息
<title>	定义了文档的标题
<base>	定义了页面链接标签的默认链接地址
<link>	定义了一个文档和外部资源之间的关系
<meta>	定义了 HTML 文档中的元数据

标签	描述
\<script\>	定义了客户端的脚本文件
\<style\>	定义了 HTML 文档的样式文件

（3）\<body\>\</body\>，网页中显示的实际内容均包含在这 2 个正文标记符之间。正文标记符又称为实体标记。

下面这个例子，可以说明 HTML 文档中标签的用法。花括号中的是给读者看的注释，在实际的 HTML 文档中并没有这种注释。

\<HTML\>	｛HTML 文档开始｝
\<HEAD\>	｛首部开始｝
\<TITLE\> 示例 \</T1TLE\>	｛文档标题为"示例"｝
\</HEAD\>	｛首部结束｝
\<BODY\>	｛主题开始｝
\<H1\>Hello world!\</H1\>	｛"Hello world!"是 1 级题头｝
\<p\>Nice to meet you!\</p\>	｛第一段内容｝
\<p\>You too!\</p\>	｛第二段内容｝
\</BODY\>	｛主体结束｝
\</HTML\>	｛HTML 文档结束｝

HTML 在 Web 迅猛发展的过程中起着重要作用，有着重要的地位。但随着网络应用的深入，特别是电子商务的应用，HTML 过于简单的缺陷很快凸现出来。HTML 不可扩展；HTML 不允许应用程序开发者为具体的应用环境定义自定义的标记；HTML 只能用于信息显示；HTML 可以设置文本和图片显示方式，但没有语义结构，即 HTML 显示数据是按照布局而非语义的。随着网络应用的发展，各行业对信息有着不同的需求，这些不同类型的信息未必都是以网页的形式显示出来。当通过搜索引擎进行数据搜索时，按照语义而非按照布局来显示数据会具有更多的优点。

总而言之，HTML 的缺点使其交互性差，语义模糊，这些缺陷难以适应因特网飞速发展的要求，因此一个标准、简洁、结构严谨以及可高度扩展的 XML 就产生了，XML 是一种跨平台的，与软硬件无关的，处理与传输信息的工具。XML 将成为最普遍的数据处理和数据传输的工具，限于篇幅，本书不对 XML 做详细介绍。

6.3.4　搜索引擎

如何才能在拥有着庞大信息存储量的万维网上精确地找到自己所需的信息呢？我们可以使用万维网的搜索工具，也就是搜索引擎。

所谓搜索引擎，就是根据用户需求与一定的算法，运用特定策略从互联网采集信息，并对信息进行组织和处理后，为用户提供检索服务，将检索的相关信息展示给用户的系统。搜索引擎依托于多种技术，如网络爬虫技术、检索排序技术、网页处理技术、大数据处理技术、自然语言处理技术等，为信息检索用户提供快速、高相关性的信息服务。搜索引擎技术的核心模块一般包括爬虫、索引、检索和排序等，同时可添加其他一系列辅助模块，以为用户创造更好的网络使用环境。

1. 搜索引擎四代发展历程

搜索引擎是伴随互联网的发展而产生和发展的，互联网已成为人们学习、工作和生活中不可缺少的平台，几乎每个人上网都会使用搜索引擎。搜索引擎大致经历了四代的发展：

（1）第一代搜索引擎

1994 年第一代真正基于互联网的搜索引擎 Lycos 诞生，它以人工分类目录为主，代表厂商是 Yahoo，特点是人工分类存放网站的各种目录，用户通过多种方式寻找网站，现在也还有这种方式存在。

（2）第二代搜索引擎

随着网络应用技术的发展，用户开始希望对内容进行查找，出现了第二代搜索引擎，也就是利用关键字来查询，最具代表性、最成功的是 Google，它建立在网页链接分析技术的基础上，使用关键字对网页搜索，能够覆盖互联网的大量网页内容，该技术在分析网页的重要性后，按照特定的算法进行排序后呈现给用户。

（3）第三代搜索引擎

随着网络信息的迅速膨胀，用户希望能快速并且准确的查找到自己所要的信息，因此出现了第三代搜索引擎。相比前两代第三代搜索引擎更加注重个性化、专业化，使用自动聚类、分类等人工智能技术，采用区域智能识别及内容分析技术，利用人工介入，实现技术和人工的完美结合，增强了搜索引擎的查询能力。第三代搜索引擎的代表是 Google，它以宽广的信息覆盖率和优秀的搜索性能为发展搜索引擎的技术开创了崭新的局面。

（4）第四代搜索引擎

随着信息多元化的快速发展，通用搜索引擎在目前的硬件条件下要得到互联网上比较全面的信息是不太可能的，这时，用户就需要数据全面、更新及时、分类细致的面向主题搜索引擎，这种搜索引擎采用特征提取和文本智能化等策略，相比前三代搜索引擎更准确有效，被称为第四代搜索引擎。

2. 搜索引擎工作原理

搜索引擎的整个工作过程分为三个部分：一是 Spider（蜘蛛爬虫软件）在互联网上爬行和抓取网页信息，并存入原始网页数据库；二是对原始网页数据库中的信息进行提取和组织，并建立索引库；三是根据用户输入的关键词，快速找到相关文档，并对找到的结果进行排序，并将查询结果返回给用户。以下对其工作原理做进一步分析：

（1）网页抓取

Spider 每遇到一个新文档，都要搜索其页面的链接网页。搜索引擎蜘蛛访问 web 页面的过程类似普通用户使用浏览器访问其页面，即 B/S 模式。引擎蜘蛛先向页面提出访问请求，服务器接受其访问请求并返回 HTML 代码后，把获取的 HTML 代码存入原始页面数据库。搜索引擎使用多个蜘蛛分布爬行以提高爬行速度。搜索引擎的服务器遍布世界各地，每一台服务器都会派出多只蜘蛛同时去抓取网页。如何做到一个页面只访问一次，从而提高搜索引擎的工作效率？在抓取网页时，搜索引擎会建立两张不同的表，一张表记录已经访问过的网站，一张表记录没有访问过的网站。当蜘蛛抓取某个外部链接页面 URL 的时候，需把该网站的 URL 下载回来分析，当蜘蛛全部分析完这个 URL 后，将这个 URL 存入相应的表中，这时当另外的蜘蛛从其他的网站或页面又发现了这个 URL 时，它会对比看看已访问列表有没有，如果有，蜘蛛会自动丢弃该 URL，不再访问。

（2）预处理，建立索引

为了便于用户在数万亿级别以上的原始网页数据库中快速便捷地找到搜索结果，搜索引擎必须将 Spider 抓取的原始 Web 页面做预处理。网页预处理最主要过程是为网页建立全文索引，之后开始分析网页，最后建立倒排文件（也称反向索引）。Web 页面分析有以下步骤：判断网页类型，衡量其重要程度，丰富程度，对超链接进行分析，把重复网页去掉。经过搜索引擎分析处理后，Web 网页已经不再是原始的网页页面，而是浓缩成能反映页面主题内容的、以词为单位的文档。数据索引中结构最复杂的是建立索引库，索引又分为文档索引和关键词索引。每个网页唯一的 docID 号是有文档索引分配的，每个 wordID 出现的次数、位置、大小格式都可以根据 docID 号在网页中检索出来。最终形成 wordID 的数据列表。

（3）查询服务

在搜索引擎界面输入关键词，点击"搜索"按钮之后，搜索引擎程序开始对搜索词进行以下处理：分词处理、根据情况对整合搜索是否需要启动进行判断、找出错别字和拼写中出现的错误、把停止词去掉。接着搜索引擎程序便把包含搜索词的相关网页从索引数据库中找出，而且对网页进行排序，最后按照一定格式返回到"搜索"页面。查询服务最核心的部分是搜索结果排序，其决定了搜索引擎的量好坏及用户满意度。实际搜索结果排序的因子很多，但最主要的因素之一是网页内容的相关度。影响相关性的主要因素包括如下五个方面。

① 关键词常用程度。经过分词后的多个关键词，对整个搜索字符串的意义贡献并不相同。越常用的词对搜索词的意义贡献越小，越不常用的词对搜索词的意义贡献越大。例如：用户输入关键词是"你们海王星"。"你们"这个词常用程度非常高，在很多页面上都会出现，它对"你们海王星"这个搜索词辨识度和意义相关度贡献就很小。找出那些包含"你们"这个词的页面，对搜索排名相关性几乎没有任何影响，有太多页面包含"你们"这个词。相反，"海王星"和"你们海王星"这个搜索词会更为相关。常用词发展到一定极限就是停止词，对页面不产生任何影响。所以搜索引擎用的词加权系数高，常用词加权系数低，排名算法更多关注的是不常用的词。

② 词频及密度。一般认为在没有关键词堆积的情况下，搜索词在页面中出现的次数越多，密度越高，说明页面与搜索词越相关。当然这只是一个大致直观规律，实际情况要复杂得多，出现频率及密度只是排名因素的很小一部分。

③ 关键词位置及形式。就像在索引部分中提到的，页面关键词出现的格式和位置都被记录在索引库中。关键词出现在比较重要的位置，如标题标签、黑体、H1 等，说明页面与关键词越相关。这一部分就是页面 SEO（搜索引擎优化）所要解决的。

④ 关键词距离。切分后的关键词完整匹配地出现，说明与搜索词最相关。比如：搜索"绘画技巧"时，页面上连续完整出现"绘画技巧"这四个字是最相关的。如果"绘画"和"技巧"两个词没有连续匹配出现，出现的距离近一些，也被搜索引擎认为相关性稍微大一些。

⑤ 链接分析及页面权重。除了页面本身的因素，页面之间的链接和权重关系也影响关键词的相关性，其中最重要的是锚文字（网页上超链接的文字部分）。页面有越多以搜索词为锚文字的导入链接，说明页面的相关性越强。链接分析还包括了链接源页面本身的主题，锚文字周围的文字等。

不管哪种搜索引擎，其目的就是告诉你链接到什么地方可以检索到所需的信息。实际上搜索引擎网站本身并没有直接存储这些信息。

有些搜索引擎出于对利益的追逐，会通过"竞价排名"的手段人工干预搜索结果的排序，把虚假信息、广告信息放在检索结果的前列，从而导致使用该搜索引擎的用户有可能会上当受骗，蒙受经济损失。所以，对于搜索引擎提供的结果，大家应当分析真假，提高自己的辨别能力，不可轻信。

6.3.5 自媒体

自媒体是指普通大众通过网络等途径向外发布他们本身的事实和新闻的传播方式。"自媒体"，英文为"We Media"。是普通大众经由数字科技与全球知识体系相连之后，一种提供与分享他们本身的事实和新闻的途径。是私人化、平民化、普泛化、自主化的传播者，以现代化、电子化的手段，向不特定的大多数或者特定的单个人传递规范性及非规范性信息的新媒体的总称。

自媒体可以分为广义自媒体与狭义自媒体两个概念。

狭义自媒体是指以单个的个体作为新闻制造主体而进行内容创造的，而且拥有独立用户号的媒体。

广义自媒体是指，我们从自媒体的定义出发，它区别于传统媒体的是信息传播渠道、受众、反馈渠道等方面。这样自媒体的"自"就不再是狭隘的了，它是区别于第三方的自己。以前的传统媒体，他们是把自己作为观察者和传播者，而针对自媒体，我们就可以理解为"自我言说"者。因此，在宽泛的语义环境中，自媒体不单单是指个人创作、群体创作、企业微博（微信等）都可以算是自媒体。

自媒体的发展经历了三个阶段：第一个阶段是自媒体初始化阶段，它以 BBS 为代表；第二个阶段是自媒体的雏形阶段，主要以博客、个人网站、微博为代表；第三个阶段是自媒体意识觉醒时代，主要是以微信公众平台、搜狐新闻客户端为代表。目前来看，自媒体的发展正处于雏形阶段向自媒体觉醒时代的过渡时期。但是由于自媒体的诞生至今也不过十多年，这三个阶段其实同时存在，只不过现阶段国内自媒体是以微博、微信公众平台、抖音、快手、火山、小红书等为主。

在国内，自媒体发展主要分为了四个阶段：2009 年新浪微博上线，引起社交平台自媒体风潮；2012 年微信公众号上线，自媒体向移动端发展；2012—2014 年门户网站、视频、电商平台等纷纷涉足自媒体领域，平台多元化；2015—至今，直播、短视频等形式成为自媒体内容创业新热点。

以下几点是自媒体的主要特点。

（1）个性化。这是自媒体最显著的一个特性。无论是内容还是形式，创业者在创办自媒体平台时一定要给用户提供充足的个性化选择的空间。

（2）碎片化。这是整个社会信息传播的趋势，受众越来越习惯和乐于接受简短的、直观的信息，创业者在创办自媒体平台时应该顺应这种趋势。

（3）交互性。这也是自媒体的根本属性之一。使用自媒体的核心目的还是为了满足沟通和交流的需求，创业者要在自己的平台上给用户提供充分的分享、探讨、交流、互动等多元化体验。

（4）多媒体。一提到自媒体，大家往往首先想到微博，但微博仅仅是自媒体的一种模式而已。微博本身可以给使用者提供文字、图片、音乐、视频、动漫等多种选择，创业者也可以创办出文字之外的，以图片、音乐、视频、动漫等为主题的自媒体平台。

（5）群体性。自媒体的一个重要特点是受众以小群体为核心不断聚集和传播信息的，创业者可以针对专门的群体创办自媒体平台，如针对游戏爱好者、音乐爱好者、影视爱好者、汽车爱好者、学生群体等。

（6）传播性。无法有效快速传播，自媒体就没有价值和意义。创业者在创办自媒体平台时一定要为使用者提供充足的传播手段和推广渠道。

在自媒体运营中，要遵循以下原则：

（1）多样性。自媒体平台类型众多且不断推陈出新。面对多样化的自媒体形式，需要保持对新媒体的敏感度，勇于探索尝试，一旦有新的自媒体平台出现，就积极响应加入其中。

（2）真实性。在通过自媒体平台发布信息时要力求准确，与网友沟通时要客观真诚，面对网友质疑时要实事求是。

（3）趣味性。内容的真实并不影响在自媒体平台上体现一定的趣味性，包括发布趣味性的内容和策划趣味性的活动。

（4）持续性。自媒体的本质是媒体，需要获得越来越多的媒体受众。自媒体用户的增长不可能一蹴而就，只能依靠高质量且持续更新的内容，依靠不断组织的有创意的活动，才能不断积累，获得用户的稳定增长，保持自媒体影响力不断扩大。

自媒体的内容是不固定的，没有统一的标准，也没有相应的规范。自媒体内容是由自媒体人自行决定的。自媒体内容的主要表现形式有文字、图片、音频、视频等，这使得自媒体内容的呈现形式丰富多样。运营自媒体的核心和关键在于优质内容，只有品质优良的内容才会受到人群的追捧、关注及转载，而流量变现也就变得更加容易。在自媒体的内容运营上，一定要找自己最擅长的领域或者最感兴趣的领域。

目前的自媒体的特点是平民化，由于移动智能手机终端的普及，使自媒体从业门槛越来越低，由于它的发展过猛，自然会产生一些不良因素，目前的自媒体还正处在一个摸索及成长的过程中，很多行业规范都还没有成型，有问题存在也是必然的。目前的自媒体主要存在以下几个方面的问题：

（1）良莠不齐。因为每个人都有自己的想法和表达方式，而作为自媒体，因为是代表个人的观点，自然也就良莠不齐了。因为，只要我们想，我们就可以自主成立"媒体"，我们就可以当媒体的主人，就可以随心所欲地发布自己所要发布的内容，这些内容有流水账式的对生活琐事的记录，有关于人生的感悟，也有关于时事政治的观察评论，或者是对专业学问的探索与思考等。

（2）可信度低。因为自媒体的门槛低，所以各式各样的人都可以建立自媒体平台，而网络的隐匿性又给了一些自媒体人"随心所欲"的空间。因为在这里，平民话语权终于获得了伸张，自然"有话要说"的人越来越多。而有些自媒体人，出于急于求成的心态，他们就会发布一些只是为了追求点击率的新闻，从而忽略了新闻的真实性。这些不良行为，导致部分自媒体人降低了自身的道德底线，而这就降低了所传播的信息可信度。

（3）相关法律不规范。自媒体让每个人都有了话语权的同时，自然就会产生一些与《宪法》及有关法律、社会道德规范相悖的声音。虽说，我国目前有很多关于自媒体平台的管制法令，可这些法令还都只停留在对网站的管理上，比起现在自媒体发展的势头，这些法令就显得不够全面。因此，如何在法律上对自媒体进行规范与引导，迫切需要整个社会参与，共谋良策。

自媒体本身是由现代互联网技术所衍生出的媒体形态，自其出现以来极大程度地影响了现代人的信息获取方式和生产习惯，也使得传统媒体受到了巨大的冲击。自媒体模式也使得新闻由过去的传播转变为了互播，大大提升了新闻的时效性、价值同向性和理念平等性，但这一媒体模式也存在着较为明显的劣势，即新闻真实性较低、公信力较弱，同时受众在对新闻信息选择时还具有明显的困惑性，影响了整个自媒体行业的发展。

自媒体时代的到来，对于传统媒体既有挑战也有帮助，同时该媒体形式本身就具有两面性，如果运用不好，很容易导致严重的社会影响，因此对于我国自媒体的转变应该继续深化研究，并由传统媒体进行正确的引导。

6.4　文件传输协议

因特网设计了两个有关文件传输的协议：文件传输协议 FTP（File Transfer Protocol）和简单文件传输协议 TFTP（Trivial File Transfer Protocol）。

文件传输协议 FTP 是因特网历史上最悠久的网络工具，半个世纪以来，FTP 凭借其独特的优势一直都是因特网中最重要、最广泛的服务之一。

FTP 的目标是提高文件的共享性，提供非直接使用远程计算机，使存储介质对用户透明和可靠高效地传送数据。它能操作任何类型的文件而不需要进一步处理，就像 MIME 或 Unicode 一样。它是用于在网络上进行文件传输的一套标准协议，使用 TCP 传输而不是 UDP，客户端在和服务器建立连接前要经过一个"三次握手"的过程，保证客户端与服务器之间的连接是可靠的。

FTP 允许用户以文件操作的方式（如文件的增加、删减、修改、查找、传送等）与另一主机相互通信。然而，用户并不真正登录到自己想要存取的计算机上面而成为完全用户，可用 FTP 程序访问远程资源，实现用户往返传输文件、目录管理以及访问电子邮件等，即使双方计算机可能配有不同的操作系统和文件存储方式。

6.4.1　FTP

由于不同的计算机之间存在着种种差异，实际在为相距很远的两台计算机之间传送文件远比想象中困难的多。可能会遇到以下诸多问题：

（1）在不同的操作系统下，访问控制方法存在差异。

（2）在不同的操作系统下，对相同文件的存取时使用的命令存在差异。

（3）在不同的操作系统下，文件的命名规则和目录结构存在差异。

（4）在不同的操作系统下，计算机存储数据的格式存在差异。

FTP 使用 TCP 可靠的传输服务，且只提供某些基本服务。它的主要功能是减少或消除在不同操作系统下的种种差异引起的不兼容问题，并允许含有不同的文件结构和字符集。

FTP 采用面向连接的客户端 / 服务器服务模式。它使用两条 TCP 连接来完成文件传输，一条连接专用于控制（端口号为 21），另一条为数据连接（端口号为 20）。

"控制连接"在整个会话期间一直保持打开，FTP 客户发出的传送请求通过控制连接发送给服务器端的控制进程，但控制连接不用来传送文件。

实际用于传输文件的是"数据连接"。服务器端的控制进程在接收到 FTP 客户发送来的文件传输请求后就创建"数据传送进程"和"数据连接"，用来连接客户端和服务器端的数据传送进程。"数据传送进程"实际完成文件的传送，在传送完毕后关闭"数据连接"并结束运行。使用两个端口的主要好处是：

（1）使协议更加简单和更容易实现。

（2）在传输文件时还可以利用控制连接（例如，客户发送请求终止传输）。

FTP 服务器进程能同时为多个客户进程提供并发服务。服务器进程可分为以下两部分。

（1）主进程，负责接受客户进程的新请求。

（2）从属进程，负责处理请求，并可以同时存在若干个从属进程。

FTP 的主进程工作步骤如下：

（1）打开熟知端口（端口号为 21），让客户进程能够与服务器建立连接。

（2）等待客户进程发出连接请求。

（3）启动从属进程来处理客户进程发来的请求。从属进程对客户进程的请求处理完毕后即终止，但从属进程在运行期间根据需要还可能创建其他一些子进程。

（4）回到等待状态，继续接受其他客户进程发来的请求。主进程与从属进程的处理是并发地进行。

事实上，虽然文件传输协议曾经显赫一时，但随着互联网技术的飞速发展，时至今日，它已经显得有些过时，终将被取而代之。FTP 存在以下一些问题：

（1）数据传输模式不合理。

（2）工作方式设计不合理。

（3）与防火墙工作不协调。

（4）密码安全策略不完善。

（5）FTP 协议效率低下。

超高速传输协议 CUTP（Conris Ultra-high-speed Transfer Protocol）是一种全新的软件技术，它克服了 FTP 的一些问题，可实现在各种共享和私有网络环境中传输速度的最大化。限于篇幅，本文不对 CUTP 详细介绍。

6.4.2 TFTP

简单文件传输协议 TFTP（Trivial File Transfer Protocol）是一个很小且易于实现的文件传输协议。它使用 UDP 数据报，因此 TFTP 需要有自己的差错改正措施。

TFTP 工作原理是：在 TFTP 客户进程通过熟知端口（69）向服务器进程发出读或写请求协议数据单元 PDU，TFTP 服务器进程则选择一个新的端口与 TFTP 客户进程通信。

TFTP 共定义了五种类型的包格式，格式的区分由包数据前两个字节的 Opcode（操作码）字段区分，分别是：

（1）读文件请求包：Read request，简写为 RRQ，对应 Opcode 字段值为 1

（2）写文件请求包：Write requst，简写为 WRQ，对应 Opcode 字段值为 2

（3）文件数据包：Data，简写为 DATA，对应 Opcode 字段值为 3

（4）回应包：Acknowledgement，简写为 ACK，对应 Opcode 字段值为 4

（5）错误信息包：Error，简写为 ERROR，对应 Opcode 字段值为 5

它有两个优点，一是可用于 UDP 环境，二是代码所占的内存较小。

TFTP 的主要特点如下：

（1）每次传送的数据 PDU 中数据字段不超过 512 字节。若文件长度正好是 512 字节的整数倍，在文件传送完毕后，需另发一个无数据的数据 PDU；若文件长度不是 512 字节的整数倍，则最后传送的数据 PDU 的数据字段不足 512 字节，就以此作为文件的结束标志。

（2）数据 PDU 形成一个文件块，每块按序编号，从 1 开始计量。TFTP 的工作流程执行停止等待协议，采用确认重发机制；当发完一文件块后应等待对方确认，确认时应指明确认的块编号。若发完块后，在规定时间内收不到确认，则重发文件块。同样，若发送确认的一方，在规定时间内收不到下一个文件块，也应重发确认 PDU。

（3）TFTP 只支持文件传输，对文件的读写，支持 ASCII 码或二进制传送，但不支持交互方式。

（4）TFTP 使用简单的首部，没有庞大的命令集，不能列目录，也不具备用户身份鉴别功能。

6.5　电子邮件

电子邮件（E-mail，也称为电子函件、电子信箱）是一种用电子手段提供信息交换的通信方式，是互联网应用最广、最为成功的服务之一。通过网络的电子邮件系统，用户可以以非常低廉的价格（甚至是免费）、非常快速的方式（迅速发送到世界上任何指定的目的地），与世界上任何一个角落的网络用户联系。

电子邮件把邮件发送到收件人使用的邮件服务器，并放在其中的收件人邮箱（mail box）中，收件人可在自己方便时上网到自己使用的邮件服务器进行读取。电子邮件可以是文字、图像、声音、视频等多种形式。同时，用户可以得到大量免费的新闻、专题邮件，并实现轻松的信息搜索。电子邮件的存在极大地方便了人与人之间的沟通与交流，提高了劳动生产效率，促进了信息社会的发展。

1982 年，电子邮件在 ARPANET 上问世，同年也制定出电子邮件标准，即简单邮件传输协议 SMTP（Simple Mail Transfer Protocol）和互联网文本报文格式。1984 年，原 CCITT（现改名为 ITU-T）制定了报文处理系统，命名为 X.400 建议。之后 ISO 在 OSI-RM 中给出了面向报文的电文交换系统（MOTIF）的标准。1988 年，CCITT 参考 MOTIF

修改了 X.400 建议，进而推出了 X.435 建议电子数据交换（EDI）。

由于因特网的 SMTP 只能传送可打印的 7 位 ASCII 码邮件，1993 年又提出了通用互联网邮件扩充 MIME（Multipurpose Internet Mail Extensions），1996 年修改后成为因特网的草案标准。MIME 在其邮件首部中说明了邮件的数据类型（如文本、声音、图像、视像等）。在 MIME 邮件中可同时传送多种类型的数据。这在多媒体通信的环境下是非常有用的。

6.5.1 电子邮件系统的组成和格式

一个完整的电子邮件系统应当由三个组件构成。图 6-3 中列出了用户代理 UA（User Agent）、邮件服务器，以及电子邮件所用协议，如简单邮件传输协议 SMTP、邮局协议 POP（Post Office Protocol）、因特网邮件访问协议 IMAP（Internet Message Access Protocol）和多用途互联网邮件扩展类型 MIME（Multipurpose Internet Mail Extensions）。

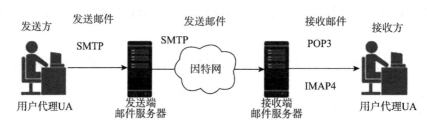

图 6-3　电子邮件系统的组成

用户代理 UA（User Agent）是用户与电子邮件系统的接口。每台计算机必须安装相应的程序，在 Windows 平台上有微软公司的 Outlook Express，或者张小龙制作的 Foxmail，以及 Eudora、Pipeline 等；在 UNIX 平台上有 mail、elm、pine 等。用户代理能使用户通过友好的界面来发送和接收邮件，提供更为直观的窗口界面，更利于操作。

用户代理的基本功能有以下几个。

（1）撰写。为用户提供编辑信件的环境。如让用户能够自由的创建通讯录，回信时可以方便地从来信中提取出对方地址。

（2）显示。能方便地在计算机屏幕上显示出来信以及所有的附件内容。

（3）处理。包括发送邮件和接收邮件。允许收件人根据情况按不同方式处理邮件。如阅读后保存、转发、打印、置顶、标记、回复、抄送等，以及自建目录分类保存。对于垃圾邮件和可设置拒绝阅读，自动标记并转移到垃圾邮件箱。

邮件服务器是电子邮件系统的关键组成部分，很多互联网厂商提供免费的邮件服务器给用户使用，如网易邮箱、新浪邮箱、QQ 邮箱等。邮件服务器 7×24 小时不间断工作，且具有很大容量的邮件信箱。它的功能不仅仅是发送和接收邮件，同时还要向发件人报告邮件传送的结果（已交付、被拒绝、丢失等）。邮件服务器使用客户端 / 服务器模式工作。一个邮件服务器既可以作为客户，也可以作为服务器，图 6-3 中发送端邮件服务器在向接收端邮件服务器发送邮件时，发送端邮件服务器作为 SMTP 客户，而接收端邮件服务器就是 SMTP 服务器。

下面结合图 6-3 来介绍电子邮件的发送和接收过程。

（1）发信人调用用户代理 UA，编辑待发邮件。UA 采用 SMTP，按面向连接的 TCP 方式将邮件传送到发送端邮件服务器。

（2）发送端邮件服务器先将邮件存入缓冲队列，等待转发。

（3）发送端邮件服务器的 SMTP 客户进程发现缓存的待发邮件，向接收端邮件服务器的 SMTP 服务器进程发起 TCP 连接请求。

（4）当 TCP 连接建立后，SMTP 客户进程可向接收方 SMTP 服务器进程连续发送，发完所存邮件，即释放所建立的 TCP 连接。

（5）接收方 SMTP 服务器进程将收到的邮件放入各收信人的用户邮箱，等待收信人读取。

（6）收信人可随时调用用户代理 UA，使用 POP3 或者 IMAP4 查看接收端邮件服务器的用户邮箱，如果有邮件则可以阅读或取回。

设想一下，如果让图 6-3 中的邮件服务器程序在发送方和接收方的计算机中运行，是否可以直接把邮件发送到收件人的计算机里？

答案是否定的。因为不是每一台计算机都有富余的计算能力、存储空间来运行邮件服务器程序，普通用户的计算机也不可能保持 24 小时不间断开机并连接在互联网上，一旦计算机出现软件、硬件、网络或操作系统等方面的故障，就可能导致外来邮件无法接受。

电子邮件通常分为信封和内容两大部分。RFC532 文档中只规定了邮件内容中的首部（header）格式，而对邮件的主体（body）部分则让用户自由撰写。用户写好首部后，邮件系统自动地将信封所需的信息提取出来并写在信封上。所以用户不需要填写电子邮件信封上的信息。

邮件内容首部最重要的两个关键字是：To 和 Subject。

"To" 后面填入一个或多个收件人的电子邮件地址，中间可以用 "，" 或 "；" 隔开。

地址簿可以让邮件用户用来存储经常通信的联系人。当撰写邮件时，只需打开地址簿，点击收件人名字，收件人的电子邮件地址就会自动地填入到合适的位置上。

"Subject" 是邮件的主题。应当把邮件的主要内容简明扼要的在这里写明，以便将来查找邮件。

邮件首部还有一项是抄送 "Cc:"。抄送（Carbon copy），意思是指将邮件同时发送给收信人以外的人，用户所写的邮件抄送一份给别人，对方可以看见该用户的邮件内容。抄送其实涉及的是写信人、收信人和抄送人三者之间的关系。简单来说，抄送的目的主要是知会，就是让自己的同事或者上司了解工作情况，一般情况下，抄送人不需要对这封电子邮件中涉及的相关事务做回复或跟进。还有一些邮件系统可以让用户使用关键字 Bcc（Blind carbon copy）来实现盲复写副本。可以使发件人能将邮件的副本抄送给某人，但收件人却看不出来。Bcc 又称为 "密送" 或 "暗送"。

首部关键字还有 "From" 和 "Date"，表示发件人的电子邮件地址和发信日期。通常这两项都是由邮件系统自动填入。

还有一个关键字是 "Reply-To"，即对方回信所用的地址。这个地址既可以与发件人发信时所用的地址一样，也可以和发信人发信时所用的地址不一样。比如临时借用他人的邮箱给自己的朋友发送邮件，但仍希望对方将回信发送到自己的邮箱。这一项可以事先设置好，不需要在每次写信时进行设置。

一个完整的 Internet 邮件地址由以下两个部分组成，格式如下：

用户名 @ 邮件服务器域名

最左边是用户在该邮件服务器中的用户名，中间分隔用户名和邮件服务器域名的符号 "@" 读作 "at"，表示 "在" 的意思，最右边是邮件服务器的域名。

可用的邮件地址需要保证两个唯一，一是用户名在该邮件服务器中是唯一的，二是该邮件服务器的域名在整个因特网中是唯一的。

例如，在电子邮件地址 "zhangsan@njupt.edu.cn" 中，"njupt.edu.cn" 是邮件服务器的域名，而 "zhangsan" 就是在这个邮件服务器中的用户名，也就是邮箱名。这个用户名在邮件服务器中唯一的（当用户建立自己的用户名时，邮件服务器要负责检查该用户名在本服务器中的唯一性），域名 "njupt.edu.cn" 也是唯一的，这样就保证了该电子邮件地址在世界范围内是唯一的。这对保证电子邮件能够在整个互联网范围内的准确交付是十分重要的。电子邮件的用户一般会用好记的或有一定意义的字符串。

6.5.2　简单邮件传输协议

简单邮件传输协议 SMTP（Simple Mail Transfer Protoco）的作用是把邮件消息从发信人的邮件服务器传送到收信人的邮件服务器。SMTP 的历史比 HTTP 早得多，其 RFC 是在 1982 年编写的，而 SMTP 的实际应用又在此前多年就有了。它限制所有邮件消息的信体（而不仅仅是信头）必须是简单的 7 位 ASCII 字符格式，这个限制在 20 世纪 80 年代早期是有意义的，当时因特网传输能力不足，没有人在电子邮件中附带大数据量的图像、音频或视频文件。然而到了多媒体时代的今天，这个限制就多少显得局促了。

简单邮件传输协议规定了在两个相互通信的 SMTP 进程之间应如何交换信息。因为 SMTP 使用 C/S 服务方式，所以负责发送邮件的 SMTP 进程就是客户端，而负责接收邮件的 SMTP 进程就是服务器。至于邮件内部的格式，邮件如何存储，以及邮件系统应以多快的速度来发送邮件，SMTP 也都未做出规定。

SMTP 共设置了 14 条命令和 21 种应答信息。每条命令由若干字母组成，而每一种应答信息通常只有一行信息，由 3 位数字的代码开始，后面附上（也可不附上）很简单的文字说明。

现通过 SMTP 通信的三个阶段介绍主要的几个命令和响应信息。

1. 建立连接

发信人将待发邮件放到发信人邮件缓存后，SMTP 客户就每隔一定时间对邮件缓存扫描一次。如发现有邮件，就使用 SMTP 的熟知端口号 25 与目的主机的 SMTP 服务器建立 TCP 连接。在连接建立后，接收方 SMTP 服务器要发出服务就绪（220 Service ready）。接着，SMTP 客户向 SMTP 服务器发送 HELLO 命令，附上发送方的主机名。如果 SMTP 服务器可以接收邮件，则回复"250 OK"，表示已准备好接收。如果 SMTP 服务器不可用，则回复服务不可用（421 Service not available）。

值得注意的是，SMTP 并不使用中间的邮件服务器，TCP 连接总是在发送方和接收方这两个邮件服务器之间直接建立，不管这两台服务器之间经过了多远，也不管它们之间有多少个路由节点。如果接收方邮件服务器因故障而无法工作，发送方邮件服务器只能等待一段时间后再与接收方邮件服务器试着建立 TCP 连接，而不能先找一个中间的邮件服务器建立 TCP 连接。

2. 传送邮件

邮件的传送从 MAIL 命令开始，在其后面附有发信人的邮件地址。如：MAIL FROM:<zhangsan@njupt.edu.cn>。如果 SMTP 服务器已准备好接收邮件，则回答"250 OK"。否则，回送一个代码并指明原因。例如：451（处理时出错）、452（存储空间不够）、500（命令无法识别）等。

接着发送一个或多个 RCPT 命令，取决于把同一个邮件发送给一个或多个收件人，作用为确认接收端系统能否接收邮件。格式为 RCPT TO：< 收件人地址 >。每发送一个 RCPT 命令，都应从 SMTP 服务器返回相应信息，如"250 OK"表示接收端邮箱有效，"550 No such user here"表示无此信箱。RCPT 命令的具体功能是：首先判断接收方是否做好接收邮件的准备，然后才发送邮件。这就可以避免浪费网络资源，不至于发送了很长的邮件以后才知道地址错误。

然后是 DATA 命令，表示要开始传送邮件的内容了。SMTP 服务器返回的信息是："354 Start mail input; end with <CRLF>.<CRLF>"。这里 <CRLF>S "回车换行"的意思。若不能接收邮件，则返回 421（服务器不可用）、500（命令无法识别）等。接着 SMTP 客户就发送邮件的内容。发送完毕后，再按要求发送两个 <CRLF> 代表邮件结束。如果 SMTP 邮件服务器收到了正确的邮件，则返回信息 "250 OK"，否则，回送出错代码。

SMTP 使用了面向连接的 TCP 协议来保证邮件传输的可靠性，但发送成功并不代表收信人一定读取过这封邮件。一封邮件到达接收方的邮件服务器后，存在好几种可能性。

（1）接收方的邮件服务器可能出现故障，在收信人读取信件之前，丢失全部邮件。

（2）邮件服务器的过滤规则判定这封邮件为垃圾邮件，自动删除或移动到垃圾邮件箱。

（3）收信人在清理自己的邮箱时，不小心将这封邮件删除了。

通常情况下，我们认为电子邮件是可靠的。

3. 释放连接

发送邮件后，SMTP 客户应发送 QUIT 命令。SMTP 服务器返回的信息是 "221（服务关闭）"，表示 SMTP 同意释放 TCP 连接。

至此为止，一封邮件传输的整个过程即结束。

所有的这些复杂过程都被用户代理 UA 屏蔽了，用户本人是看不到这些过程的，对于终端用户而言，他们无需关心 SMTP 的具体实现过程。

6.5.3 POP3 和 IMAP4

邮局协议第 3 个版本 POP3（Post Office Protocol v3）和因特网邮件访问协议第四个版本 IMAP4（Internet Message Access Protocol v4）是两个常用的邮件读取协议，这两个协议有不同的地方。

POP3 采用客户服务器工作模式，它相对简单，但功能十分有限。1984 年公布了邮局协议 POP，经过几次更新，现在使用的是 1996 年的版本 POP3，已成为互联网的正式标准。在接收邮件的用户 PC 上必须运行 POP3 客户程序，而在用户所连接的 ISP 邮件服务器中则运行 POP3 服务器程序，同时还运行 SMTP 服务器程序。以便接收发送方邮件服务器的 SMTP 客户程序发来的邮件。

POP3 服务器在鉴别用户输入的用户名和口令是否有效后，才读取邮箱中的邮件。

POP3 协议的一个特点就是只要用户从 POP3 服务器读取了邮件，POP3 服务器就把该邮件删除。有些时候，可能不够方便。例如，某用户在家里的台式计算机上接收了一个邮件，还没来得及回复，就赶飞机出差到外地。当他到达外地下飞机后打开笔记本电脑写回信时，POP3 服务器上却已经删除了原来已经看过的邮件（除非他事先将这些邮件复制到笔记本电脑中）。为了解决这一问题，POP3 进行了一些功能扩充，其中包括让用户能够事先设置邮件读取后仍然在 POP3 服务器中存放的时间。

因特网邮件访问协议 IMAP 比 POP3 要复杂得多。这两个协议都采用客户服务器工作模式，但它们的差别很大。目前，较新的版本是 2003 年 3 月修订的第 4 版，即 IMAP4，它是互联网的建议标准。通常情况下，人们经常简单地用 IMAP 表示 IMAP4，版本号 "4" 一般会被省略。但 POP3 一般则不会省略版本号 3。

用户的本地计算机上运行 IMAP 客户程序，接收方的邮件服务器则运行 IMAP 服务器程序，两者建立 TCP 连接。用户在自己的计算机上操作邮件服务器的邮箱，和在本地操作一样，所以说 IMAP 本质上是一个联机协议。当用户计算机上的 IMAP 客户程序打开 IMAP 服务器的邮箱时，用户就可看到邮件的首部。若用户需要打开某个邮件，则该邮件才传到用户的计算机上。用户可以根据需要为自己的邮箱创建便于分类管理的层次式的邮箱文件夹，并且能够将存放的邮件从某一个文件夹中移动到另一个文件夹中。用户也可按某种条件对邮件进行查找。在用户未发出删除邮件的命令之前，IMAP 服务器邮箱中的邮件一直保存着。

IMAP 给用户带来的最大的好处就是不管何时何地，也不管用哪一台计算机，只要能联网，就可以随时打开和处理自己在邮件服务器中的邮件。同时，它还可以让收信人只读取邮件中的某一个部分。例如，收到了一个带有视频附件（视频附件一般都比较大）的邮件，而用户此时的网络情况不是很好，可以先阅读邮件的正文部分，待以后有时间再读取或下载这个很大的附件。

IMAP 也有缺点。如果用户没有将邮件复制到本地计算机上，则邮件一直存放在 IMAP 服务器上，每次想要查阅邮件的时候，必须先联网。

不能把邮件读取协议 POP3 和 IMAP 与邮件传输协议 SMTP 弄混。邮件传输过程中的前两个步骤，发信人的用户代理向发送方邮件服务器发送邮件以及发送方邮件服务器向接收方邮件服务器发送邮件，采用的都是 SMTP 协议，而用户代理从接收方邮件服务器上读取邮件所使用的协议则是 POP3 或 IMAP。

6.5.4 MIME

简单邮件传输协议 SMTP 存在一些缺陷：

（1）无法传送可执行文件或其他的二进制对象。

（2）仅限于传送 7 位的 ASCII 码。其他非英语国家的文字（如中文、俄文，甚至带重音符号的法文或德文）均无法传送。

（3）会拒绝超过一定大小的邮件。

（4）没有完全按照 SMTP 的互联网标准。例如：超过 76 个字符时的处理；回车、换行的删除和增加；后面多余空格的删除；截断或自动换行；将制表符 tab 转换为若干个空格等等。

在这种情况下就提出了多用途互联网邮件扩展类型 MIME（Multipurpose Internet Mail Extensions）。它并没有改动或取代 SMTP。MIME 的意图是继续使用原来的邮件格式，但增加了邮件主体的结构，并定义了传送非 ASCII 码的编码规则。也就是说，MIME 邮件可在现有的电子邮件程序和协议下传送。

MIME 是设定某种扩展名的文件用一种应用程序来打开的方式类型，当该扩展名文件被访问的时候，浏览器会自动使用指定应用程序来打开。多用于指定一些客户端自定义的文件名，以及一些媒体文件打开方式。

MIME 规定了用于表示各种各样的数据类型的符号化方法。它是一个互联网标准，扩展了电子邮件标准，使其能够支持非 ASCII 字符文本；非文本格式附件（二进制、声音、图像等）；由多部分（Multiple Parts）组成的消息体；包含非 ASCII 字符的头信息（Header Information）。

此外，在万维网中使用的 HTTP 协议中也使用了 MIME 的框架，标准被扩展为互联网媒体类型。

MIME 包含下列三部分内容。

（1）5 个新的邮件首部字段，它们可包含在原来的邮件首部中。这些字段提供了有关邮件主体的信息。

（2）定义了许多邮件内容的格式，对多媒体电子邮件的表示方法进行了标准化。

（3）定义了传送编码，可对任何内容格式进行转换，而不会被邮件系统改变。

每个 MIME 报文包含告知收件人数据类型和使用编码的信息，这样可以适应任意数据类型和表示。MIME 把增加的信息加入到原来的邮件首部中。

MIME 新增的 5 个首部的名称及含义如下所示。

（1）MIME-Version：标志 MIME 的版本。现在的版本号是 1.0。

（2）Content-Description：这是可读字符串，说明此邮件主体是否是图像、音频或视频。

（3）Content-Id：邮件的唯一标识符。

（4）Content-Transfer-Encoding：在传送时邮件的主体是如何编码的。

（5）Content-Type：说明邮件主体的数据类型和子类型。

6.5.5 Webmail

过去，用户要使用电子邮件，必须在自己使用的计算机中安装用户代理软件 UA。如果外出到某地而又未携带自己的笔记本电脑，那么要使用别人的计算机进行电子邮件的收发，是非常麻烦的。

20 世纪 90 年代中期，Hotmail 推出了基于万维网的电子邮件（Webmail）。目前，很多知名的互联网公司都提供免费的 Webmail，国内常见的有网易的 163、126 邮箱，新浪邮箱，QQ 邮箱等。

Webmail 的好处在于：无论何时、何地，只要有一台可以连接互联网的计算机，无需安装用户代理软件，只要打开浏览器，输入邮件服务器的域名，登录自己的邮箱，就可以非常方便地收发电子邮件。浏览器本身可以向用户提供非常友好的电子邮件界面（和原来的用户代理提供的界面相似），使用户在浏览器上就能够很方便地撰写和收发电子邮件。这也就是所谓的浏览器/服务器（Browser/Server，简称 B/S）架构。B/S 架构其本质是对 C/S 架构的一种改进，它具有更好的通用性，对环境的依赖性更小，在这种架构下，用户工作界面都是通过浏览器来实现的，极大地简化了系统的开发、维护和使用难度，也大大减轻了客户端电脑的负载，有效地提高了系统的性能。

6.6 动态主机配置协议

动态主机配置协议 DHCP（Dynamic Host Configuration Protocol）通常被应用在大型的局域网络环境中。由于用人工进行协议配置很不方便，而且容易出错。因此，应当采用自动协议配置的方法。它的主要作用是集中的管理和分配 IP 地址，使网络环境中的主机动态地获得相关信息，并提升地址的使用率。

连接到互联网的计算机的协议软件需要配置的项目有以下这些：

（1）网络地址；

（2）子网掩码；

（3）默认网关地址；

（4）首选、备选 DNS 服务器的网络地址。

DHCP 采用客户端／服务器模型，主机地址的动态分配任务由网络主机驱动。当 DHCP 服务器接收到来自网络主机申请地址的信息时，才会向网络主机发送相关的地址配置等信息，以实现网络主机地址信息的动态配置。DHCP 具有以下功能：

（1）保证任何 IP 地址在同一时刻只能由一台 DHCP 客户机所使用。

（2）DHCP 应当可以给用户分配永久固定的 IP 地址。

（3）DHCP 应可以同用其他方法获得 IP 地址（如手动分配 IP 的主机）的主机共存。

（4）DHCP 服务器应当向现有的引导程序协议 BOOTP（Bootstrap Protocol）客户端提供服务。

BOOTP 使用 C/S 服务模式，为了获取配置信息，协议软件广播一个 BOOTP 请求报文，使用 255.255.255.255 广播地址作为目的地址，0.0.0.0 作为源地址。收到请求报文的 BOOTP 服务器查找该计算机的各项配置信息后，将其放入一个 BOOTP 响应报文，可以采用广播方式回送给提出请求的计算机，或使用收到广播帧的硬件地址进行单播。

BOOTP 是一个静态配置协议，当 BOOTP 服务器收到某主机的请求时，就到其数据库中查找该主机已经确定的地址绑定信息。一旦当主机移动到其他网络时，BOOTP 就不能提供服务。除非管理人员人工添加或修改数据库信息。

DHCP 消息的格式是基于 BOOTP 消息格式的，这就要求设备具有 BOOTP 中继代理的功能，并能够与 BOOTP 客户端和 DHCP 服务器实现交互。BOOTP 中继代理的功能，使得没有必要在每个物理网络都部署一个 DHCP 服务器。

DHCP 的具体工作过程如下：

（1）发现阶段：即 DHCP 客户机寻找 DHCP 服务器的阶段。DHCP 客户机以广播的方式发送 DHCP discover 发现信息来寻找 DHCP 服务器（因为 DHCP 服务器的 IP 地址对客户机来说是未知的），即用 255.255.255.255 发送特定的广播信息，网络上每一台安装了 TCP/IP 协议的主机都会接收到这种广播信息，但只有 DHCP 服务器才会作出响应。

（2）提供阶段：即 DHCP 服务器提供 IP 地址的阶段。在网络中收到 DHCP discover 发现信息的 DHCP 服务器都会作出响应，它从尚未出租的 IP 地址中挑选一个分配给 DHCP 客户机，向 DHCP 客户机发送一个包含出租的 IP 地址和其他设置的 DHCP offer。

（3）选择阶段：DHCP 客户机选择某台 DHCP 服务器提供的 IP 地址的阶段。如果有多台 DHCP 服务器向 DHCP 客户机发来的 DHCP offer，客户机只接收第一个收到的 DHCP offer，然后它以广播的方式回答一个 DHCP request 请求信息。该信息中包含它所选定的 DHCP 服务器请求 IP 地址的内容。之所以要以广播的方式回答，是为了通知所有的 DHCP 服务器，它将选择某台 DHCP 服务器所提供的 IP 地址。

（4）确认阶段：即 DHCP 服务器确认所提供的 IP 地址的阶段。当 DHCP 服务器收到 DHCP 客户机回答的 DHCP request 请求后，它便向 DHCP 客户机发送一个包含它提供的 IP 地址和其他设置的 DHCP ACK 确认信息，告诉 DHCP 客户机可以使用它所提供的 IP 地址。然后 DHCP 客户机便将其 TCP/IP 协议与网卡绑定，除了 DHCP 客户机所选择的服务器 IP 外，其他的 DHCP 服务器都将收回曾经提供的 IP 地址。

（5）重新登录：以后 DHCP 客户机每次登录网络时，就不需要再发送 DHCP discover 发现信息了。而是直接发送包含前一次所分配 IP 地址的 DHCP request 请求。当 DHCP 服务器收到这一信息后，它会尝试让客户机继续使用原来的 IP 并回答一个 DHCP ACK 确认信息，如果此 IP 地址无法分配原来的 DHCP 客户机时（比如 IP 分配给其他 DHCP 客户机使用），则 DHCP 服务器给 DHCP 客户机回答一个否认消息，当原来的 DHCP 客户机收到此消息后，它就必须重新发送 DHCP discover 发现信息重新请求新的 IP 地址。

（6）更新租约：DHCP 服务器向 DHCP 客户机出租的 IP 地址一般都有一个租借期限，期满后 DHCP 服务器会收回出租的 IP 地址。如果 DHCP 客户机要延长其 IP 租约，则必须更新其租约。DHCP 客户机启动时和 IP 租约期限过一半时，DHCP 客户机都会自动向 DHCP 服务器发送其更新租约的信息。

在 Windows 操作系统中，通过"控制面板"打开"网络连接"，右键"属性"，左键双击"TCP/IPv4"，即可在对话框中弹出 IP 设置的窗口，如图 6-4 所示。

有以下两种设置方法。

（1）手动配置：手动配置 IP 地址、子网掩码、默认网关的 IP 地址、首选、备选 DNS 服务器的 IP 地址。

（2）自动获取：即采用 DHCP 协议，自动获取 IP 地址、子网掩码、默认网关的 IP 地址、首选、备选 DNS 服务器的 IP 地址。通常情况，家庭网络和无线网络大多会选用 DHCP 协议。

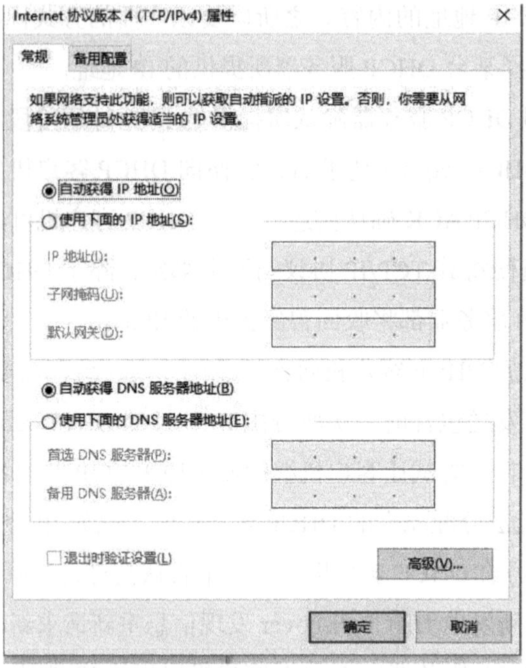

图 6-4　网络参数设置

6.7　简单网络管理协议

在网络规模日趋扩大，设备越来越多、功能越来越强的同时，网络的管理也面临着新的挑战，这将导致网络管理困难加剧。传统的网络管理，在特定的环境下或者小型网络中也许可以工作正常，但是当面对复杂的、多样化的及多厂商设备环境时，这种针对特定环境的网络管理产品显得力不从心。因此，需要有标准的网络管理协议才能对复杂的网络环境进行有效的管理。

网络管理狭义的理解是通信量的管理，广义的理解是指利用多种应用程序、工具和设备来监控和维护重要网络资源的一种技术，并对这些资源做统一的监控、配置、优化及计费。网络管理功能可概括为配置管理、性能管理、故障管理、安全管理和计费管理。

简单网络管理协议 SNMP（Simple Network Management Protocol）是网络管理程序（NMS）和代理程序（Agent）之间的通信协议。它规定了在网络环境中对设备进行管理的统一标准，包括管理框架、公共语言、安全和访问控制机制。它是一种应用层协议。SNMP 使网络管理员能够管理网络效能，发现并解决网络问题以及规划网络增长。通过 SNMP 接收随机消息（及事件报告），并获知网络出现的问题。

SNMP 的前身是简单网关监控协议（SGMP），用来对通信线路进行管理。随后，人们对 SGMP 进行了很大的修改，特别是加入了符合 Internet 定义的 SMI 和 MIB，改进后的协议就是著名的 SNMP。图 6-5 是 SNMP 在网络中的管理模型。

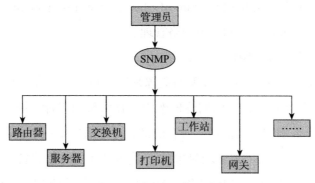

图 6-5　SNMP 管理模型

网络管理的功能概括如下：

（1）配置管理：负责监测和控制网络的配置状态，对网络的拓扑结构、资源、使用状态等配置信息进行监测和修改，包括网络规划、服务规划、服务提供、状态监测和控制等。

（2）性能管理：负责网络通信信息（流量、用户、访问的资源等）的收集、加工和处理，包括性能监视、性能分析、优化性能和生成性能报告等。

（3）故障管理：能够迅速发现、定位和排除网络故障，保证网络的高可用性，包括故障警告、定位、测试、修复和记录等。

（4）安全管理：保证网络管理系统正确运行，保护被管理的目标免受侵扰和破坏，包括身份验证、密钥管理、病毒预防、灾难恢复等。

（5）计费管理：正确地计算和收取用户使用网络服务的费用，进行网络资源利用率的统计，包括计费记录、用户账单、网络运行成本等。

网络管理系统基本上由五部分组成：

（1）被管理端一般是网络中比较重要的设备，被管的目的是监控及维护。

（2）代理程序是运行在被管理端上的程序，该程序的作用是把管理端的数据及运行情况提交给管理端。

（3）网络管理器就是管理端，定时收集被管理端的运行数据，以达到配置和监控的目的。

（4）公共网络管理协议用来实现管理端和被管理端之间的通信，为不同厂商设备提供统一标准。

（5）管理信息库是一个信息仓库，保存了设备本地的运行状态信息，被管理端上的代理程序就是通过查询该库来获取设备的本地运行状态。

基于 TCP/IP 的 SNMP 网络管理框架是工业上的现行标准，由三个主要部分组成，分别是管理信息结构 SMI（Structure of Management Information）、管理信息库 MIB（Management Information Base）和简单网络管理协议 SNMP。

下面我们简单介绍一下 MIB 和 SMI。

管理信息库 MIB：任何一个被管理的资源都表示成一个对象，称为被管理的对象。"管理信息"本质上就是在因特网的网管框架中被管对象的集合。被管对象必须维持可供管理程序读写的若干控制和状态信息。所有的被管对象组成了一个虚拟的信息存储器，称为管理信息库 MIB。它定义了被管理对象的一系列属性：对象的名称、对象的访问权限和对象的数据类型等。每个 SNMP 设备（Agent）都有自己的 MIB。MIB 也可以看作是 NMS（网络管理系统，既可以指一台专门用来进行网络管理的服务器，也可以指某个网络设备中执行管理功能的一个应用程序）和 Agent 之间的沟通桥梁。MIB 定义的通用化格式支持对每一个新的被管理设备定义其特定的 MIB 组，因此厂家可以采用标准的方法定义其专用的管理对象，从而可以管理许多新协议和设备，可扩展性很好。

管理信息结构 SMI：SMI 是一种为了确保网络管理数据的语法和语义明确和无二义性而定义的语言。SMI 定义了 SNMP 框架所用信息的组织、组成和标识，指定了在 SNMP 的 MIB 中用于定义管理目标的规则，它还为描述 MIB 对象和描述协议怎样交换信息奠定了基础。SMI 的功能有以下三个：

（1）如何命名被管理对象；

（2）存储被管理对象的数据类型有哪些；

（3）如何对网络上传送的管理数据编码。

SNMP、MIB 和 SMI 这三部分相互独立，每部分都定义了单独标准。SNMP 定义通信的方式和格式，但不指明具体设备上的具体数据，每种设备的数据细节在 MIB 中定义，这样可以做到"控制与数据相分离"的目的，能提供很好的兼容性和可扩展性。而 SMI 又为保持 MIB 的简单性和可扩展性提供了很好的支持。

1. 域名系统的主要功能是什么？域名系统中的本地域名服务器、根域名服务器、顶级域名服务器以及权限域名服务器有何区别？

2. 设想有一天整个互联网的 DNS 系统都瘫痪了（这种情况不大会出现），试问还有可能给朋友发送电子邮件吗？

3. 简单文件传送协议 TFTP 与 FTP 的主要区别是什么？各用在什么场合？

4. 假定一个超链从一个万维网文档链接到另一个万维网文档时，由于万维网文档上出现了差错而使得超链指向一个无效的计算机名字。这时浏览器将向用户报告什么？

5. 你所使用的浏览器的高速缓存有多大？请进行一个实验：访问几个万维网文档，然后将你的计算机与网络断开，然后再回到你刚才访问过的文档。你的浏览器的高速缓存能够存放多少个页面？

6. 什么是网络管理？为什么说网络管理是当今网络领域中的热闹课题？

第7章　网络安全和网络管理

随着网络的发展，信息资源的共享，电子商务的普及，网络中的安全问题也日趋严重：用户名、密码被盗用；机器被病毒感染；喜欢访问的网站无法访问等，加上网络安全方面的先天不足，导致构建一个安全的网络环境势在必行。同时，用户对网络性能的要求越来越高，一个能保证为用户提供令人满意的网络服务的、高效的网络管理系统运营而生。网络安全和网络管理是一门系统课程，本章只对网络安全和网络管理的基本内容做初步介绍。

7.1　网络安全概述

网络安全是指保护网络系统的硬件、软件及其系统中的数据，使其不致因偶然的因素或者恶意的攻击而遭到破坏，确保系统正常可靠的运行。

7.1.1　计算机网络面临的威胁

1. 计算机网络实体面临的威胁

网络实体可能是一个实实在在的设备（包括节点设备、通信设备、终端设备、存储设备、电源系统等），也有可能是一个纯软件的形态，比如虚拟机。计算机网络中"实体"是在计算机网络中交换信息的设备的统称。比如数据链路层中的实体是二层交换机，网桥等；网络层中的实体是路由器，三层交换机等。

计算机网络实体面临的威胁包括防盗、防火、防静电、防雷击和防电磁泄露等内容。

① 网络实体如被盗，尤其硬件被窃，信息失去所造成的损失可能远远超过实体硬件本身的价值，因此防盗是网络实体安全的重要环节。

② 电气设备和线路过载、短路、接触不良等原因可引起电打火而导致火灾；操作人员乱扔烟头、操作不慎可导致火灾；人为纵火或外部火灾蔓延也可导致机房火灾。一旦发生火灾，后果极其严重，所以平时要注意防火。

③ 防雷击主要是根据电气、微电子设备的不同功能及不同受保护程度和所属保护层确定防护要点作分类保护；也可根据雷电和操作瞬间过电压危害的可能通道对电源线到数据通信线路作多几层保护。

④ 屏蔽是防电磁泄露的有效措施，屏蔽主要有电屏蔽、磁屏蔽和电磁屏蔽三种类型。

2. 计算机网络系统面临的威胁

现有的网络威胁有主动攻击和被动攻击。

① 被动攻击指攻击者从网络上窃听他人的通信内容。通常把这类攻击称为截获。在这种攻击中，攻击者只是观察和分析某一个协议数据单元 PDU 而不干扰信息流。如图 7-1 所示。

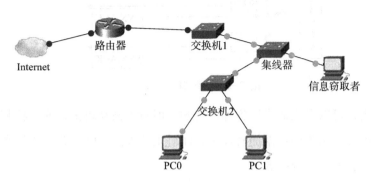

图 7-1　用集线器窃取信息的例子

② 主动攻击的方式有很多，如篡改信息、传播病毒、拒绝服务攻击（Dos）等。

篡改信息指非授权用户中途拦截正常传输的信息，将其内容篡改后，继续发往目的终端。这种方式更改了报文流。如图 7-2 所示。

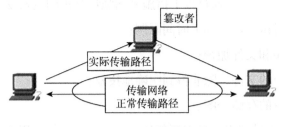

图 7-2　拦截并篡改信息内容

传播病毒就是通过邮件、热门网站传播病毒，而且感染病毒的主机又通过大肆发送含有病毒的邮件来扩散病毒，使病毒在较短的时间内蔓延到整个网络。

拒绝服务攻击（Dos）是用某种方法去耗尽网络设备或服务器资源，使其不能正常提供服务的一种攻击手段，如图 7-3 就是使某个 Web 服务器不能正常提供服务的一种攻击手段。

终端 A 伪造多个本不存在的 IP 地址，请求和 Web 服务器建立 TCP 连接，服务器在接受到 SYN=1 的建立连接请求后，为请求建立的连接分配一定资源，并发送 SYN=1，ACK=1 的确认响应，但由于终端 A 是用伪造 IP 地址发起的请求，服务器发送的确认响应并不可能到达真正的网络终端，也无法收到客户端的确认报文，该 TCP 连接无法达到完成状态，分配的资源限制，Web 服务器功能被抑制。

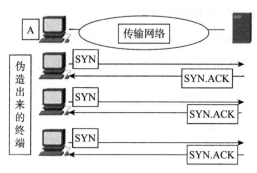

图 7-3　拒绝服务攻击

对于主动攻击，可以采取适当措施加以检测。但对于被动攻击，通常检测不出来。因此，对待被动攻击可采用各种数据加密技术，而对主动攻击，则需要采用加密技术与适当的认证技术相结合的方式进行抵御。

7.1.2　计算机网络系统安全的分类

网络安全主要指网络上的信息安全，包括逻辑安全、操作系统安全、网络传输安全。

（1）逻辑安全需要用口令字、文件许可、加密、检查日志等方法来实现。防止黑客入侵主要依赖于计算机的逻辑安全。可通过以下措施来加强计算机的逻辑安全：

① 限制登录的次数，对试探操作加上时间限制；

② 对重要的文档、程序和文件加密；

③ 限制存取非登录用户的文件，除非得到明确地授权；

④ 跟踪可疑的、未授权的存储企图。

（2）操作系统是计算机中最基本、最重要的软件。同一计算机可以安装几种不同的操作系统。如果计算机系统需要提供给许多人使用，操作系统必须能区分用户，防止相互干扰。一些安全性高、功能较强的操作系统可以为计算机的每个用户分配具有不同权限的账户。

（3）网络传输安全的目的是保证传输数据信息的保密性、真实性和完整性。

7.2　计算机网络安全内容

7.2.1　网络安全的目标

1. 信息传输的安全

① 保密性

保密性就是对发送的数据信息进行加密，保证只有信息的发送方和接收方才能看懂所发信息的内容。显然，保密性是网络安全通信最基本的要求，也是对付被动攻击所必须具备的功能。尽管计算机网络安全并不仅仅依靠保密性，但不能提供保密性的网络肯定是不安全的。为了使网络具有保密性，需要使用各种密码技术。

② 真实性

安全的计算机网络必须能够鉴别信息的发送方和接收方的真实身份。网络通信和面对面的通信差别很大。现在频繁发生的网络诈骗，在许多情况下，就是由于在网络上不能鉴别出对方的真实身份。当在网上购物时，首先需要知道卖家是真正的有资质的商家还是犯罪分子假冒的商家，不解决这个问题，就不能认为网络是安全的。端点鉴别在对付主动攻击时是非常重要的。

③ 完整性

即使能够确认发送方的身份是真实的，并且所发送的信息都是经过加密的，仍然不能保证网络是安全的。还必须要确认所收到的信息是完整的，也就是信息的内容没有被人篡改过。保证信息的完整性在应对主动攻击时也是必不可少的。

2. 安全协议设计

目前在安全协议的设计方面，主要是针对具体的攻击（如假冒）设计安全的通信协议。但如何保证设计的协议是安全的？可以使用如下两种方法：① 用形式化方法证明；② 用经验来分析协议的安全性。形式化证明的方法，只能针对某种特定类型的攻击来讨论其安全性，对复杂的通信协议的安全性，比较难操作。对于简单的协议，可通过限制对手的操作来做一些特定情况进行形式化证明，有一定局限性。经验方式，通过已有的经验、人工分析的方法来找漏洞。一般安全协议的设计同时结合两种方法。

3. 访问控制

访问控制对计算机系统的安全性非常重要。必须对访问网络的权限加以控制，并规定每个用户的访问权限。由于网络是个非常复杂的系统，其访问控制机制比操作系统的访问控制机制更复杂（尽管网络的访问控制机制是建立在操作系统的访问控制机制之上的），尤其在安全要求更高的多级安全情况下更是如此。

7.2.2 信息安全传输过程

为了保证数据信息在网络中完全的传输，需要达成上述的安全网络目标。下面将详细介绍信息传输过程中，进行信息安全传输的目标：数据加密、数据摘要、数字签名和数字证书等过程操作。数据信息安全传输过程如图 7-4 所示。

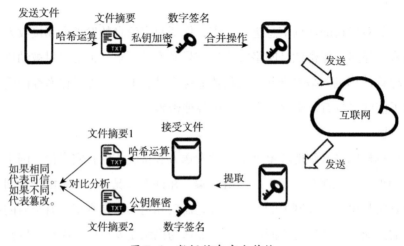

图 7-4 数据信息安全传输

1. 数据加密

数据加密即实现数据的保密性，加密过程就是将数据转换成另外一种形式的过程，如果不了解用于加密的算法，解密几乎是不可能的。一般来说，可以将这些加密算法分为两大类：对称加密算法和非对称加密算法。

（1）对称加密体制

所谓对称加密体制，即加密密钥和解密密钥是使用相同的密码体制。目前常见的对称加密算法有 DES、3DES、AES 等。

对称加密算法使用同一密钥对信息提供安全的保护。假设对称加密算法的密钥为"k"，发送端传输的明文数据为"m"，网关加密后的数据为"c"，而 E 和 D 为加密和解密函数，则数据加密过程如图 7-5 所示。

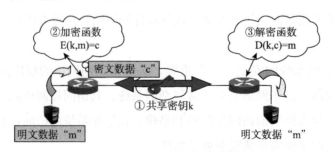

图 7-5 对称加密算法

① 发送发和接收方共享密钥"k"，也就是说加密和解密使用同一把钥匙。

② 发送方的数据信息通过加密函数 E 将明文数据 m 加密成为密文数据 c。

③ 接收方的数据信息通过解密函数 D 将数据还原为明文数据 m。

（2）非对称加密技术

非对称加密算法也称为公钥密码体制，使用公钥和私钥两个不同的密钥进行加密和解密。即用一个密钥加密的数据仅能被另一个密钥解密，且不能从一个密钥推出另一个密钥。假设接收方的公钥和私钥分别为 p 和 q，发送端传输的明文数据为 m，经过加密后的数据为 c，而 D、E 分别为加密和解密函数，数据加密过程如图 7-6 所示。

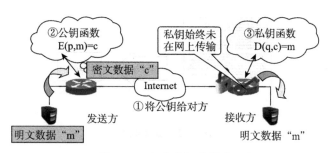

图 7-6　非对称加密算法

① 通信双方交换公钥（主要是把接收方的公钥传输给发送方）。

② 发送方通过公钥将明文数据 m 加密成为密文数据 c。

③ 接收方通过自己的私钥解密数据。整个过程私钥始终没有在网络中传输。

目前常用的非对称加密算法有：RSA（使用三位数学家名字的首字母来命名）、DSA（Digital Signature Algorithm，数字签名算法）、DH（Diffie-Hellman，迪菲赫尔曼）。前两种常用于验证功能，而 DH 一般被用来实现 IPsec 中的 Internet 密钥交换（IKE）协议。

公钥密钥与对称密钥在使用通信信道方面有很大的不同。在使用对称密钥时，由于双方使用同样的密钥，因此在通信信道上可以进行一对一的双向保密通信，每一方既可用此密钥加密明文，并发送给对方，也可接收密文，用同一密钥对密文解密。这种保密通信仅限于持有此密钥的双方（如再有第三方就不保密了）。但在使用公钥密钥时，在通信信道上可以是多对一的单向保密通信。例如在图 7-6 中，可以有很多人同时持有发送端和接收端的公钥，并各自用此公钥对自己的报文加密后发送给接收端。只有接收端才能够用其私钥对收到的多个密文一一进行解密。但使用这对密钥进行反方向的保密通信则是不行的。在现实生活中，这种多对一的单向保密通信是很常用的。例如，在网购时，很多顾客都向同一个网站发送各自的信用卡信息，就属于这种情况。

请注意，任何加密方法的安全性取决于密钥的长度，以及攻破密文所需的计算量，而不是简单地取决于加密的体制（公钥密码体制或对称加密体制）。同时，公钥密码体制并没有使对称密码体制被弃用，因为目前公钥加密算法的开销较大，在可见的将来还不会放弃对称加密体制。

2. 数据摘要

数据摘要即消息摘要、数据指纹，是根据一定的运算规则对原始数据信息进行某种形式的信息提取，成固定长度的信息。这个固定长度的数据摘要可以唯一的标识一段数据，保证了数据信息的真实性。常用的数据摘要算法有 RSA 公司的 MD5 算法和 SHA-1 算法，数据信息经过 Hash 算法后得到定长为 128 Bit 的数据摘要。如图 7-7 所示。

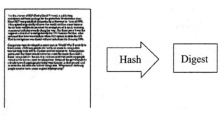

图 7-7　数据摘要

3. 数字签名

数字签名是非对称加密算法和数字摘要技术的综合应用，类似写在纸上的、普通的物理签名，是用私钥对数据摘要进行加密，得到的信息。数字签名保证了数据信息传输的真实性。一套数字签名技术务必要实现一下功能：

（1）接收者能够核实发送者对报文的签名。也就是说，接收者能够确信该报文的确是发送者发送的。其他人无法伪造对报文的签名。这叫做报文鉴别。

（2）接收者确信所收到的数据和发送者发送的完全一样而没有被篡改过。这叫做报文的完整性。

（3）发送者事后不能抵赖对报文的签名。这叫做不可否认性。

现在已有多种实现数字签名的方法。但采用公钥算法要比采用对称密钥算法更容易实现。这种算法是发送方用私钥进行签名，接收方用公钥验证签名（验签）。常用的数字签名有 HASH 签名、DSS 签名和 RSA 签名。如图 7-8 所示。

图 7-8　数字签名

消息的发送方发送数据之前，先用数据摘要的 HASH 算法，将要发送的数据摘要成 128 bit 的信息。然后用自己的私钥加密发送。

消息的接收者接收到数据之后，首先使用同样的方法对原文进行数据摘要，得到数据摘要 A，然后使用公钥给数字签名进行解密，得到数据摘要 B，最后比较数据摘要 A 和摘要 B，如果相同，数据原文没有被篡改，否则就表示原文被篡改。如图 7-9 所示。

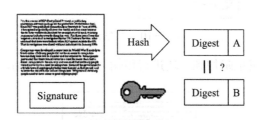

图 7-9　数据摘要对比

4. 数字证书

在以上的数据传输加密、签名过程中，如果有第三方登录了接收者的电脑设备，并且置换了发送方的公钥，这样第三方就可以冒充发送方发送信息给接收方，信息安全得到威胁。如何解决该问题了？为了验证通信的对方的确是自己所要通信的对象，而不是其他冒充者，并且所传送的报文是完整的，也没被其他人篡改，引入数字证书的概念。

数字证书就是网络通信中标志通信各方身份信息的一系列数据，由证书签证机关（CA）签发的对用户的公钥的认证，其作用类似于现实生活中的身份证。

如何对公钥进行认证呢？发送、接收双方需向一个证书发布机构 CA 申请证书，将证书的信息告诉给 CA，CA 就会将这些信息写到证书中去，然后使用自己的私钥对证书进行加密，这样就可以将这种证书投入使用，当将这个证书发送给对方后，对方会在自己操作系统中受信任的发布机构的证书中去找 CA 的证书，如果找不到，那说明证书可能有问题，程序会给出一个错误信息。如果在系统中找到了 CA 的证书，那么应用程序就会从证书中取出 CA 的公钥，这样使用这个公钥就可以对接收到的数字证书进行解密，解密之后就可以拿到我们自己的公钥信息。

现在，假如 A 跟 B 通信，A 不会提前将自己的公钥给 B，而是通过证书的形式给 B，这样 B 就可以确定公钥的真实性了。A 会通过一个证书的形式在证书中附上自己的相关信息以及自己的公钥，然后通过 CA 的私钥对证书进行加密。如图 7-10 所示。

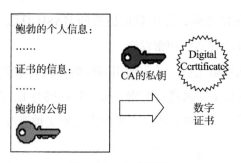

图 7-10　数字证书

然后将这个数字证书也附加到一块进行传输。如图 7-11 所示。

图 7-11　数字证书和数字签名传送

B 接到到消息后，通过 CA 的公钥对数字证书进行解密，这样就可以拿到 A 的公钥，然后通过 A 的公钥来对签名进行解密得到摘要信息。如图 7-12 所示。

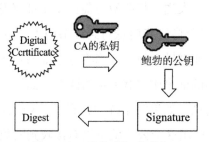

图 7-12　用数字证书验证

数字证书是用来进行鉴别的，验证通信的对方的确是自己所要通信的对象，而不是他人冒充的，具体鉴别过程上面已介绍。但实际上，鉴别有两种方式，一种是报文鉴别，即所收到的报文的确是报文的发送者所发送，而不是他人伪造或篡改的。另一种是实体鉴别，实体可以是一个人，也可以是一个进程（客户或服务器）。报文鉴别和实体鉴别有所不同，报文鉴别是对每一个收到的报文都要鉴别报文的发送者，而实体鉴别是在系统接入的全部持续时间内对自己通信的对方实体只验证一次。

7.2.3　Windows 中的证书

这里以 Windows 7 操作系统为例，讲述操作系统中的证书。实际上在 Windows 类似的操作系统里面已经有很多证书，只是平时使用的比较少而已。打开网络和 Internet 设置，在出现的界面当中选择"Internet 选项"标签，并在出现的窗口中选择"内容"选项。如图 7-13 所示。

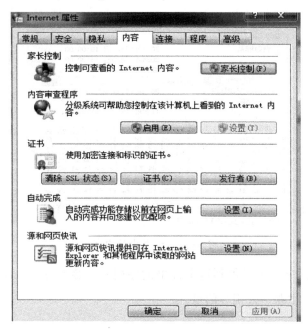

图 7-13　内容选项

在这个界面当中点击"证书"按钮，出现如图 7-14 所示的界面。

图 7-14　证书选项

从这个界面可以看到，Windows 操作系统中包含了许多数字证书。选择其中一个证书，再点击上面的"导出"按钮，按照提示将证书导出到一个文件当中，打开这个文件如图 7-15 所示。

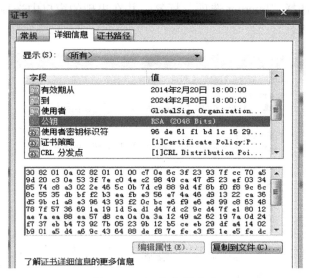

图 7-15　证书中的内容

这就是导出的证书，可以得到这个证书的序列号、签名算法、颁发者、有效起始日期、有效终止日期、主题、公钥等信息。

7.3　密钥分配

由于密码算法是公开的，网络的安全性就完全基于密钥的安全保护上。因此在密码学中出现了一个重要的分支——密钥管理。密钥管理包括：密钥的产生、分配、注入、验证和使用。本教材中只讨论密钥的分配。

密钥分配是密钥管理中最大的问题。密钥必须通过最安全的通路进行分配。例如，可以派非常可靠的信使携带密钥分配给互相通信的各用户。这种方法称为网外分配方式。但随着用户的增多和网络流量的增大，密钥更换频繁，派信使的办法已不再适用，而应采用网内分配方式，即对密钥自动分配。

1. 对称密钥分配

对称密钥分配能用很多种方法实现：对发送、接收双方 A 和 B 来说，有以下选择：

① A 能够选定密钥并通过物理方法传递给 B;

② 第三方 C 可以选定密钥并通过物理方法传递给 A 和 B;

③ 如果 A 和 B 不久之前使用过一个密钥,一方能够把使用旧密钥加密过的新密钥传递给另一方;

④ 如果 A 和 B 各自有一个到达第三方 C 的加密链路,C 能够在加密链路上分别传递新密钥给 A 和 B。

第①、②种方法中所指物理方法指的是手动地交换密钥(比如邮寄纸质密钥文件、飞鸽传书……),对于链路层加密是合理可行的。但是对于端到端加密来说,物理方法显然是笨拙的。在分布式系统中,任何主机或终端都可能需要不断地和许多其他的主机或终端进行通信,因此每个设备都需要大量的动态供应的密钥。第③种方法对于链路层加密和端到端加密都是可行的,但是如果攻击者成功地获得了一个密钥,那么接下来的所有新密钥都暴露了。为端到端加密,第④种方法更可取。第④种方法需要一个密钥分发中心 KDC,KDC 判断哪些系统或主机允许互相通信,当两个系统或主机被允许建立连接时,KDC 就为这条连接提供唯一的一次性会话密钥(session key)。

这个自动密钥分发方法提供了允许大量终端用户访问大量主机及主机间交换数据所需要的灵活性和动态特性。实现这一方法最广泛的一种应用就是 Kerberos 认证。它是一种认证服务,Kerberos 要解决的问题是:假设在一个开放的分布式环境中,工作站的用户希望访问分布在网络各处的服务器上的服务。在这个环境中,让一个工作站去正确地对网络服务识别用户是靠不住的想法,特别是存在以下三种威胁:

① 一个用户可能进入一个特定的工作站,并冒充使用这个工作站的其他用户;

② 一个用户可能改变一个工作站 A 的网络地址来冒充另一个工作站 B,从 A 发出的请求好像是从 B 发出的;

③ 一个工作站可能窃听数据交换,并使用重放攻击来获取连接服务器,或是破坏正常操作。

在以上任何一种情况下,一个非授权用户都可能获得他没有被授权得到的服务和数据。Kerberos 没有采取在每个服务器设立认证协议的方法,而是利用集中的认证服务器来实现用户对服务器的认证和服务器对用户的认证。Kerberos 使用两个服务器:鉴别服务器 AS 和票据授予服务器 TGS。其工作原理如图 7-16 所示。

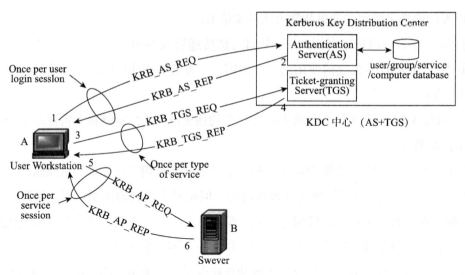

图 7-16　Kerberos 的工作原理

以工作站 A 和 B 为例进行密钥分配步骤的简单描述，A（而不是其他人冒充 A）向 B 请求服务后，才向 A 和 B 分配会话使用的密钥的过程。

① A 用明文向鉴别服务器 AS 表明自己的身份。AS 就是 KDC，它掌握各实体登记的身份和相应的口令。AS 对 A 的身份进行验证。只有验证结果正确，才允许 A 和票据授予服务器 TGS 进行联系。

② 鉴别服务器 AS 向 A 发送用 A 的对称密钥 KA 加密的报文，包含 A 和 TGS 通信的会话密钥 Ks 以及 AS 要发送给 TGS 的票据。A 并不保存密钥 KA，但当这个报文到达 A 时，A 就键入其口令。若口令正确，则该口令和适当的算法一起就能生成密钥 KA，这个口令随即被销毁。密钥 KA 用来对 AS 发送过来的报文进行解密。这样就提取出会话密钥 Ks 以及要转发给 TGS 的票据。

③ A 向 TGS 发送三项内容：

• 转发鉴别服务器 AS 发来的票据。

• 服务器 B 的名字。A 请求 B 的服务，键入口令，转发 AS 发出的票据。

• 用 Ks 加密时间戳 T。它用来防止入侵者的重放攻击。

④ TGS 发送两个票据，每一个都包含 A 和 B 通信的会话密钥 K。给 A 的票据用 KA 加密；给 B 的票据用 B 的密钥 KB 加密。

⑤ A 向 B 转发 TGS 发来的票据，同时发送用 Ks 加密的时间戳 T。

⑥ B 把时间戳 T 加 1 来证实收到了票据。B 向 A 发送的报文用密钥 Ks 加密。

以后，A 和 B 就使用 TGS 给出的会话密钥 Ks 进行通信。

2. 非对称密钥分配

在公钥密码体制中，如果每个用户都具有其他用户的公钥，就可实现安全通信。公钥的安全性要求就需要有一个值得信赖的机构来将公钥与其对应的实体（人或机器）进行绑定。这样的机构就叫做认证中心 CA（Certification Authority），它一般由政府出资建立。每个实体都有 CA 发来的证书（certificate），里面有公钥及其拥有者的标识信息（人名或 IP 地址）。此证书被 CA 进行了数字签名。任何用户都可从可信的地方（如代表政府的报纸）获得认证中心 CA 的公钥，此公钥用来验证某个公钥是否为某个实体所拥有（通过向 CA 查询）。

7.4　密码学新方向

自 1949 年香农发表奠基性论著《保密系统的通信理论》标志着现代密码学的诞生以来，密码学在"设计—破译—设计"的模式下迅猛地发展起来。近 20 年来，涌现出了许多新的密码学思想。主要有以下几个方面：

（1）密码专用芯片集成

密码技术是信息安全的核心技术，目前已渗透到大部分安全产品之中，向芯片化发展。

以往密码核心算法的实现基本上是在数字信号处理器（DSP）和嵌入式单片机（8051等）上以软件方式实现的。但随着高速带宽网络的发展，对密码实施的安全性和处理速度都提出了更高的要求，同时，不同的产品需要不同的密码保护等级和不同的密码算法，因此，密码实现的方法逐步朝着密码专用芯片集成的方向进行发展。

（2）量子密码技术

利用量子计算机对传统密码体制进行分析，并利用单光子测量原理在光纤级实现密钥管理和信息加密，从而在极短的时间内解析公钥。

量子密码学是量子力学和现代密码学相结合的产物，是以量子力学理论为基础的量子信息理论领域的一个新应用，并提出了一个密钥交换的安全协议。

量子密码学利用了量子的不确定性，信道上任何的通信都对信道产生影响的现象以达到发现窃听的目的，保证通信安全。量子密钥分配利用了光子在传播时，沿同样的方向进行不断震动的偏振原理，保证密钥分配的安全性。

量子密码技术是绝对安全的、不可破译的，而且任何窃取量子的动作都会改变量子的状态，所有一旦存在窃听者，就会立即被量子密码的使用者所知。故量子密码技术可能成为光通信网络中数据保护的强有力的工具，而且要迎战未来具有量子计算能力的攻击者，量子密码技术是唯一选择。

（3）DNA 密码技术

DNA 除了用于遗传学外，还可以用于信息科学领域，因为 DNA 具有超大规模并行性、超高容量的存储密度以及超低的能量消耗，非常适用于信息领域。伴随着 DNA 计算的研究出现了新的密码学领域——DNA 密码学。

DNA 密码的特点是以 DNA 为信息载体，以现代生物技术为实现工具，挖掘 DNA 固有的高存储密度和并行性等优点，实现加密、认证和签名等功能。DNA 计算机现已可以破译任何小于 64 位的数据信息密钥。

（4）多变量公钥密码体制

多变量公钥密码体制的安全性是建立在求解有限域上随机产生的非线性多变量多项式方程组的困难性之上。由于运算是在较小的有限域上进行的，多变量公钥密码体制的计算速度非常快。到目前为止，已经有很多新的多变量公钥密码体制，这些多变量公钥密码体制当中有一些非常适用于诸如无线传感器网络和动态 RFID 标签等计算机能力有限的设备。

（5）基于格的公钥密码体制

与多变量公钥密码体制类似，基于格的公钥密码体制也是一类高效的公钥密码体制。这类密码体制的安全性基石的格中的三个困难问题是，最短向量问题（SVP）、最近向量问题（CVP）和最小基问题（SBP）。这类密码体制被认为有希望取代 RSA 密码体制来抵挡量子计算机和量子算法的攻击。

7.5 互联网使用的安全协议

前面讨论的网络安全原理都可以用在互联网中，目前在网络层、运输层和应用层都有相应的网络安全协议。

7.5.1 网络层安全协议——IPsec 协议

目前大多数企业网是内部网络，并不对外公开，只能允许企业内部人员访问 Internet，但外部人员却不能访问企业内部资源。即使企业设置了允许外部人员能访问 Web 服务器，可是该服务器和企业内部网络之间还是有隔离设备——防火墙。如图 7-17 所示。

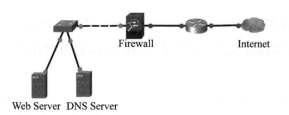

图 7-17　没有 VPN 的局域网

如何使企业构建一个跨地区的企业内部网络呢？将网络层安全协议 IPsec 运用到虚拟专用网络 VPN 中，为该类问题提供一个可靠、安全、便捷的解决办法。

IPSec 是 IP Security 的简称，它是 IETF 制定的三层隧道加密协议，是在网络层提供互联网通信安全的协议族；VPN（Virtual Private Network）是 IPSec 的一种应用方式。IPSec VPN 为数据信息选择合适的算法和参数（例如，密钥长度），在建立的虚拟通道中传输。如图 7-18 所示。

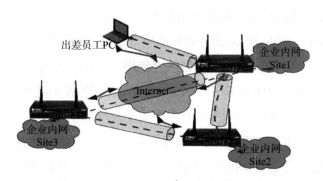

图 7-18　IPsec VPN 建立的局域网互联

对使用 IPsec 技术的数据信息，经过网络层时，用 AH（Authentication Header）协议或安全有效载荷 ESP（Encapsulation Security Payload）协议进行封装。通常情况下，多采用 ESP 协议。ESP 协议使用对称加密算法 DES、3DES 和 AES 对数据信息进行加密；使用非对称加密算法 DH（Diffie-Hellman）交换密钥；使用 MD5 或 SHA1 保证数据信息的真实性和完整性。其中，DH 被用来实现 IPsec 中的 Internet 密钥交换（IKE）协议。通信双方交换公钥后，会用自己的密钥和对方的公钥通过 DH 算法计算出一个共享密钥，然后双方会使用这个共享密钥加密传输数据。

IPSec 数据报提供了传输（Transport）模式和隧道模式（Tunnel）两种工作方式。其中，传输（Transport）模式是在整个传输层报文段的前后分别添加一些控制字段，构成 IPsec 数据报，再加上 IP 首部，构成 IP 安全数据报。这种方式把整个传输层报文段都保护起来了，因此适合于主机到主机之间的安全传送，但需要使用 IPsec 的主机都运行 IPsec 协议。

IPSec 的隧道模式是在一个 IP 数据包的前后添加一些控制字段，构成 IPsec 数据报。

显然，这需要在 IPsec 数据报所经过的所有路由器中都运行 IPsec 协议。

一般常用 IPSec 的隧道模式，如图 7-19 在 IPsec 隧道模式下采用 ESP 协议进行封装的数据格式。

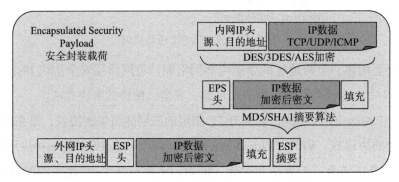

图 7-19　IPsec 隧道模式的 ESP 协议封装

通信对等体之间如何约定所使用的密钥和协议封装模式？IPsec 引入了安全联盟 SA（Security Association）。它是 IPsec 的基础和本质，是通信对等体间对某些要素的约定，例如，使用哪种协议（AH、ESP，还是两者结合使用）、协议的封装模式（传输模式或隧道模式）、加密算法（DES、3DES 或 AES）、特定流中保护数据的共享密钥以及密钥的生存周期等。SA 存放在 IPsec 的一个重要构件——安全关联数据库 SAD（Security Association Database）中。当一个主机要发送 IPsec 数据报时，在 SAD 中查找相应的 SA，获得必要的信息对 IPsec 数据报实施安全保护。同样，接收端的主机收到 IPsec 数据报时，也要在 SAD 中查找相应的 SA，获得必要的信息检查该分组的安全性。

SA 又是怎么建立起来的呢？如果一个虚拟专用网 VPN 只要几个路由器和主机，那么人工手动可以解决，如果一个 VPN 中有成百上千个路由器和主机，用人工的话费时、费力，还不稳定。因此，引入因特网密钥交换 IKE（Internet Key Exchange）协议，在不安全的网络上安全地认证身份、分发密钥、建立 IPsec SA。

7.5.2　应用层安全协议——安全插口层（SSL）

起初，应用层通过 HTTP 传输数据时使用的是明文，可以通过抓包工具窃取到，极不安全。随着一些新应用的不断涌现，如网上银行，它需要客户和服务器之间传输包括银行账号、密码等机密信息，这些机密信息一旦被外人窃取，后果十分严重。因此，在这种应用方式中，客户和服务器之间必须用加密方式传输这些机密信息，但问题是客户和服务器之间如何通过协商在加密算法和密钥方面取得共识，而且保证密钥是保密的？安全插口层（SSL）就是为解决这个问题而设计的，它的作用是：

（1）客户和服务器完成参数协商过程，确定共同接受的加密算法和密钥；

（2）完成相互认证过程；

（3）实现客户和服务器之间的加密通信；

（4）保证客户和服务器之间数据传输的完整性。

SSL 在 TCP/IP 协议栈的地位如图 7-20 所示，主要为 HTTP 提供安全、可靠的通信服务。

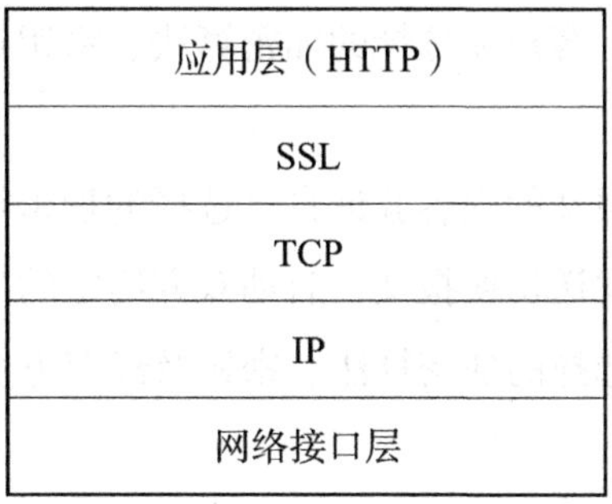

应用层（HTTP）
SSL
TCP
IP
网络接口层

图 7-20　SSL 在 TCP/IP 协议栈的地位

SSL 实现过程如图 7-21 所示。

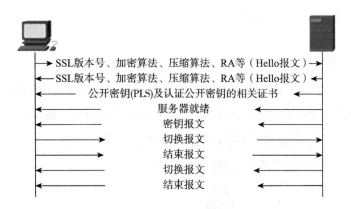

图 7-21　SSL 实现过程

SSL 协商加密算法和密钥的过程：

（1）当客户端获知访问的主页需要安全传输功能（如主页的协议部分不是 HTTP，而是 HTTPS），客户端就启动 SSL 的握手协议，向服务器发送 hello 报文（包含有 SSL 版本号、加密算法、压缩算法、RA 等）。

（2）服务器端收到客户端发送的 hello 报文后，也向客户端会送一个 hello 报文（包含 SSL 版本号、加密算法、压缩算法、RA 等）。同时，服务器端向客户端发送认证报文（公开密钥 PLS 及认证公开密钥的相关证书），其中认证证书用认证中心的密钥加密。客户端对服务器用来为公开密钥认证的认证中心必须有着共识，即具有认证中心 CA 中某个认证中心的公开密钥，可以对服务器提供的认证证书进行解密，已确认服务器提供的公开密钥的可靠性。这时，服务器端向客户端发送服务器就绪报文。

（3）客户端接收到服务器的就绪报文后，向服务器发送传输应用层（HTTP）报文时使用的密钥，该密钥用服务器公开密钥进行加密运算，因此，只有服务器才能对密文进行解密。然后，客户端发送一个切换报文，表示启用双方约定的加密算法和密钥。最后，向服务器端发送一个结束报文（客户端选择的加密算法、密钥及经双方协商约定的参数进行消息摘要运算后得到的结果）。

（4）当服务器端用结束报文的内容验证自己选择的加密算法、密钥及其他参数和客户端选择的一致时，向客户端发送切换报文，启动双方约定的加密算法和密钥。随后，向客户端发送结束报文（客户端选择的加密算法、密钥及经双方协商约定的参数进行消息摘要运算后得到的结果）。

（5）客户端接收到服务器端的结束报文，用以验证自己选择的加密算法、密钥及其他参数和服务器端选择的一致性，若一致，双方就可以开始加密通信了。

7.6 构建网络系统安全机制

7.6.1 防火墙

防火墙是一种特殊的路由器，主要功能是控制网络中信息的流动，对各子网间或终端间传输的信息类型和方向进行严格控制，禁止不必要的通信，减少网络中潜在入侵的发生，保证网络安全。防火墙为了实施访问控制策略，一般安装在一个网点和网络的其余部分之间。如图 7-22 所示防火墙在局域网中的位置。

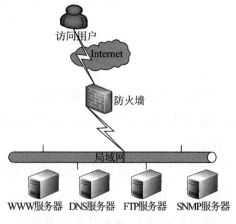

图 7-22 防火墙在局域网中的位置

第一代防火墙，静态包过滤防火墙、无状态分组过滤防火墙。它工作在 OSI 参考模型的第三层。其主要根据网络层和传输层的数据包头部，以及数据流的传输方向进行过滤。由于是静态包过滤，它的过滤参数是静态设定的，所以该防火墙的效率比较高。路由器中所使用的扩展 ACL 即是这种防火墙的典型。

第二代防火墙，电路级防火墙。该类防火墙主动截获 TCP 与被保护主机间的连接，并代表主机完成握手工作。当握手完成后，该防火墙负责检查只有属于该连接的数据分组才可以通过，而不属于该连接的则被拒绝。由于此防火墙只检查数据包是否属于该会话，而不验证数据包内容，所以其处理速率也是较快的。

第三代防火墙，应用级防火墙。其主要功能是在建立连接之前，基于应用层对数据进行验证。所有数据包的数据都在应用层被检测，并且维护了完整的连接状态以及序列信息。应用层防火墙还能够验证其他的一些安全选项，而且这些选项只能够在应用层完成，比如具体的用户密码以及服务请求。代理服务器防火墙属于应用级防火墙的一种具体实现。

第四代防火墙，动态包过滤防火墙、有状态（stateful）防火墙。它主要工作在 OSI 参考模型的第三、四和五层上。其通过本地的状态监控表，追踪通过流量的各种信息。该信息可能包含源/目的 TCP 和 UDP 端口号；TCP 序列号；TCP 标记；基于 TCP 状态机的 TCP 会话状态；基于计时器的 UDP 流量追踪。同时，该类火墙通常内置高级 IP 处理的特性，比如数据分片的重新组装以及 IP 选项的清除或拒绝，甚至还可以访问控制上层应用协议，比如 FTP 和 HTTP 协议，提供一种高层协议的过滤功能。

7.6.2　入侵检测系统（IDS）

入侵检测系统的应用如下图所示，一个完整的入侵检测系统由若干探测器和一个管理者服务器组成，探测器负责监测经过某个网段的信息流，在发生异常的情况下，向管理服务器报告，管理服务器负责安全策略设计，探测器的配置及报告的异常情况分析、归类，最终形成有关网络安全状态报告。如图 7-23 所示 IDS 在局域网中的位置。

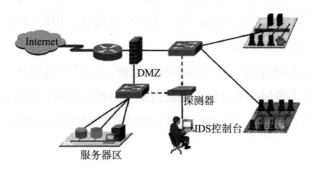

图 7-23　IDS 在局域网中的位置

入侵检测和防火墙不同点在于，防火墙控制的是各子网间的信息传递，尤其是外部网络和内部网络之间的信息流；而入侵检测系统检测的是网络内部中的信息流，尤其是经过关键网段的信息流。

入侵检测方法一般可以分为基于异常的入侵检测和基于特征的入侵检测。

（1）基于异常的入侵检测也称基于行为的检测，是指根据使用者的行为或资源使用情况来判断是否发生了入侵，而不依赖于具体行为是否出现来检测。该技术首先假定网络攻击行为是不常见的或者是异常的，区别于所有正常行为。如果能够为用户和系统的所有正常行为总结活动规律并建立行为模型，那么入侵检测系统可以将当前捕获到的网络行为与行为模型进行对比，若入侵行为偏离了正常的行为轨迹，就可以被检测出来。

总之，基于异常入侵检测的假设和前提是，用户活动是有规律的，而且这种规律是可以通过数据有效的描述和反映；入侵时异常活动的子集和用户的正常活动有着可以描述的明显的区别。如图7-24所示，异常监测系统首先经过一个学习阶段，总结正常的行为的轮廓成为自己的先验知识，系统运行时将信息采集子系统获得并预处理后的数据与正常行为模式比较，如果差异不超出预设阈值，则认为是正常的，出现较大差异即超过阈值则判定为入侵。

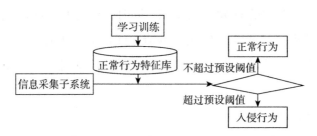

图7-24　基于异常的入侵检测系统

基于异常的入侵检测系统有如下特点：

① 检测的效率取决于用户轮廓（正常操作具有的特征）的完备性和监控的频率，因为不需要对每种入侵行为进行定义，而能有效检测未知的入侵，因此也称为一个研究热点。

② 系统能针对用户行为的改变进行自我调整和优化，但随着检测模型的逐步精确，异常检测会消耗更多的系统资源。

（2）基于特征的检测系统也称为误用检测系统，它是指运用已知的攻击方法，根据已定义好的入侵模式，通过判断这些入侵模式是否出现来检测。其实现过程是通过分析入侵过程的特征、条件、排列以及事件间的关系来描述入侵行为的迹象。系统处理过程如图7-25所示。

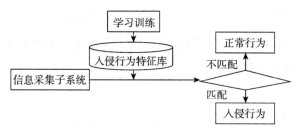

图 7-25 基于特征的检测系统

该技术的前提是假设所有的网络攻击行为和方法都具有一定的模式或特征，并把这些特征总结出来建立一个入侵信息库，进行对比判断。但如果入侵特征与正常的用户行为能匹配，则系统会发生误报；如果没有特征能与某种新的攻击行为匹配，则系统会发生漏报。

7.7 网络病毒防范

计算机病毒能破坏计算机系统内珍贵的信息材料，甚至破坏计算机的硬件。这种破坏会借助网络延伸到其他计算机。因此对网络病毒的防范刻不容缓。

1. 病毒的特征

计算机病毒具有传染性、非授权性、隐蔽性、潜伏性、破坏性和不可预见性六大特征。

① 传染性。病毒的传染性是指病毒具有把自身复制到其他程序中的特性。病毒是一段人为编制的计算机程序代码，这段程序代码一旦进入计算机并得以执行，会搜寻其他符合其传染条件的程序或存储介质，确定目标后再将自身代码插入其中，达到自我繁殖的目的。

② 非授权性。一般正常的程序由用户调用，再由系统分配资源，完成用户交给的任务。其目的对用户是可见的、透明的。而病毒具有正常程序的一切特征，但隐藏在正常程序中，当用户调用正常程序时窃取系统的控制权，先于正常程序执行，病毒的动作、目的对用户是未知的，是没有得到允许的。

③ 隐蔽性。病毒一般是具有很高编程技巧、短小精悍的程序。通常附在正常程序中或磁盘较隐蔽的地方，目的是不让用户发现它的存在。如果不经过代码分析，病毒程序与正常程序是不容易区分的。并且，病毒代码一般只有几百或一千多个字节，可以瞬间加载到正常程序中，使用户不易察觉。

④ 潜伏性。病毒感染系统后一般不会马上发作，它可长期隐藏在系统中，只有在满足其特定条件时才启动其破坏的模块。

⑤ 破坏性。任何病毒只要侵入系统，都会对系统及应用程序产生不同程度的影响。

轻者降低计算机工作效率，占用系统资源；重者导致系统崩溃。

⑥ 不可预见性。从对病毒的检测方面来看，病毒还有不可预见性。不同种类病毒，代码千差万别，使反病毒工作异常艰巨。

2. 病毒的传播途径

病毒的传染性是计算机病毒最基本的特征，病毒的传染性是病毒繁殖的条件。如果病毒没有传播渠道，其破坏性小，扩展面窄，难以造成大面积流行。病毒传播的主要途径有如下几条：

① U盘。U盘作为软盘的替代者被广泛应用，因此也是病毒传播的重要途径之一。

② 光盘。光盘因为容量大，存储了大量的可执行文件，大量的病毒就可能藏身在光盘之中，对只读式的光盘，不能进行写操作，病毒就不能清除。

③ 硬盘。当带病毒的硬盘在其他地方使用或者连接其他计算机中实现某种操作时，很容易将病毒传染给其他计算机。

④ BBS。电子布告栏（BBS）因为上站容易、投资少，深受用户喜爱。BBS是由计算机爱好者自发组织的通信站点，用户可以在BBS上进行文件交换（自由软件、游戏、自编程序等）。BBS没有严格的安全管理，这样就给一些病毒程序编写者提供了传播病毒的场所。

⑤ 网络。现代通信技术的进步为病毒的传播提供了新的渠道。病毒可以附在正常文件中，当从网络中得到一个被感染的程序后，在自己的电脑端未加任何防护措施情况下运行，病毒就会传播到自己电脑各个盘中的文件中。

随着Internet的风靡，给病毒的传播又增加了新途径，并将成为第一传播途径。Internet带来两种不同的安全威胁，一种是来自文件下载，这些被浏览的或通过FTP下载的文件中可能存在病毒；另一种是来自电子邮件，大多数Internet邮件系统提供了在网络间传送附带格式化文档邮件的功能，因此，遭受病毒的文档或文件就可能通过网关和邮件服务器涌入企业网络。网络使用的简易性和开放性使得这种威胁越来越严重。

3. 网络病毒的防范原则

在实际应用中，网络病毒的防范从两个方面着手：

① 加强网络管理人员的网络安全意识，有效控制和管理本地网和外地网进行的数据交换，同时坚决抵制盗版软件的使用。

② 选择和加载保护计算机网络安全的网络防病毒产品。随着网络技术的发展，网络反病毒技术将成为计算机反病毒技术的重要方面，也是计算机应用领域中重要的问题，是网络管理人员及用户的长期任务。只有这样，才能保证网络的安全。

具体的、长效的防范整个网络病毒，应遵循以下几个原则：

（1）防重于治。如果网络感染病毒后再杀毒，起到的作用不大。病毒即使没有破坏数据和文件，也会降低网络的运行速度，浪费时间和资源，这种防范方法必须改变。网络时代以防为主，以治为辅。杀毒只是一种被动的方式，防毒才是对付病毒积极又有效的措施，远比等待计算机病毒出现后再查杀更有效。

（2）防毒不能停。有了防毒产品的网络安全吗？不是的，防病毒是一个动态实时的斗争过程。杀毒软件必须不断升级。网络杀毒软件在防杀病毒的同时，在网络上也具有超级用户的角色，它要是得不到必要的维护和升级，便可能引起副作用。

（3）与网络管理集成，形成多层防御体系。网络防病毒最大的优势在于网络的管理功能，如果没有把管理功能加上，很难完成网络防毒的任务。管理和防范相结合，才能保证系统的良好运行。建立新的防毒手段应将病毒检测、多层数据保护和集中管理功能集成起来，形成多层防御体系。

（4）网络防毒防治是整个网络安全体系的一部分。计算机网络安全威胁主要来自于计算机病毒、黑客攻击和拒绝服务等。因而计算机的安全体系也应从防病毒、防黑客、灾难性恢复等几个方面综合考虑，形成一整套的安全机制，才是最有效的网络安全手段。

7.8　网络管理

网络管理的目的是提高网络性能，最大限度地增加网络的可用性，改进服务质量和保障网络安全，简化多厂商提供的网络设备在网络环境下的互通、互连、互操作管理和控制网络运行成本。

7.8.1　网络管理的概念

1. 网络管理方法

网络管理实际上就是控制一个复杂的计算机网络使其具有最高效率的过程。一般来说，网络管理是以提高整个网络系统的工作效率、管理水平和维护水平为目标的，主要涉及对一个网络系统的活动及资源进行监测、分析、控制和规划。网络管理技术的发展从传统的，人工分散的管理方式过渡到计算机化的集中管理方式。

① 人工分散管理方式。人工分散管理方式中，网络的操作维护人员以人工方式分散在各网络节点，统计各种业务数据和通信设备、传输线路的运行质量数据，按照主管部门的要求制作各种报表，定期向主管部门报送，并且按照主管部门的指示调整网络设备

的运行。这种管理方式局限于本地；不能及时汇总全网、全程的统计数据；不能及时调度设备、均衡负荷，还容易出现差错；不能适应现代化网络的管理需要。

② 计算机化集中管理方式。计算机网络技术是管理计算机的基础，网络中的各种状态数据的采集、处理都可用计算机来实现。计算机根据对网络状态数据的分析，可用判断网络中各部分的负荷和运行质量，对出现的异常情况采取一定的措施予以纠正。

2. 网络管理系统结构

网络管理系统由监测和控制网络的一组软件，配合分散在被管网络内部的硬件平台及通信线路组成，帮助网络管理者维护和监视被管网络的运行。另外，通过对网络内部数据的采集和统计，网络管理系统可以产生网络信息日志，用来分析和研究网络。

一个网络管理系统在逻辑上由管理对象、管理进程和管理协议三个部分组成。如图7-26 所示。

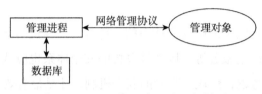

图 7-26　网络管理系统的逻辑模型

管理对象是抽象的网络资源。可以通过使用网络管理协议来管理这些资源，通过对被管对象的属性、行为和通知等方面进行抽象描述，对其进行定义、封装和操作，获取被管对象的数据，如设备的工作状态、参数等。通过这些数据，网络管理系统才能对其进行实时掌控。

管理进程主要由软件模块构成。通过对管理对象的操作，对网络中的设备进行全面的管理控制，并根据网络中各个管理对象的变化来决定对管理对象采取相应的操作。

管理协议负责在管理系统与管理对象之间传送操作命令和解释管理操作命令。实际上，管理协议保证了管理进程中的数据与具体被管理对象中的参数和状态的一致性。

7.8.2　网络管理的主要功能

网络管理的主要功能是对整个网络的运行情况进行监控，对采集的被管对象的各种状态及统计数据进行实时分析，及时发现问题、处理问题，使网络的运行更加有效稳定，提高网络管理者的工作效率。ISO 将开放系统的网络管理功能分为五个部分：故障管理、计费管理、配置管理、性能管理和安全管理。

（1）故障管理

所谓故障，是由损坏部件或软件故障、环境影响引起的系统非正常操作的事件。故障管理是网络管理中最基本的功能之一，主要是对来自硬件设备或网络节点的告警信息进行监控、报告和存储，以及进行故障的诊断、定位与处理，是对系统非正常状态的监控。故障管理的主要功能如下：

① 故障检测：接收故障报告，维护和检测故障日志，监视故障事件的发生，及时告警。

② 故障诊断：通过执行诊断测试功能，寻找故障发生的准确位置，分析故障发生的原因。

③ 故障纠正：将故障点从正常系统中隔离出去。如有可能，对故障进行修复。

（2）计费管理

计费管理主要管理被管理网络中各种业务的资费标准，及用户业务使用情况等，为成本计算和收费提供依据。计费管理的主要功能如下：

① 统计网络的利用率等效益数据，为网络管理人员设定不同时间段的费率提供依据。

② 根据用户使用的特定业务，在若干用户之间公平、合理地分摊费用。

③ 允许采用信用记账方式收取费用，包括提供有关资源使用的详细记录供用户查询。

④ 当某个服务需要占用多个资源时，能计算各个资源的费用。

（3）配置管理

配置管理的目的是为了实现某个特定功能或使网络性能达到最佳。配置管理涉及网络配置的收集、监视和修改等任务，如网络拓扑的规划、设备内部各功能部件的配置，通信路由的建立与拆除，以及通过插入、修改和删除操作来修改网络资源的配置等。

配置管理是配置网络、优化网络的重要手段。其主要功能如下：

① 设置开发系统中有关路由操作的参数。

② 修改被管对象的属性。

③ 初始化或关闭被管对象。

④ 根据要求收集系统当前状态的有关信息。

⑤ 更改系统的配置。

（4）性能管理

性能管理包括性能监测和网络控制两部分。性能监测侧重于对系统运行及通信效率等系统性能进行评价，主要包括收集、分析有关被管网络当前的数据信息。网络控制则根据性能监测的结果对被管对象的状态进行调整。其主要功能如下：

① 从被管对象中收集与性能有关的数据。

② 被管对象的性能统计，与性能有关的历史数据分析、统计、记录和维护。

③ 分析当前统计数据以检测性能故障，产生性能报警、报告性能事件。

④ 将当前统计数据的分析结果与历史模型比较以预测性能的长期变化。

⑤ 形成改进网络性能的评价准则和相关参数的门限。

⑥ 以保证网络的性能为目的，对被管对象或被管对象组进行控制。

（5）安全管理

安全管理主要保护网络资源与设备不被非法访问。只有安全的网络，其可用性和可靠性才能得到保证。由于网络具有开放性和分布性，安全管理一直是个薄弱环节之一，而用户对网络安全的要求较高，因此网络安全管理在网络管理中非常重要。其主要功能如下：

① 网络数据的私有性，保护网络数据不被侵入者非法获取。

② 授权，防止侵入者在网络上发送错误信息。

③ 访问控制，控制对网络资源的访问。

④ 加密和密钥管理

⑤ 安全日志的维护和检查，包括创建、删除、控制安全服务和机制。

⑥ 与安全有关信息的分发，与安全相关事件的通报等。

7.8.3 网络管理协议

网络管理中，管理者可以是网络管理系统的工作站、微型计算机，它位于网络系统的主干位置，负责发出管理操作指令并接收来自代理的信息。代理者位于被管设备的一侧，将管理者的管理命令转换为本设备的专用指令，执行管理操作，返回设备信息。管理者与代理者之间的信息交换必须遵照有关的网管协议标准。网管协议定义了一组调用网管服务的接口原语，以及在网管系统之间进行信息和命令交换的 PDU。PDU 作为管理信息交换的最基本单元，可以携带用于管理者和被管理者的操作、状态询问及异步突发事件报告信息等。

（1）公共管理信息协议

网络管理协议的一个重要特征是针对异构系统标准的信息交换。ISO 指定了两个管理信息通信的标准 CMIS（公共管理信息服务）和 CMIP（公共管理信息协议）。

公共管理信息服务 CMIS 主要用于控制网络管理系统中网络管理实体间有关管理信息的交换。CMISE 是 CMIS 的元素，定义接口和协议两个部分，接口用于指定提供的服务，协议用于指定协议数据单元 PDU 的格式和相关过程。CMISE 提供的 7 类服务，如下表 7-1 所示。

表 7-1　CMISE 提供的 7 类服务

序号	服务类型	功能
1	M_EVENT_REPORT	用于向服务用户报告发现或发生的事件
2	M_GET	用于从对等实体中提取管理信息，这个服务利用被管对象的名字等标识信息提供给被管对象的属性名和属性值，也可以选择一组被管对象
3	M_CANCEL_GET	用于要求对等实体取消以前发出的 M_GET 请求
4	M_SET	用来请求另一个管理进程（或代理）修改被管对象的属性值
5	M_ACTION	在一个用户需要请求另一个用户对被管对象执行某种操作时使用
6	M_CREATE	支持用户创建被管对象的实例，这个服务需要一些相应的管理信息。例如属性值等参数
7	M_DELETE	用于删除被管对象的实例，这个服务请求总会得到一个响应

公共管理信息协议 CMIP 是 ISO 指定的网络管理协议，它支持的服务正是 CMISE 的各种服务。CMIP 是一个比较复杂和详细的网络管理协议，其功能结构如图 7-27 所示。

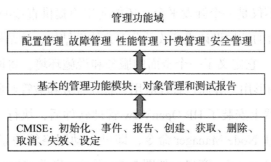

图 7-27　CMIP 的功能机构

CMIP 基于事件管理的策略具有一定的特点：它的变量不仅传递信息，而且完成一定的网络管理任务；拥有验证、访问控制和安全日志等一系列安全管理措施；完全独立于下层传输平台。

（2）简单网络管理协议

简单网络管理协议 SNMP 已经成为了事实上的网络管理工业标准，其基本内容已在应用层中进行了介绍，此处不再描述。

7.8.4 网络管理工具及应用

网络管理技术是伴随着计算机、网络和通信技术的发展而发展的，两者相辅相成。随着网络技术的发展和应用，不同的公司和应用环境中出现了很多的网络管理工具。总的来说可以分为两类：一是专门的网络管理软件，二是操作系统或数据库系统中集成的网络管理工具。

（1）专门的网络管理软件

根据网管软件的发展历史，可以将网管软件划分为命令行方式、图形化界面和智能化的网络管理平台三代。

智能化的网络管理平台是由一些著名的计算机厂商提供的具有网络管理基本服务的软件，它可以为网络中的各类专用网管程序提供统一的标准应用程序接口，使不同的专用网管应用程序在网管平台的基础上集成为一个更高层次的统一的网络管理方案。目前，比较常见的网络管理平台有：HP 公司的 HP OpenView，Sun 公司的 Sun NetMananger，IBM 公司的 NetView，Novell 公司的 ManageWise 及华为公司的 QuidView 等。

HP OpenView 是 HP 公司开发的一个网管平台，具有较强的网络性能分析能力，通过图形用户接口进行警告配置，并实施故障警告。它适用于大多数厂家的硬件平台，并为工作站、服务器和 PC 机提供广泛的管理应用和软件平台。HP OpenView 的核心框架提供了基本应用的开发系统环境。通过应用程序接口来实现对公共管理服务的访问，充分利用网管系统的开放性。它不仅是一个开发平台，还能向用户提供直接的管理应用。HP 公司将 HP OpenView 网管平台的结构设计成开放的分布式体系结构，该结构源于 OSI 网络管理结构并支持 TCP/IP 网络。它定义了一个全面的服务和设施环境，将网络和系统管理问题分成：通信下层结构、图形用户界面、管理应用、管理服务和被管对象。

在网络管理的机器上安装了 HP OpenView 管理软件后，执行"开始"—"程序"—HP OpenView—Network Node Manager 命令，即可启动网络管理系统，看到主界面上的 Internet 图标及 Alarm Catagories 窗口，如图 7-28 所示。启动 HP OpenView 后，即可通过相应的图片和工具对网络中的设备进行管理。

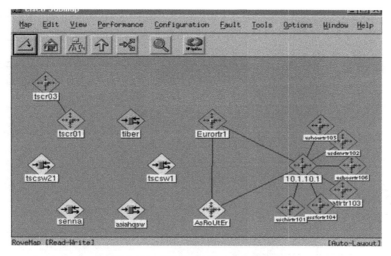

图 7-28　HP OpenView 启动界面

（2）集成的网络管理工具

除了智能化的专门网络管理平台软件，各种操作系统本身都带有基本网络测试命令运行程序，如 Ping、ipconfig 等，可以对网络的状态、流量及路由进行监视等，对于这些命令的使用，操作系统的帮助文档有详细的介绍。此外，一些大型的数据库管理系统中也集成了一些网络管理软件。

① 网络监视器

网络监视器主要用来捕获网络数据。借助这些数据可分析网络的工作状态，测试网络的最高传输速率，测试服务器的性能等。

以 Windows Server 2008 为例，执行"开始"—"程序"—"管理工具"—"网络监视器"命令（运行网络监视器之间确保网络监视器已经安装），启动网络监视器。

网络监视器在第一次运行时，会提示选择监视哪个网卡的网络通信状况，如果只有一个默认局域网连接，单击"确定"按钮即可。但如果有多个连接，必须选中需要进行监视的连接。网络监视器只针对制定的网卡进行监视，所产生的数据均是所选网卡的。选择好网卡，进入监视器的主窗口后，单击工具栏中的三角形按钮（类似 Play 按钮），就开始监视指定网卡的通信，如图 7-29 所示。

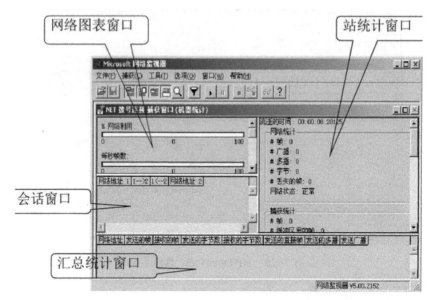

图 7-29　网络监视器

如图可以发现网络监视器提供"网络利用""每秒帧数""每秒字节数""每秒广播数"等网络通信监控功能，这些参数对于网络故障的排除和网络监控具有非常重要的作用。

"网络利用"是网络当前负载与最大理论负载量的比率。现在使用的局域网都是以太网，共享式以太网（采用集线器）的最大网络利用率在 50% 左右，如果超过这个数值，网络就饱和了，网络速度就会非常慢。交换式以太网（采用交换机）的最大利用率可以达到 80% 左右。

"每秒帧数"是指被监视的网卡每秒发出和接受的帧数量，它可以作为网络通信量的一个指标。

"每秒字节数"是指被监视的网卡发出和接收的帧值之和，它也是网络通信量一个指标。

"每秒广播数"是被监视的网卡发出和接受的广播帧的数量。在正常情况下，每秒广播帧数较少，主要视网络上的计算机数量而定。在发生"广播风暴"时，每秒广播帧数非常多，可高达 1 000 帧以上。

② 流量监视工具

在众多影响网络性能的因素中，网络流量是最重要的因素之一，它包含了用户利用网络进行活动的所有信息。通过对网络流量的监视分析，可以为网络的运行和维护提供重要信息，对网络性能分析，异常检测、链路状态监测、容量规划等发挥着重要的作用。

Sniffer 软件是 NAI 公司推出的单机协议分析软件。它运行在微机上，利用微机的网卡截获或发送网络数据，并作进一步分析。可以应用在通信监视、流量分析、协议分析、故障管理、性能管理、安全管理等方面。Sniffer 的主要功能有捕获网络流量进行详细分析、诊断问题、实时监控网络活动、收集网络信息（如利用率和错误等）。

在装有 Sniffer 的系统中，执行"开始"—"程序"—Sniffer Pro—Sniffer 命令，启动监视工具 Sniffer Pro。在 Sniffer 软件界面中，执行"File"—Select Settings 命令，弹出网卡选择对话框。选择完成，单击"确定"按钮回到主界面。在主界面的菜单中执行 Monitor—Matrix 命令，单击 IP 标签，在左边竖条中选择 Map，观察当前网络中主机通信矩阵，接着在菜单中执行 Monitor—Matrix 命令，单击 IP 标签，在左边竖条中选择 Outline，观察主机间的流量，如图 7-30 所示。

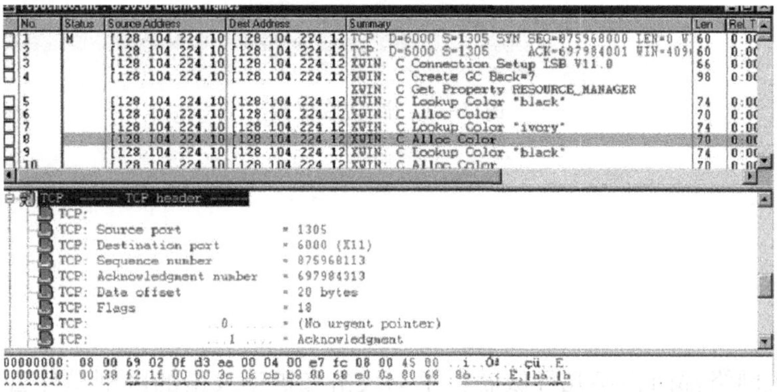

图 7-30　流量控制

③ 路由监视工具内

目前，图形化的路由监视工具还不是很多，网络管理员大多还是使用命令工具来监视网络的路由，如 netstat、tracert 等。这些命令的具体使用方法已经在网络故障排除中做了介绍，这里不再重述。

④ 性能监视器

性能监视器主要是对 Windows Server 系列的用户或整个网络系统进行跟踪监视，对系统的关键数据进行实时记录，为单机或网路的故障排除和性能优化提供原始数据，以方便用户的管理。它既适用于单机，也适用于 Windows Server 系列网络系统。性能监视器的主要表现有：监视 CPU 的工作状况；监视内存的使用情况；监视磁盘系统的工作情况；监视网络接口的性能。

在 Windows Server 2008 中，可以通过执行"开始"—"程序"—"管理工具"—"性能"命令，打开网络性能监视器。性能监视器提供图表、报警、日志和报表四种信息查看方式，以满足不同的监视需求。操作界面非常友好，每一种方式可以通过单击性能监视器窗口中的不同工具按钮来选择，也可由"查看"菜单来确定。如下图 7-31 所示。

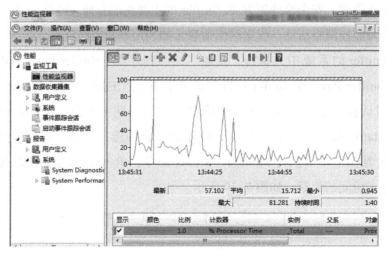

图 7-31　性能监视器

1. 计算机网络都面临哪几种威胁？主动攻击和被动攻击的区别是什么？对于计算机网络，其安全措施都有哪些？

2. 试解释以下名词：（1）重放攻击；（2）拒绝服务；（3）访问控制；（4）流量分析；（5）恶意程序。

3. "无条件安全的密码体制"和"在计算上是安全的密码体制"有什么区别？

4. 对称密钥体制与公钥密码体制的特点各如何？各有何优缺点？

5. 试述防火墙的工作原理和所提供的功能。

第8章 计算机网络故障排除

计算机虽然说是一种高度智能化的机器，但是也会出现故障，由于元器件质量低劣、使用环境恶劣、操作不当、病毒攻击、器件老化等各种原因，计算机会经常出现故障。网络管理人员必须掌握最常见的故障及排除方法。

8.1 计算机故障类型

计算机故障一般可以分为：硬件故障、系统故障、软件故障、网络故障等几种类型。

硬件故障是指主机和外设硬件由于系统使用或硬件物理损坏所造成的故障。包括电源故障、元器件与芯片故障、跳线与开关故障、连线与接插件故障、部件工作故障和系统硬件兼容性故障。

系统故障是计算机必须安装的综合性的管理软件，其统辖一切其他工作软件的安装和运行。如果操作系统出现了故障，可能会导致各种工作软件、硬件运行失常。包括启动、关闭操作系统故障、安装操作系统故障、系统运行故障和应用程序故障。

软件故障即相关的设置或软件出现故障，导致计算机不能正常工作。包括软件与系统不兼容引起的故障、软件相互冲突产生的故障、误操作引起的故障、计算机病毒引起的故障和不正确的系统配置引起的故障。

网络故障涉及局域网、宽带网等网络环境中的故障。包括网络设备故障、网络设置故障、宽带连接故障。本章主要介绍网络故障。

8.2 网络故障排除的步骤

网络系统的组成除了包括从铜线、光缆到无线网络访问点、网卡，交换机、路由器等很多类型的物理部件外，还有数据信息被传输过程中封装使用的各种协议。由于这些异同性，难免会因为传输媒介或网络设备的故障、系统的兼容性、协议的可互操作性等问题，使网络失去互联性。本章介绍的一些方法解决涉及 TCP/IP 协议和服务的网路连接和配置问题，帮助网络管理员排除局域网的故障，也尝试用来隔离因特网中的问题。

一般情况下，网络管理员遇到网络连接故障时，通过六步骤简化识别、隔离和解决边缘交换机和用户计算机之间的问题：

第 1 步：检验电缆

检查计算机与网络插口之间的电缆。对于传统网络环境，只需一种能检查开路、短路和布线的工具即可工作。而对于千兆以太网，则还需检查电缆中是否存在串扰和阻抗故障。

第 2 步：确认连接到交换机

将便携式网络工具（而不是问题计算机）连接到办公室线路，检查是否可以建立链路。如果端口被管理员关闭，则工具将无法连接。接着，检查端口配置以确保端口可用，且已按正确的 VLAN 进行配置（本步骤中的基本配置命令已在网络层中涉及）。

第 3 步：获取 IP 地址

链路建立后，可使用工具从服务器申请 DHCP 地址。应确保分配的地址与相应的子网相符；检验子网掩码；确认默认网关和 DNS 服务器地址。如果工具未能从服务器获得响应，应可通过分析广播流量检测出相应的子网，确保能顺利获得 IP 地址。

第 4 步：DOS 命令检查网络属性

IP 地址获取后，根据网络故障现象，查找文档，使用工具指令检查、排除网络故障，如 Ping，检查网络设备是否连通；Route，网络中的路由表等。对于持续性网络连接问题，最好在计算机和网络之间在线连接工具以进行附加的诊断。

第 5 步：检验速度 / 双工模式设置

某些链路性能故障如双工模式不匹配、速度不匹配以及静态配置 IP 地址等只能进行在线检测。在计算机和网络之间以在线方式连接工具，确认所连接交换机端口的速度设置和双工模式设置与相应计算机的设置相符。如果检测到双工模式不匹配，则确认计算机和交换机端口是否均已被设成自动协议。例如：NetTool 网络万用表可以在线测试两端网络设备的连接状态，获得电平，收发线对，双工，适应速率（本步骤不做讨论）。

第 6 步：网络流量监控

通过以上步骤若能未能查找出问题时，可通过工具监控网络流量，查找过多的广播、冲突或错误。一旦检验完所有这些参数之后，计算机与网络之间的链路即可取消。假如故障仍然存在，则可能需要使用更加精密的网络诊断工具（本步骤不做讨论）。

8.3　网络故障排除的工具

8.3.1　网络文档

文档由一系列手册构成，涵盖了软件应用、操作系统、交换机和其他网络部件。这些由销售厂商提供的文档各种各样，如 Cisco、Microsoft、Novell 等，有从销售厂商那里拿到的简化版手册，有官方网站上提供的在线文档等。这些文档能帮助判断网络所发生的故障位置，从物理上和逻辑上出发，文档会指出"路由器配置指令存储在那里？"、"那个用户是谁？"等。对于单独的应用或操作系统来讲，可以访问 USENET 新闻组并参与（或者旁观、或者阅读）讨论产品的相关故障问题。

对于文档内容，需注意：

（1）网络的逻辑图，这与网络架设时的物理通路也许相匹配，也许不匹配。

（2）网络的物理图，这些文档对每一个物理部件进行了描述，并指出不同部件连接的方法。

（3）综合布线和配线架信息，在配线间有几百条线缆，通过配线将不同的物理段连接在一起。配线架上的线缆可能有序、可能紊乱。依据文档信息，对配线架上的每个端口都采用标准的方法制作，查阅时也需知每条线缆连接的两端。

（4）网络中计算机和其他设备的默认配置，采用电子制表软件，对照管理服务器、网络部件和客户端计算机的应用程序。

（5）网络概览，不同于上述的物理图和逻辑图等内容，它是一个简短的文档，告诉用户诸如哪个驱动器映射到哪台计算机、哪台打印机具有哪些特性等内容。

（6）故障报告，追踪故障发生的原因，记录其起因及补救措施。

（7）网络逻辑图，记录网络部件和流经网络的信息流间的关系。例如，Windows 网络逻辑图是按"域"划分的计算机组，即使这些计算机并非在物理上集中在同一位置。采用网络逻辑图用来帮助隔离配置或应用程序故障。

（8）追踪故障，记录征兆、排除故障所使用的工具和排除故障的解决方案。利用这些文档能帮助用户快速根据报告的征兆确定故障解决方案；也能帮助新用户创建文档，告知以往发生过的故障，避免突然发生同样的问题。

（9）网络规模的变大，设备的更新，状态的变化，要求文档的顺应。所以，创建文档时，需考虑文档更新方法。

利用文档，可根据故障征兆快速查找信息——以前故障报告，或者为一个特殊的频发故障而特意编写的标准技术支持文档，从而为快速解决网络故障提供帮助。

8.3.2 线缆测试器

线缆是组成网络的重要媒介，连接分布于不同点的网络设备，传输信息。网络出现故障时，测试线缆是排除故障的首要任务点。测试线缆（既有铜缆也有光缆）的设备范围广泛，从非常便宜、用于检查安装人员工作情况的手持式设备，到非常贵重、用于熟练技工测试并分析结果的设备。通常测试的项目如下：

（1）线缆长度　物理网络技术限制了网络中每段线缆的长度。如是自制线缆，容易产生企图伸展拓扑长度限制而长出几米的通用错误。

（2）阻抗　铜线传输产生的电子阻抗。

（3）噪声　来自其他芯线的固有干扰，或来自外部信号源的干扰，比如，荧光灯、附近的焊接、强电磁，和其他位于网络布线附近的高压电源等。

（4）衰减　由于线缆存在传输阻抗，同时有部分信号向线缆外辐射，从而使信号变弱。这就是使用铜缆而不使用光缆的副作用。在标准长度之内铜缆可以正常工作。

（5）近端串扰　在传输线缆的初始端，需要去除包裹在铜质芯线外部的材料，并将每根线芯与线缆连接器的插针连接。因为在线缆的初始端产生的电器信号强度越强，芯线间的干扰能力就越强。

简单线缆检测器或线缆测试仪可用来确认线缆是否安装正确（从一个地方真的连接到另一个地方）并能支持网络拓扑，考虑诸如线缆长度和串扰等指标。例如，手持式线缆检测器，是一个小型的靠电池供电的仪器，可以用来检测 STP 或者 UTP 线缆。一般在线缆第一次安装完毕后进行，通过快速检测，确认从吊顶或者前体内布放的线缆有没有遭到损坏。如果线缆已经连接到了网络设备上，那么必须断开连接并将这根线缆连接到检测器上。线缆检测器的操作原理是为线芯加载一个电压信号，来判断是否可在对端检测到该信号。这可以用来确认整个通道内线缆是否在某处断掉了；在同一通道内有好几根线缆时，是否可以在两端找到同一根线缆。大多数线缆检测器由两个部分组成，分别连接到线缆的两端。

由基本的检测器演变而来的线缆测试仪，能测量线缆的近端串扰、衰减、阻抗和噪声；检测线缆中所有线缆的长度以及故障处的线缆距离，比如线缆纽绞可导致信号反射和辐射到线缆发射端；查看连接图，检查线缆中正确的线对连接到连接器的插针上。例如对于 10BASE-T 网络中使用的线缆，标准规范中指定了必须用于发送和接收数据的具体线对。事实上，特定的连接器的针脚选择不是随意的。如果没有按照标准将线芯正确地连接到连接器的输出针脚上，那么由于噪声或串扰，线缆可能会产生错误。像这类小型手持式仪器通常都有 LED 显示灯，以指示正在进行的测试是通过还是失败状态。

除此之外，还有如位误码率测试仪、时域反射计等测试线缆。

8.3.3 网络和协议分析仪

网络测试的第一级包括确定物理布线结构符合预期设计的要求。下一级是监视和测试网络协议产生的网络流量和信息，确定网络是健康的。网络分析仪在 OSI 参考模型的数据链路层和传输层上监视网络。

这类工具和检查线缆的工具不同，在对搜集到的数据有准确的判断之前，需要清楚地了解网络结构和所用的协议。LAN 分析仪能够实时截获线缆中的网络流量并保存数据以便分析。一些好的分析仪甚至可以产生有价值的关于网络流量的报表、解码所用的协议、良好的过滤功能等。

对于 LAN 网络分析仪来说，有基准数据、统计数据、协议解码和过滤四个部分。

（1）基准数据是在开始监视或分析网络使用率和利用率之前，建立的一组信息数据。基准数据用于定义系统的日常操作环境，提供参考和排障的参考。基准数据会随着网络的变化而修改文档资料，以备后用。

基准数据不仅对排障非常有用，而且对规划容量、测量网络升级的效果也是有用的。除了评估用 LAN 分析仪测试结果外，计入基线文档中的内容还得包括：设备在网络中的位置、使用设备的类型、用户数量及分类和使用的协议。

（2）统计数据是对收集到的信息进行分析，得出一些综合的数值。

首先，确保分析仪能给出统计信息，报告网络的利用率。除了实时图形显示之外，还有监视网络的能力，分析出何时发生高峰利用率。其次，根据分析仪得出的高峰使用率统计信息，重新分配资源或重新调整用户工作习惯，解决流量问题。

（3）协议解码是在网络中抓取原始比特位，一帧一帧显示出来进行分析。当排除网络故障时，观察字节流数据并不是有用的工作，而观察每个帧，并搞清楚网络设备产生的每种帧，是网络分析仪所必需的组成部分。

分析仪既能给出帧的摘要概述，也能给出帧的详细描述。摘要概述通常仅显示数据包的编址和头部信息，而详细描述显示帧中的每个字节。

（4）过滤是网络分析仪必需的组成部分。过滤可以设置分析仪在捕捉帧时使用的标准，或者在捕捉的数据缓存中做有选择性的查找，仅仅检索那些与排除故障有关的帧。过滤通常的设置是，选择协议类型使用的帧、帧类型和协议地址或 MAC 地址。

8.3.4　硬件分析仪

硬件分析仪在关键情况下所能提供的功能，可能是基于软件的产品所不能提供的。硬件 LAN 分析仪可以拿到故障存在的地方，并可接入网络进行其功能操作。硬件仪表很可能更适合高速环境，比如 100BASE-T 和 1000BASE-T，而软件应用程序依赖于标准的网络适配卡来从网络介质中获取流量。硬件分析仪包含特殊的电路，用于执行那些必须比软件实现要快的功能。通常，硬件分析仪更加可靠。

在比较硬件和软件分析工具时，当使用 PC 或工作站作为 LAN 分析工具，可能受限于 NIC 所能完成的功能。例如，一些普通的适配卡其内建的固件中具有自动丢弃某些含有错误的数据包的功能，如果在排障时试图检测是哪种错误导致了网络故障，运行在工作站上的软件产品可能检测不出错误原因。

尽管网络适配卡可以逐个查看每一个数据包，但并不意味适配卡具有捕捉数据并提交给更上层协议的能力。当适配卡真的捕捉所有数据帧并上传给协议栈时，必须工作在混杂模式。但有些适配卡的设计并不这么做，所以，要确认检查卡的文档，确保该卡用在作为 LAN 监视工具软件主机的工作站上。

8.4　小型办公 / 家庭办公网络故障排除

8.4.1　电源问题

电源是一个基础问题，当设备不能正常工作时，这可能是一个开始点。电源屏蔽设备要么是临时的开关式电源，要么是浪涌电压保护器。对于浪涌电压保护器，可以避免浪涌电压对连接设备造成损坏，甚至有些可以隔离电子噪声和冲突。用户应当使用高质量的浪涌电压保护器来保护网络。

如果网络中的计算机出现了电源问题，检查家里或办公室里的保险盒或者供电盘，确保保险丝或者电路断路器处于没将电源断掉的状态。

如果网络中的计算机或其他设备故障，不要忽略连接到质量较差或错误连接电源插口的可能性。AC 电路检测器，可以用于检查家庭或办公室里的电源插口是否正确安装；电路检测器万用表，可以用于检测电源插口的 AC 电压值，连续测量 DC 电压电缆，以及其他测试。

8.4.2　计算机软件和硬件故障

1. 软件故障

如果网卡的信号传输指示灯不亮，一般是由网络的软件故障引起。

① 检查网卡设置

检查网卡设置的接头类型、I/O 端口地址等参数，若有冲突，只要重新设置就行。或者检查网卡驱动程序是否正常安装。不同网卡使用的网卡驱动程序不同，假如选错了，就可能发生不兼容的现象。解决办法就是找到正确的驱动进行安装即可。若以上都没问题，可以通过打开"设备管理器"，选择安装的网路适配器，单击"属性"，在"常规"选项卡中，检查网卡是否处于正常工作状态。

② 检查网络协议

选择"控制面板"—"网络"—"配置"选项，查看已安装的网络协议，必须配置以下各协议才能保证网络的连通：NetBEUI、TCP/IP 和 Microsoft 友好登录。重点检查 TCP/IP 是否设置正确。最后用 Ping 命令来检验网卡是否正常工作。Ping 127.0.0.1，若能通，表明网络适配器工作正常，需要进行下一步检测，反之，说明网络适配器出现了故障。

2. 硬件故障

硬件故障主要有网卡故障、集线器故障等。

① RJ-45 接头问题

RJ-45 接头容易出现故障，例如，双绞线的头没有顶到 RJ-45 接头顶端，未按标准脚位压入接头，甚至接头规格不符或者内部线断了。

镀金层厚度对接头品质的影响也非常大，例如镀薄了，那么网线经过三五次插拔后，就会把它磨掉，产生断线。

② 接线故障或接触不良

一般可观察下列几个地方：双绞线颜色和 RJ-45 接头的脚位是否相符；线头是否顶到 RJ-45 接头顶端，若没有，需重新压按一次；观察 RJ-45 侧面，金属片是否已刺入绞线中，若没有，会造成网络不通；观察双绞线外皮去掉的地方，是否使用剥线工具时切断了绞线（绞线内铜导线已断，但皮未断）。

若还不能发现问题，可用通信正常的网线连接故障机去排除网线和集线器故障，若通信正常，显然是网线故障。

8.4.3　网络设备属性及连通性检测—— 局域网常用命令

1. 系统的配置检查

在开始检查电缆、网络适配器、网络集线器和网络的其他物理设备后，应该检查计算机的 TCP/IP 配置是否有问题。可以利用操作系统自带的工具完成这项工作。以 Windows7 为例，显示其配置的信息，如图 8-1 所示。

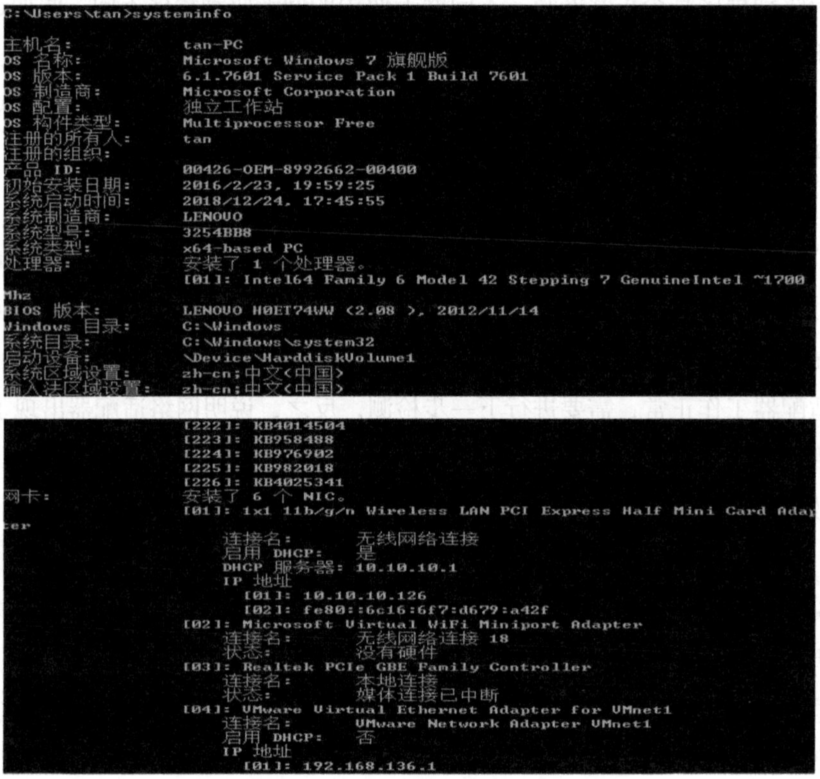

图 8-1　Windows 7 配置信息

这些配置信息通常在操作系统被安装时植入，需要查看、修改时可查阅。比如，如果要把计算机移动到另外一个不同的子网中去，必须修改配置信息。检查确定系统所用的 IP 地址的网络号与本地子网中的其他计算机一样，同样也要检查确定所配的子网掩码和默认网关的正确性。如果采用 DHCP 协议让路由器或交换机自动分配配置信息，要检查在本子网上的 DHCP 或者在此子网上的某个 DHCP 中继代理的操作。如果采用静态地址的方法，则要保证，地址与网络中其他计算机地址兼容和地址没有被网络中其他计算机使用这两条内容。如果每项检查结果都是没有问题的，那么就是该开始用这些基本的故障排除工具的时候了，这些排障工具适用于 TCP/IP 协议栈的多种版本。

2. 主机名检查

主机名指令可用于检查主机的简单配置。在 Windows 系统上，只要在指令提示窗口下输入指令，就会输出执行本指令的那个计算机的名字。如图 8-2 所示。

图 8-2　主机名指令

为什么要使用主机名指令？因为主机名被解析为一个 IP 地址，能用这个系统的主机名来确保与这个名字相关的 IP 地址的正确性。如果域名系统（DNS）服务器显示不同的地址，说明不能通过运用这台主机名到达这个特定的主机。如果出现这种情况，检查这个 IP 地址是否已经被另外一个系统在使用。如果不是，可以改变 DNS 记录以使主机名和 IP 地址关联起来。还有其他一些方法也能用于把主机名解析成 IP 地址（网络域名解析）。

3. 用 ipconfig 检查 Windows 主机配置

ipconfig 指令显示的是系统上每个网络适配器的网络配置信息，同样地也用于 PPP（拨号或 VPN）连接。如图 8-3 所示，显示的信息包括了 IP 地址；子网掩码；默认网关；DNS 服务器信息和 Windows 域。

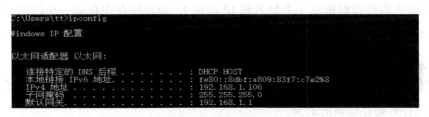

图 8-3　ipconfig 指令

如果适配器列出的是一个 0.0.0.0 的 IP 地址，表示它是无效的 IP 地址；如果网络适配器从 DHCP 服务器收到一个 IP 地址，确定网线与适配器是正确连接的，那么使用 ipconfig/release 和 ipconfig/renew 指令可以获得一个新的地址；如果网络适配器使用固定的（用户分配的）IP 地址，打开网络适配器的属性（在网络连接或网络邻居中）并手动配置网络适配器的 IP 地址和其他 TCP/IP 配置信息。

一个系统中在 ipconfig 命令下对每个网络适配器（包括无线适配器）都有一个独立显示项。与 /all 参数一起使用，可以获得计算机中每个网络适配器的硬件（MAC）地址和 DHCP 信息，也可以用这个命令更新或释放 DHCP 配置信息以试图用这个最新的信息重新配置计算机。如图 8-4 所示。

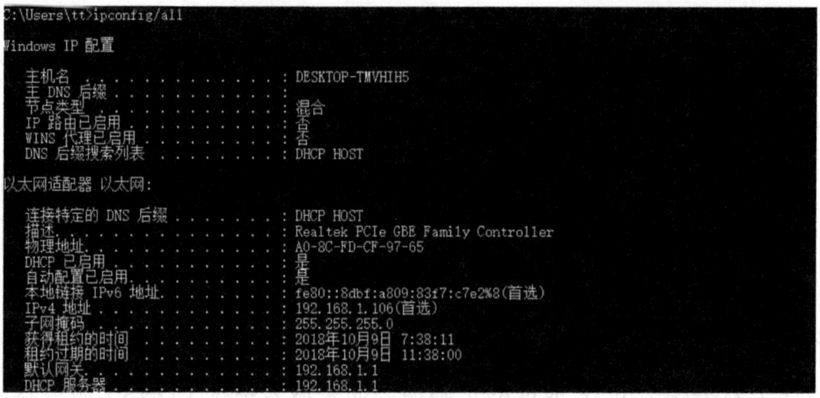

图 8-4　ipconfig/all 指令

网络出现的故障涉及 DHCP 的问题时，可以用 /release 和 /renew 查看从 DHCP 服务器获得的配置信息是否有问题；如果用 /renew 命令不能更新新 IP 地址，说明 DHCP 服务器连接有问题，此时就应该检查网络适配器、网线和其他在线的网络设备，包括 DHCP 服务器。

当想在本地缓存中保存新配置或给 DNS 服务器登录新的配置信息时，可用 DNS 限定词。例如，/all 限定词显示该指令存取的所有输出，它常用于查看问题。当 Windows 系统从 DNS 服务器获得解析后（主机名到 IP 地址），会在缓存中存储一小段时间。当这名字被再用时，TCP/IP 协议栈将首先考虑查看缓存，看是否有这个名字存在，为了保持缓存有一个合理的大小，每个记录在其生存时间值 TTL 超时后就从缓存中清除。如果要对 DNS 记录做改变，用 ipconfig/flushdns 指令从缓存移除所有记录以使 DNS 服务器被再次考虑，并且缓存开始存储新的记录。

当试图解决 Windows 系统上 DNS 和 DHCP 之间的功能问题时，相关的 ipconfig 命令的语法如下：

Ipconfig［/？|/all |/release［adapter］|/renew［adapter］

　　　　　　| /flushdns | /displaydns | /registerdns

　　　　　　| /showclassid adapter

　　　　　　| /setclassid adapter［classidtoset］］

/all——产生使用 ipconfig 能够观察到的全部详细配置信息，包括各个适配器。

/release［适配器］——释放用 DHCP 配置的 IP 地址，如果仅用 /release，将释放这台计算机上所有适配器的 IP 配置。另外，可用 /release name 语法释放指定名称的那个适配器的 IP 配置。

/renew［适配器］——更新用 DHCP 配置 IP 地址，如果仅用 /renew 单独地限制，系统将为计算机上所有的适配器更新 IP 配置。另外，可用 /renew name 语法为指定名的适配器更新 IP 配置。

/flushdns——清除 DNS 分析器的高速缓冲器。

/registerdns——为适配器和登录的 DNS 名更新所有延续的服务。

/displaydns——显示 DNS 分析器高速缓冲区的内容。

/showclassid［适配器］——显示适配器所承认的所有 DHCP 等级 ID。

/setclassid［适配器］［等级 ID］——修改 DHCP 等级 ID。

4. 用 Ping 和 Tracert 检查连通性

检测 TCP/IP 网络连通性的两个最基本的命令是 Ping 和 Tracert。

（1）Ping 指令

网络出现连通性故障时，Ping 指令是故障排除时的必备工具之一。Ping 使用 ICMP 协议发送 UDP 数据包与目的端系统交换数据信息。通过源端请求，目的端回复的过程确定数据信息往返的路由。因此，Ping 通过"摸索"周围环境，尝试是否能与网络外的另一个系统通信。

Windows 系统上的 Ping 指令，语法如下：

Ping［-t］［-a］［-n count］［-l size］［-f］［-i ttl］［-v tos］［-r count］［-s count］［［-j host-list］］|［-k host-list］［-w timeout］destination-list

其选项如下：

-t——连续地 Ping 直到用 Ctrl+C 明确地停止，在停止这个指令后显示其统计表。

-a——对主机名进行地址解析。

-n count——指定发送的 ICMP 回送请求包的数量。

-l size——发送的缓冲大小。

-f——在数据包里设置不分段标记。这用来决定两个节点之间包的大小是否被改动是有用的。

-i ttl——生命时间值。

-v tos——服务类型。

-r count——显示路由的跳数。

-s count——对每跳显示一个时间戳。

-j host-list——不严格根据 host-list 所列的源路由进行 Ping。

-k host-list——严格根据 host-list 所列的源路由进行 Ping。

-w timeout——等待每个回复的超时值（毫秒级）。

可见，Ping 指令可以作为网络的诊断工具。如图 8-5 所示 Ping 指令的例子。

图 8-5　正常网络通信下的 Ping 指令

计算机与百度网站建立数据信息通信时，传输中有 0% 的包丢失；回复时间大约是 5 ms；发送数据包的大小是 32 字节。

用 Ping 指令排除网络连接故障，如图 8-6 所示。

这两个 Ping 指令的失败，显示网络出现故障了，但不能简单说明这个节点与网络是物理隔离的，它可能是电缆问题，可能是路由配置问题，或者其他问题。所以当排除网络故障时，要参照网络拓扑图，不仅要检查末端设备，而且还要检查它们之间的每台设备和线缆。

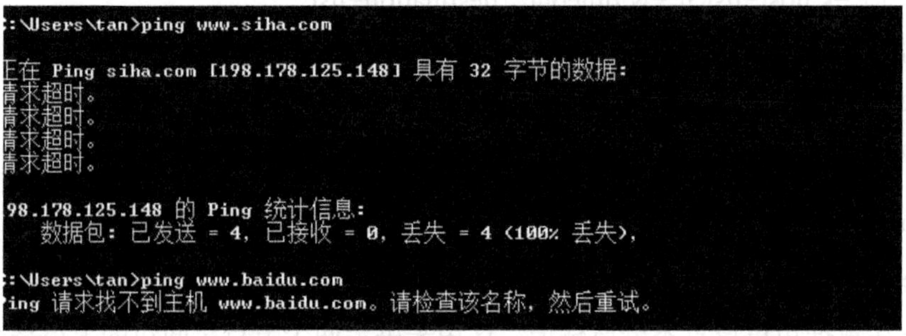

图 8-6　故障网络通信下的 Ping 指令

一般情况下，对于网络故障中基本的连接线故障，采用以下步骤：

① Ping 本地系统自己的 IP 地址。

② Ping 系统的主机名。在发送数据包到指定主机之前 Ping 命令将这个主机名解析为地址。如果 Ping 解析的地址不是计算机对应的地址，可能需要检查计算机的配置。可以用一个 IP 地址配置本地计算机，也可以进入 DNS（域名系统）服务器分配一个不同的地址。关于检查 DNS 服务器更多信息，也可以用本节后面讲解的 nslookup 命令查看。

③ Ping 本地子网外的另一个已知的系统，如果能 Ping 通，说明与本地广播域内是相

通的。

④ Ping 默认网关，默认网络是连接本地子网到其他网络的路由器或其他网络设备。如果不能 Ping 通这个默认网关，这时有三种可能性：一可能是该子网拥有一个错误的地址。检查计算机的配置，确定对路由器和本地子网数据包转发起作用的其他主机是否使用正确的地址；二是网关本身有问题，试着从其他计算机 Ping，看是否能 Ping 通；三提供默认路由的路由器或主机处于了物理关闭状态，查看路由器和主机的物理状态。

⑤ Ping 远端子网的一个未知系统，如果成功，说明通过默认网关到目的系统的连接性正常；如果不成功，问题可能出在原始目标系统上或者与本地连接的另一端设备上。

从步骤中可知，若网络发生故障，使用 Ping 指令首先测试本地广播域内，然后去往下一个子网的默认网关，接着 Ping 外网上的主机，甚至 Ping 因特网上的主机。逐步查找故障问题所在。注意，对于网络中布置了防火墙安全策略的，可能会取消 Ping 这个功能。使用 Ping 指令排除网络故障时要注意此特征。

（2）Traceroute 指令

当使用 Ping 指令不能通过默认网关到达其他网段中的目的主机时，可以用 Traceroute 指令（在一些操作系统上为 Tracert，如 Windows 系统）检查故障。Traceroute 指令类似于 Ping 指令，用 ICMP 报文定位源端数据包到达其目的端所经过的每台设备，当它不能通过路径中的某一个节点时，说明故障就在该节点设备上。Traceroute 指令的基本格式如 8-7 所示。

图 8-7　Traceroute 指令

Tracert［-d］［-h maximum_ hops］［-j host-list］［-w timeout］［-W］［-S srcaddr］［-4］［-6］target_name。

其选项如下：

—d——不对主机进行地址解析；

—h maximum_hops——查找目标的最大跃点数；

—j host-list——松散地沿主机列表的源路由进行路由跟踪；（仅适用于 IPv4）。

—w timeout——对每个回复等待的超时时间（以毫秒为单位）；

—w——时间（秒级），放弃等待一个特定路由器的回复之前的时间（默认为 5 秒）；

—S srcaddr——使用的源地址（仅适用于 IPv6）；

—4 和—6——强制使用 IPv4 或者 IPv6；

—target_name——目标主机的名称或者 IP 地址。

例如：用 Traceroute 指令连接 www.baidu.com 时，源端数据包经过网络中节点设备到达目的端的过程。如图 8-8 所示。

图 8-8　Traceroute 指令连接 www.baidu.com

指令执行的结果说明：

① tracert 指令用于确定 IP 数据包访问目标所采取的路径，显示从源端到目的端网站所在网络服务器的一系列节点设备的访问速度，最多支持显示 30 个节点设备；

② 最左侧的标号 1—8，表明源端主机经过 7（不算源端主机）个节点设备，到达百度的服务器（不同的运营商经过节点设备不一样，可自行测试）；

③ 中间三列的单位是 ms，表示源端主机连接到每个节点设备的速度、返回的速度和多次链接反馈的平均值；

④ 最后一列的 IP 地址是每个节点设备对应的 IP 地址；

⑤ 如果返回消息超时，表示节点设备无法发送数据包，可能是在路由上做了过滤限制，可能节点设备存在问题等；

⑥ 如果测试时显示 "*" 和返回超时，说明这个 IP 在各个节点设备上都有问题；

⑦ 一般 10 个节点内到达目的端网站，表明访问速度正常。10—15 个节点内到达目的端网站，表明访问速度较慢。如果超过 30 个节点都没能到达目的端网站，则表明源端无法访问目的端网站。

如果有一张网络的拓扑图，可以用 traceroute 的功能检查确定路由是否为最佳路径——或许主用路由器没有运行，而一条低带宽的备用路径正通过网络发送数据包在一个不同的路径上。如果在一个规范的基础环境上用这个命令并保持所看到的输出信息，可随时注意到使用的 ISP（或自己的网络）所采用的某一路由什么时候可能会出现问题。

通过使用 Ping 和 Tracert，通常可以发现在网络中存在故障的范围，然后计划下一步解决这个问题。如果这个问题不在网络内，可以判断故障在 ISP 或在网络中的其他路由器上。这两个命令，对企业内部网故障的排查和连通性很有用。

5. 用 Netstat 指令和 Route 指令分析网络故障

Netstat 指令获取在计算机中使用的 TCP/IP 协议的统计信息，分析网络可能的故障；Route 指令用来观察和处理计算机中的路由表。本节主要介绍 Netstat 指令。

Netstat 指令可以得到很多关于协议运行情况，其选项如下：

Netstat [–a][–b][–e][–n][–o][–p proto][–r][–s][–v][interval]

—a——显示所有连接和监听端口；

—b——包含于创建每个连接或监听端口的可执行组件；

—e——显示以太网统计信息。可与—s 选项组合使用；

—n——用数字形式显示地址和端口号；

—o——显示与每个连接相关的所属进程 ID；

—p proto——通过 protocol 显示指定协议的连接，proto 可以是 TCP、UDP 或 IP；

—r——显示路由表；

—s——显示每种协议统计信息。默认情况下显示 IP、IPv6、ICMP、ICMPv6、TCP、TCPv6、UDP 和 UDPv6 的统计信息；

—p——用于指定默认情况的子集；

—v——与—b 选项一起使用，显示包含于为所有可执行组件创建连接或监听端口的组件。

—interval——重新显示选定的统计信息，在每次显示间暂停的间隔时间（以秒计）。

按 CTRL+C 停止重新显示统计信息。如果省略，netstat 将显示当前配置信息（只显示一次）。比如，指令 Netstat –r 显示当前主机上维持的路由表。如图 8-9 所示。

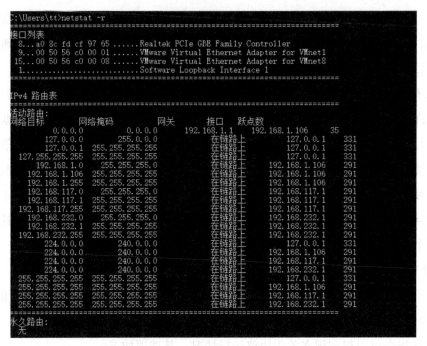

图 8-9　Netstat -r 指令

① 可以查看到这个计算机上使用的基本路由表。如果熟悉显示的路由表时，这个指令可快速的发现问题路由所在；

② 路由表中首列的网络目标，是源端发送数据包的参考。第一行中的 0.0.0.0 表示当源端主机发送数据包，通过路由表查找不到目的端时，所采用的目的地址；

③ 路由表的第二列是该路由条目的网络掩码；

④ 路由表的第三列显示的是网关地址，匹配这个条目的数据包将被发送到这个地址。

现在有许多病毒程序在服务器上假造本地主机的路由表，常通过该命令查看、熟悉计算机上使用的基本路由信息后，可以帮助排除网络故障。同时，通过这个命令查看，对比平时运行环境中丢包、错包的情况，而进一步了解 IP 和 TCP、UDP 协议等。

指令 netstat -s，用来查看协议（UDP，ICMP，TCP 或 IP）的统计表，当没法诊断间歇性的或由于网络拥塞造成的连通性问题时，它就特别有用。如图 8-10 所示。

指令 netstat -o，确定 Windows 系统上用来创建连接的协议和端口号。如图 8-11 所示。

当使用 netstat -o 指令时，为了确定是什么程序用来创建连接的，必须提前配置 windows 任务管理器，在进程选项卡上列出 PID。配置方法如下：

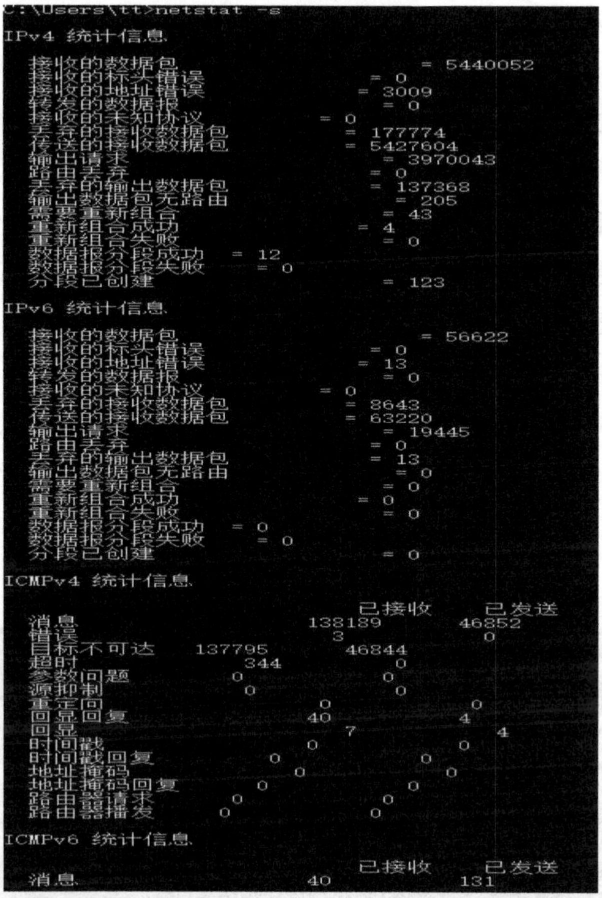

图 8-10　netstat –s 指令

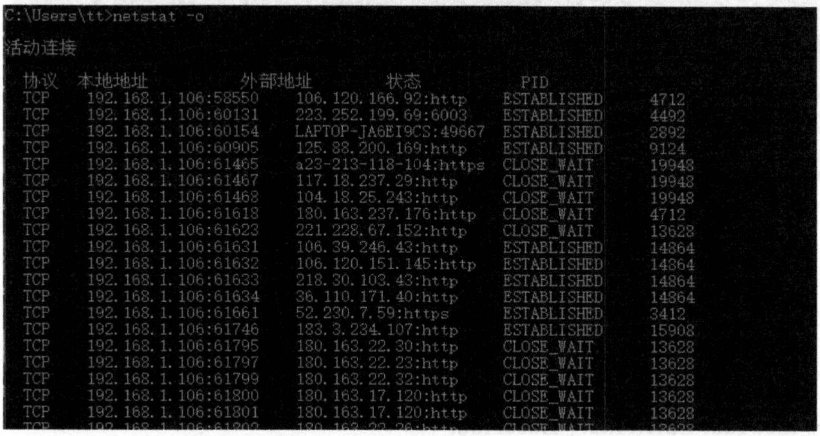

图 8-11　netstat –o 指令

① 打开任务管理器（按 Ctrl+Alt+Del）。

② 单击进程选项卡。

③ 单击试图，选择目标栏。

④ 点击 PID 选项，并 OK。

⑤ 每个进程 PID 被列在进程名后。

6. ARP 指令查看 ARP 表

通过 IP 地址和主机名，可以有序的配置和管理一个网络。但是，当网卡间进行交互时它们最后还是得使用 MAC 地址。一台计算机通过运行地址解析协议 ARP 找到本网段上另一台计算机的硬件地址，并当作一台主机保存在路由信息表中。同时，也保存一个 MAC 到 IP 的地址转化缓存——ARP 表。

ARP 表中包含一个或多个表，用来存储 IP 地址以及经过解析的以太网或令牌环物理地址。使用该命令，可以查看本地计算机或另一台计算机的 ARP 高速缓存中的当前内容，可以用人工方式输入静态的网卡 MAC/IP 地址对，也可以为缺省网关和本地服务器等常用主机减少网络信息量。如图 8-12 所示。

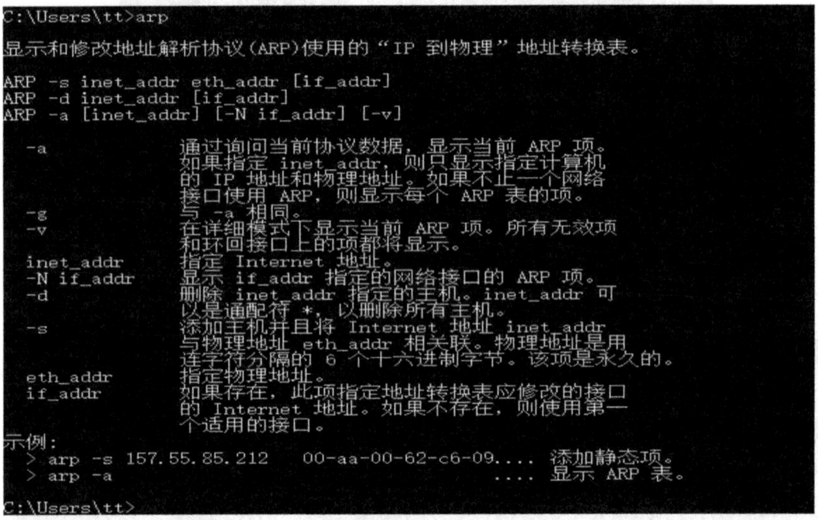

图 8-12 Arp 指令

Arp［－a［InetAddr］［－N IfaceAddr］］

　　　［－g［InetAddr］［－N IfaceAddr］］

　　　［－d InetAddr［IfaceAddr］］

　　　［－s InetAddr EtherAddr［IfaceAddr］］

其选项如下：

－a inet_addr——显示 arp 缓冲区的所有条目。如果指定一个特定主机，显示就被限制到只显示关于那台主机的信息。

-g——与 -a 用法一样。

-N if_addr——显示指定网络接口的 ARP 信息。

-d inet_addr——从 arp 缓冲区中删除指定主机的 arp 条目。

-s inet_addr——设置指定的主机的 IP 地址与 MAC 地址的静态映射。

7. Nslookup 指令排除域名解析中的故障

Nslookup 指令与 TCP/IP 一起使用，作用是询问一个 DNS 服务器，查出 IP 地址是否与该计算机名精确匹配，从而找一个特定主机的名字登录信息。通过运用 nslookup 指令查询 Internet 域名信息或诊断 DNS 服务器问题。比如 FTP 或 Telnet 企图连接一台特定的主机，但发现不能建立连接，或远端系统不是想要连接的那个系统，使用该指令。如图 8-13 和图 8-14 所示：

图 8-13　Nslookup 指令

图 8-14　Nslookup 查看百度 DNS

8.4.4　无线联网问题

最新的也是迄今最伟大的网络环境发展，是完全取消线缆。现在使用一套小型无线访问接入点（AP），以及在小型办公室或家庭办公室计算机上安装无线网卡，都是很便宜的事了。

然而，当使用无线网络时，不管是在小型办公室还是在家庭，构建的网络都有可能受到周围像微波炉、烤箱一样的干扰。要检查是否有这样的干扰很容易，只需要打开计算机，看 LAN 中的计算机是否还可以彼此通信就可以。检查信号的强度和速度，即使能够连接，但在微波炉运行时，网络连接的范围或速度可能会受到限制。另外一个问题是，无线网路可以离开 AP 点的距离是有限的。虽然在同一平面内的办公室可以与 AP 通信，但信号不一定能够到达楼下的平面的办公室，或者它可能不够强的足以穿透砖墙。可以做一下实验，看移动计算机更接近于 AP 时能否解决问题。如果可以，可以通过购买多个 AP 的方式，把它们放置在家庭或办公室的战略位置。使用普通的双绞线把这些 AP 与交换机 / 路由器连接在一起，继而接入 Internet。有些厂商提供可以用作中继器的 AP，当在 AP 间不方便使用 UTP 线缆时，使用中继器是有帮助的。一台中继器或一台 AP/ 中继器工作于 AP 的某种模式，而且只能来自于同一个厂商。虽然可以混合，并且路由器、AP 和适配器等商标一致，AP 和中继器必须能相互通信。

如果没有中继器，或者不想设置另一台无线设备的配置，可以考虑使用以下措施来增强范围和速度：

① 替换常规的天线为高增益天线或有向天线。大多数无线 AP 和路由器供应商现在都提供这些产品线。

② 将传统的 802.11 g 路由器转换成具有多路入 / 多路出（MIMO）天线技术特性的路由器。

③ 将传统 802.11 g 适配卡转换为那些支持 MIMO 的适配卡。有些类型的 MIMO 硬件在连接到 802.11 g 路由器时有了更大的范围。

对于其他无线设备，比如 2.4 GHz 无绳电话或 2.4 GHz 无线安全照相机，可以干扰无线网络。如何排除此故障了？只需要打个电话并观察从一台计算机传向另一台计算机的文件传输过程，可发现其速度越来越慢直至停机。

对于无线连接，一定要使用管理应用程序，允许用户检查 / 配置接入点，并对网络中每个无线网络适配卡进行相同的管理工作。

在呼叫线缆或 DSL 提供商之前，必须仔细检查 LAN 中每个部件的外观，并确认每台计算机是如何配置的。比如要检查网络地址、线缆和本章中提及的其他事情。例如，第一件要做的事是取下一块公认是好的适配卡（能是计算机正常工作的），然后换上一块怀疑是坏的适配卡，检查每台计算机上适配器的配置，若是网线问题，就替换成能正常工作的线缆。

8.4.5 防火墙问题

如果在用户网络和宽带 Internet 连接之间安装了路由器 / 交换机设备，要保证彻底地阅读并弄清设备的配置要求。很多设备买来时是默认设置，需要填入一些信息，如宽带连接地址等。如果服务提供商提供了一个静态地址的话，在大多是情况下，提供商还会使用

DHCP，所有暂不用做任何改变。如果必须要做改变，就把原有的配置信息记录下来，留作日后排障使用。

8.4.6　当一切失效后

如网络出现故障使用本章中所讲的各项，发现能在 LAN 上发送和接收数据，但是不能发送到 Internet 和从 Internet 接收数据。此时，可以呼叫 ISP，找出问题是否在供应商一端。

8.5　网络故障实例

1. 连通性故障

（1）连通性故障通常表现为一下情况：

计算机无法登录服务器；

计算机无法通过局域网连接 Internet；

计算机在"网上邻居"中只能看到自己，而看不到其他计算机，从而无法使用其他计算。

（2）机上的共享资源；

计算机无法在网络中访问其他计算机资源；

网络中的部分计算机运行速度十分缓慢。

（3）以下原因可能导致连通性故障：

网卡未安装，或未正确安装，或与其他设备有冲突；

网卡硬件故障；

网络协议未安装，或设置不正确；

网线、跳线或信息插座故障；

Hub 电源未打开，或 Hub 硬件故障，或 Hub 端口硬件故障；

UPS 电源故障。

（4）连通性故障排障方法：

① 确认连通性故障

当出现一种网络应用故障时，如无法连接 Internet，首先尝试使用其他网络应用，如查找网络中的其他计算机，或使用局域网中的 Web 浏览器等。如其他网络应用可正常使用，无法接入 Internet，却能在"网上邻居"中找到其他计算机，或可"Ping"到其他计算机，那么可以排除连通性问题。继续排查其他问题。

② 用 LED 等判断网卡的故障

查看网卡的指示灯是否正常。正常情况下，不传送数据时，网卡指示灯闪烁较慢；传送数据时，闪烁较快。其他情况，表明网卡不正常，需关闭计算机更换网卡。

③ 用 Ping 命令排除网卡故障

使用 Ping 命令 Ping 本地的 IP 地址或计算机名，检查网卡和 IP 协议是否安装完好。若能 Ping 通，说明计算机网卡和协议设置没问题，问题处在计算机和网络的连接上，应检查网线和接口接口状态。若 Ping 不通，说明 TCP/IP 有问题，可以在计算机的"设备管理器"中查看网卡是否安装或出错。若未安装或安装出错了，则安装网卡驱动；若网卡无法安装，则说明网卡可能损坏，需重新换网卡重装；若网卡安装正确，则故障原因可能是协议未装。

④ 若网卡和协议都安装正确，但网络不通，可判定是交换机和双绞线问题，可换一台交换机进行一步确认。如其他计算机与本机连接正常，则故障一定出在先前计算机和交换机的接口上。

⑤ 若交换机问题，检查交换机的指示灯是否正常。若双绞线问题，用"测线仪"来判定。

2. 协议故障

（1）协议故障通常表现为以下几种情况：

计算机无法登录服务器；

计算机在"网上邻居"中既看不到自己，也看不到其他计算机，或找不到其他计算机；

计算机在"网上邻居"中能看到自己和其他成员，但无法访问其他计算机上的资源；

计算机在"网上邻居"中既看不到自己，也无法在网络中访问其他计算机上的资源；

计算机无法通过局域网连接 Internet；

重复的计算机名。

（2）产生故障的原因可能是：

协议未安装，想要实现局域网通信，必须安装 NetBeui；

协议配置不正确，TCP/IP 设计的参数有 4 个，包括 IP 地址、子网掩码、DNS 和网关，任何一个配置错误，都会产生故障；

网络中有两个和两个以上的计算机重名。

（3）当计算机出现以上协议故障时，应当按照一下步骤进行故障定位：

① 检查计算机是否安装 TCP/IP 和 NetBeui，如果没有，需要安装，并把 TCP/IP 的参

数设置好，然后重启计算机；

② 使用 Ping 命令，测试与其他计算机的连接情况；

③ 在"控制面板"的"网络"属性中，单击"文件及打印共享"按钮，在弹出的"文件及打印共享"对话框中检查一下，看看是否勾选了"允许其他用户访问我的文件"和"允许其他计算机使用我的打印机"复选框，如果没有，全部选中或选中一个；

④ 重启后，查看"网上邻居"，将显示网络中的其他计算机和共享资源，如果仍看不到其他计算机，可以使用"查找"命令，若果能找到，说明协议故障排除了；

⑤ 在"网络"属性的"标识"中重新为该计算机命名，确定其唯一性。

3. 配置故障

配置故障也是故障产生的原因之一，网络管理员对服务器、路由器等的不当设置会引起网络故障；计算机的使用者对计算机设置的修改，也会产生网络故障。

（1）配置故障通常表现为一下几种：

① 计算机只能和某些计算机而不是全部计算机通信；

② 计算机无法访问任何其他设备。

（2）排除配置故障的步骤如下：

① 首先检查发生故障的计算机的相关配置。若发现错误，修改后，再测试相应网络服务能否实现；若没发现错误，或相应的网络服务不能实现，执行下面步骤。

② 其次，测试系统内其他计算机是否有类似故障，若有，则说明问题出在网络设备上；若没有，检测被访问计算机对该计算机所提供的服务。

| 下 篇 |

计算机网络技术与应用

实验部分

实验一　模拟软件 Packet Tracer 的认识

一、实验目的

1. 熟悉、掌握 Packet Tracer 模拟器的使用。

2. 掌握交换机、路由器等网络设备基本信息的配置管理。

二、实验环境和设备

本教程的实验环境采用 Packet Tracer 模拟器，Packet Tracer 是一款功能强大的网络仿真程序，可以为网络初学者提供完备的设计、配置和排除网络故障的环境，有利于理论知识的固化。

学生可在软件的图形用户界面（GUI）上直接使用拖曳方法建立网络拓扑；软件中实现的 IOS 子集允许学生配置设备，提供网络中数据包被处理的详细过程。如图 1-1 所示。

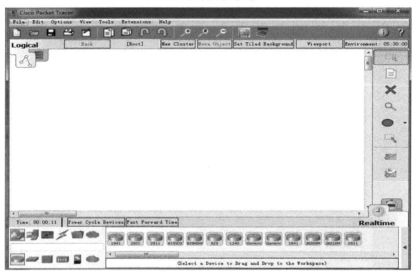

图 1-1　Packet Tracer 界面

三、实验相关知识

1. Packet Tracer 模拟器的功能介绍

本书中的实验环节主要涉及二层交换机 Catalyst2960、三层交换机 Catalyst3560 和路由器 Catalyst2811。模拟器中的网络设备模拟实际设备的硬件，设备模块和面板显示和真机一样，安装模块还需 "power off"；同时，模拟器支持报文分析功能，用户可以通过该功能进一步掌握通信原理的知识；此外，模拟器支持 IPv6 和无线系统。

2. Packet Tracer 模拟器的界面介绍

模拟器打开后，界面如图 1-1 所示。其中，界面左下角的区域为硬件设备区，从左到右、从上到下依次为路由器、交换机、集线器、无线设备、设备之间的连线、终端设备、仿真广域网和 Custom Made Devices（自定义设备），如图 1-2 左下方框内所示。

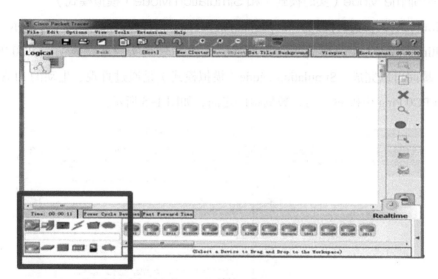

图 1-2　硬件设备区

3. 网络拓扑图的构建

首先，确定网络构建中所需要的网络设备：用鼠标单击设备图标，在模拟器的工作区域内单击一下即可。或者，直接用鼠标按住所选设备直接拖到工作区。

然后，确定连接网络设备所需的各类传输介质：用鼠标单击 "Connections"，将会在右边看到各种类型的介质（自动选线、控制线、直通线、交叉线、光纤、电话线、同轴电缆、DCE 和 DTE），从中选择一种适合设备间互联的介质，将设备互连。如图 1-3 所示。

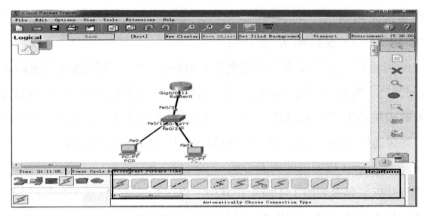

图 1-3　拓扑图构建

4. Realtime Mode（实时模式）和 Simulation Mode（模拟模式）

Realtime Mode（实时模式）和 Simulation Mode（模拟模式），如图 1-4 所示。

Realtime Mode（实时模式）是即时模式，也就是真实模式，表明当 PC0 Ping 主机 PC1 时，瞬间可以完成。Simulation Mode（模拟模式）是通过直观、生动的 FLASH 动画显示出当 PC0 Ping 主机 PC1 时，数据报的走向，如图 1-5 所示。

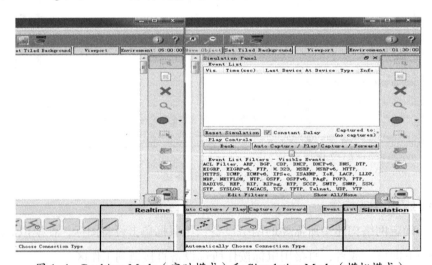

图 1-4　Realtime Mode（实时模式）和 Simulation Mode（模拟模式）

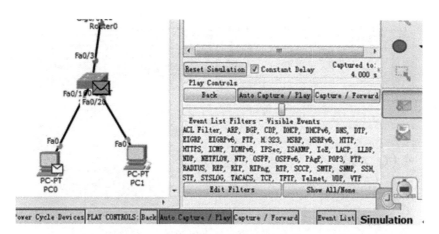

图 1-5　主机 PC0 对主机 PC1 执行 Ping

5. 网络设备管理

Packet tracer 提供了许多典型的网络设备，它们有各自迥然的功能，这里只详细介绍 PC 和路由器两个设备的管理方法，其他设备的管理和操作方法基本雷同，自行研究测试。

① PC

一般，PC 需利用自己的图形界面进行配置。如图 1-6 所示，一般在 Desktop 选项卡下面的 IP Configuation 中进行配置：IP 地址、子网、网关和 DNS 配置。

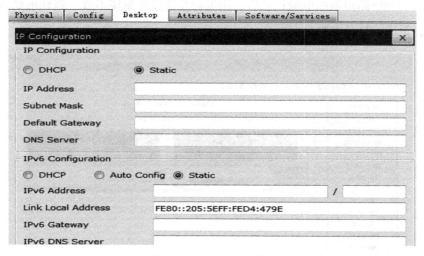

图 1-6　Desktop 选项卡

此外，该选项卡还提供了拨号、终端、命令行（只能执行一般的网络命令）、WEB 浏览器和无线网络功能。如图 1-7 所示。

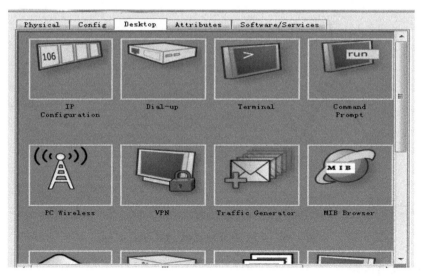

图 1-7 Config 选项卡

② 路由器

路由器有 Physical、Config 和 CLI 这 3 个选项卡。

Physical 选项卡的 MODULES（模块）下有许多模块，是对路由器上的空槽进行添加以实现接口的性能，最常用的有 WIC-IT 和 WIC-2T，如图 1-8。如何添加模块？首先，关闭图 1-8 右侧中路由器的电源；然后，用鼠标左键按住模块不放，拖到想要的模块进插槽中即可；最后，打开电源。

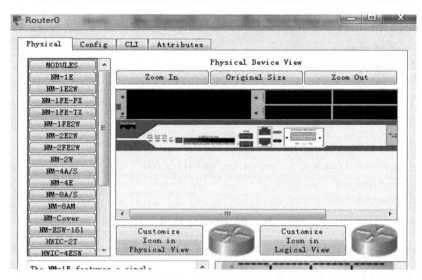

图 1-8 路由器 Physical 选项卡

Config 选项卡可设置路由器的显示名称，查看和配置路由协议和接口。如图 1-9 所示，不过一般不推荐此种方式进行配置。

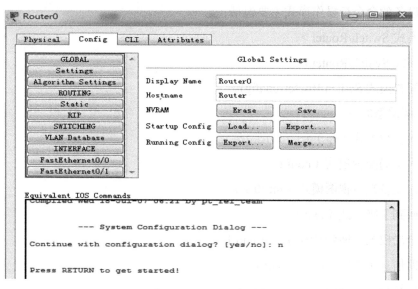

图 1-9　Config 选项卡

CLI 命令行界面是最通用的配置命令的方法，如图 1-10 所示。

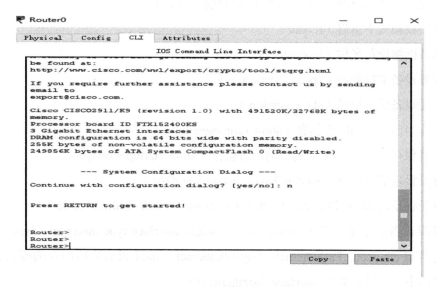

图 1-10　CLI 命令行界面

6. 网络设备的管理方式

网络设备的管理方式基本分为两种：带内管理和带外管理。

带外管理是通过交换机和路由器的 Console 端口进行管理，这种管理方式不占用设备的网络端口，第一次配置时必须利用 Console 端口进行配置。带内管理是通过 Telnet、拨号等方式进行管理。

网络设备的命令行操作模式主要包括：

用户模式 Switch/Router >

特权模式 Switch/Router #

全局配置模式 Switch/Router(config)#

7. 网络设备命令：

● 进入特权模式（en）

● 进入全局配置模式（conf t）

● 进入设备端口视图模式（int f0/1）

● 返回到上级模式（exit）

● 从全局模式返回到特权模式（end）

● 帮助信息（如?、co?、copy?）

● 命令简写（如 conf t）

● 命令自动补全（Tab）

● 快捷键（ctrl+c 中断测试，ctrl+z 退回到特权视图）

● 在特权模式下重启（reload）

● 修改网络设备名称（hostname X）

● 配置设备端口参数（speed，duplex）

● 查看设备版本信息（show version）

● 查看当前生效的配置信息（show running-config）

● 查看保存在 NVRAM 中的启动配置信息（show startup-config）

● 查看设备端口信息（Switch/Router #show interface）

● 查看设备的 MAC 地址表（Switch/Router #show mac-address-table）

● 选择设备的某个端口 Switch/Router(config)# interface type mod/port（type 表示端口类型，通常有 ethernet、Fastethernet、Gigabitethernet）（mod 表示端口所在的模块，port 表示在该模块中的编号）例如 interface fastethernet0/1

● 选择设备的多个端口 Switch/Router(config)#interface type mod/startport-endport

● 设置端口通信速度 Switch/Router(config-if)#speed［10/100/auto］

● 设置端口单双工模式 Switch/Router(config-if)#duplex［half/full/auto］

● 设备中有很多密码，设置对这些密码可以有效的提高设备的安全性。

Switch/Router(config)# enable password ****** 设置进入特权模式的密码

Switch/Router（config-line）可以设置通过 console 端口连接设备及 Telnet 远程登录时所需的密码；

Switch/Router(config)# line console 0 表示配置控制台线路，0 是控制台的线路编号。

Switch/Router(config-line)# login 用于打开登录认证功能。

Switch/Router(config-line)# password 5ijsj // 设置进入控制台访问的密码

四、实验内容

请自行在模拟器 Packet Tracer 中，对照实验相关知识点进行操作。

五、思考题

1. Realtime Mode（实时模式）和 Simulation Mode（模拟模式）的区别是什么？
2. 如何进入设备的全局配置模式？

实验二　交换机的管理配置

一、实验目的

1. 了解交换机的作用。

2. 掌握交换机的管理特性。

3. 掌握配置交换机中 Telnet 操作的命令。

二、实验环境与设备

对局域网中的交换机（Switch-2960）进行配置或 Telnet 远程连接进行配置，如图 2-1 所示。

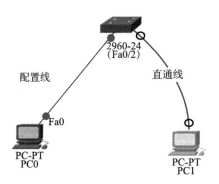

图 2-1　交换机管理配置图

三、实验相关知识

交换机的管理方式分为带内管理和带外管理，第一次配置交换机必须利用 Console 端口进行配置，通过 Telnet、网页页面、拨号等方式进行管理。这个属于交换机设备的带内管理。

四、实验内容

1. 实验要求

用工具栏中的 Console 线缆连接计算机串口和交换机的 Console 接口。在计算机上启用超级终端，并配置超级终端参数，使计算机与交换机通过 Console 接口建立连接；

配置交换机管理 IP 地址，并为 Telnet 用户配置用户名和登录口令。配置计算机 IP 地址（与管理 IP 地址在同一个网段），通过直通线将计算机和交换机相连，通过计算机 Telnet 到路由器上查看信息。

2. 交换机上配置管理 IP 地址

Switch>enable	进入特权模式
Switch#configure terminal	进入全局模式配置
Switch(config)#hostname Sw	配置交换机名称为 Sw
Sw(config)#interface vlan 1	进入交换机管理接口配置模式

Sw(config-if)#ip address 192.168.0.100 255.255.255.0

配置交换机管理接口 IP 地址

Sw(config-if)#no shutdown	开启交换机管理接口

3. 配置交换机登录密码

交换机、路由器中有很多密码，设置这些密码可以有效提高设备的安全性。

Sw(config)#enable password cisco	设置进入特权模式的密码，密码为 cisco 该密码在配置文件中为明文存储
Sw(config)#enable secret cisco	设置进入特权模式的密码，密码为 cisco， 该密码在配置文件中为加密存储

设置通过 Console 端口连接设备及 Telnet
远程登录时所需要的密码

Sw(config)#line console 0	设置从 Console 端口登录密码
Sw(config-line)#password network	密码为 network
Sw(config-line)#login	登录认证功能
Sw(config)#line vty 0 4	设置从远程 Telnet 登录密码
Sw(config-line)#password network	密码为 network
Sw(config-line)#login	登录认证功能
Sw(config)#exit	退出全局模式，返回特权模式
Sw#write	保存当前配置信息

4. 配置主机上的 IP 地址

双击主机 PC0，选择"Desktop"选项卡下的"IP Configuration"，设置为主机的 IP 地址为静态 IP，且 IP 地址与交换机的 Vlan 1 在同一个网络内。例如，设置本实验中主机的 IP 地址为 192.168.0.101，子网掩码为 255.255.255.0. 具体配置如图 2-2 所示：

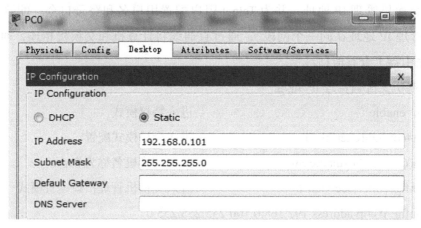

图 2-2　IP Configuration

5. 实验完成，测试检查

（1）验证从主机 PC1 通过 Console 线连接交换机的 Console 端口登录到交换机上后可以进入特权模式。双击主机，选择"Desktop"选项卡下"Terminal"，使用默认的 9 600 传输率等参数，单击"OK"按钮，进入交换机的 CLI 管理界面；输入登录控制台密码，密码输入正确后进入用户模式；再正确输入进入特权模式密码，即可进入特权模式。具体过程如图 2-3 所示。

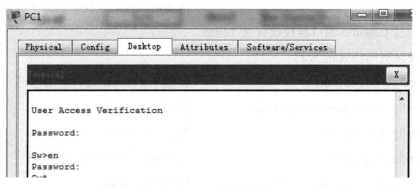

图 2-3　PC 登录界面

（2）验证主机 PC0 和交换机的连通性，并从主机 PC0 上 Telent 登录交换机，进行远程管理。双击 PC0，选择"Desktop"选项卡下的"Command Prompt"。首先检验两者之间的连通性，然后再执行 Telnet 192.168.0.100 命令，从 PC0 上登录交换机，并输入正确的登录密码。如图 2-4 所示。

（3）验证交换机配置已保存

使用命令 Sw# show run，检测交换机的配置，如图 2-5 所示。

```
C:\>ping 192.168.0.100

Pinging 192.168.0.100 with 32 bytes of data:

Reply from 192.168.0.100: bytes=32 time=1ms TTL=255
Reply from 192.168.0.100: bytes=32 time<1ms TTL=255
Reply from 192.168.0.100: bytes=32 time<1ms TTL=255
Reply from 192.168.0.100: bytes=32 time<1ms TTL=255

Ping statistics for 192.168.0.100:
    Packets: Sent = 4, Received = 4, Lost = 0 (0% loss),
Approximate round trip times in milli-seconds:
    Minimum = 0ms, Maximum = 1ms, Average = 0ms

C:\>telnet 192.168.0.100
Trying 192.168.0.100 ...Open

User Access Verification

Password:
Password:
Sw>en
Password:
Sw#
```

图 2-4 主机和交换机之间的互通性

```
Sw#sh run
Building configuration...

Current configuration : 1170 bytes
!
version 12.2
no service timestamps log datetime msec
no service timestamps debug datetime msec
no service password-encryption
!
hostname Sw
!
enable secret 5 $1$mERr$hx5rVt7rPNoS4wqbXKX7m0
enable password cisco

 !
interface Vlan1
 ip address 192.168.0.100 255.255.255.0
 !
 !
 !
 !
line con 0
 password network
 login
!
line vty 0 4
 password network
 login
line vty 5 15
 login
 !
 !
 !
end
```

图 2-5 交换机的配置显示

五、思考题

1. 交换机的配置模式有哪些？
2. 查看交换机所有配置信息使用哪条命令？

实验三　交换机的基本配置

一、实验目的

1. 了解交换机的作用。

2. 掌握二层交换机的基本配置方法。

3. 熟悉数据帧的封装格式。

二、实验环境和设备

某一办公室内，通过一台二层交换机（Switch_2960），将三台 PC 机通过双绞线进行互联。如图 3-1 所示。

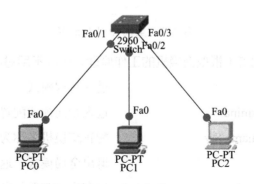

图 3-1　实验拓扑图

三、实验相关知识

二层交换机（Switch）是一种用于电（光）信号转发的网络设备，应用于 OSI 参考模型的第二层——数据链路层，有多个端口，每个端口具有桥接功能，可为接入的任意网络节点提供独享的电信号通路。

数据帧是数据链路层的协议数据单元，包括帧头、数据部分和帧尾三部分。发送端，数据链路层把网络层传下来的数据封装成帧，然后发送到链路上去；接收端，数据链路层把收到的帧中的数据取出来交给网络层。

四、实验内容

1. 三台主机上配置基本的 IP 地址信息，如表 3-1 所示

表 3-1　主机 PC 的 IP 地址信息

名称	连接设备	接口	IP 地址
PC0	Sw	F0/1	192.168.1.1/24
PC1	Sw	F0/2	192.168.1.2/24
PC2	Sw	F0/3	192.168.1.3/24

双击主机，选择"Desktop"选项卡下的"IP Configuration"，设置为主机的 IP 地址为静态 IP，以 PC0 为例，配置图如下图 3-2 所示。

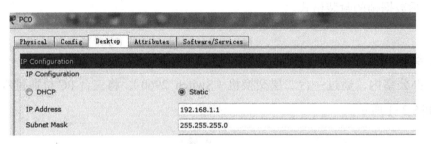

图 3-2　主机 IP 地址配置

2. 交换机的基本配置（根据交换机的工作原理，可以不用对次交换机做任何配置。）

Switch > enable	进入特权模式
Switch#configure terminal	进入全局模式配置
Switch(config)#hostname Sw	配置交换机名称为 Sw
Sw(config)#exit	退出全局模式，返回特权模式
Switch#write	保存当前配置信息

3. 实验完成，测试检查

（1）三台主机之间的互通性，使用主机 PC2 发送数据包给主机 PC0 和 PC1，如图 3-3 所示。

（2）主机之间互发数据包时，使用模拟器中的 Simulation 模式查看数据帧的封装格式，如图 3-4 和图 3-5 所示。

```
Packet Tracer PC Command Line 1.0
C:\> ping
C:\>ping 192.168.1.1

Pinging 192.168.1.1 with 32 bytes of data:

Reply from 192.168.1.1: bytes=32 time=19ms TTL=128
Reply from 192.168.1.1: bytes=32 time<1ms TTL=128
Reply from 192.168.1.1: bytes=32 time<1ms TTL=128
Reply from 192.168.1.1: bytes=32 time<1ms TTL=128

Ping statistics for 192.168.1.1:
    Packets: Sent = 4, Received = 4, Lost = 0 (0% loss),
Approximate round trip times in milli-seconds:
    Minimum = 0ms, Maximum = 19ms, Average = 5ms

C:\>ping 192.168.1.2

Pinging 192.168.1.2 with 32 bytes of data:

Reply from 192.168.1.2: bytes=32 time<1ms TTL=128
Reply from 192.168.1.2: bytes=32 time<1ms TTL=128
Reply from 192.168.1.2: bytes=32 time<1ms TTL=128
Reply from 192.168.1.2: bytes=32 time<1ms TTL=128

Ping statistics for 192.168.1.2:
    Packets: Sent = 4, Received = 4, Lost = 0 (0% loss),
Approximate round trip times in milli-seconds:
    Minimum = 0ms, Maximum = 0ms, Average = 0ms
```

图 3-3 主机之间的互通性测试

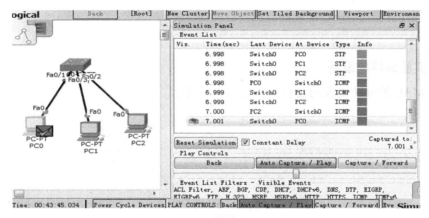

图 3-4 Simulation 模式

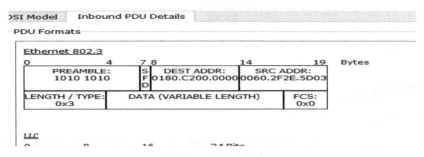

图 3-5 数据帧格式

五、思考题

1. 交换机工作在 OSI 参考模型的第几层?

2. 交换机的转发机制是什么?

实验四 管理 MAC 地址转发表

一、实验目的

1. 了解交换机的基本作用。

2. 通过 MAC 地址转发表，理解交换机的转发机制。

3. 掌握添加静态 MAC 地址的方法。

二、实验环境与设备

管理 MAC 地址转发表的实验拓扑如图 4-1 所示。

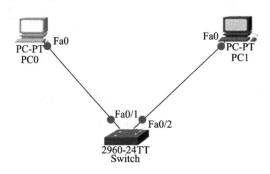

图 4-1 实验拓扑图

三、实验相关知识

1. MAC 地址

局域网中，硬件地址又称为物理地址或 MAC 地址。它是一个用来确认网络设备位置的位址。在 OSI 模型中，第三层网络层负责 IP 地址，第二层数据链路层则负责 MAC 地址。MAC 地址用于在网络中唯一标示一个网卡，一台设备若有一或多个网卡，则每个网卡都需要且只有唯一的 MAC 地址。

2. 交换机的转发数据原理

交换机的提出是对原来共享工作模式的改进。Hub（集线器）作为一种共享工作模式中的设备，共享网络带宽，其本身是不能识别计算机发送数据报的目的地址，只能广播给局域网中的所有端口。这种工作模式下，同一时刻网络上只能传输一组数据帧，这样就容易产生碰撞及重发。

对于交换机，它独享带宽，接受到数据后，接口会查找内存中的地址对照表以确定目的 MAC 地址的 NIC（网卡）连接在哪一个端口上，通过其内部交换矩阵迅速将数据报传送到目的端口。如果目的 MAC 地址不存在，就将数据报广播到所有端口，接受端口回应后，交换机学习新的地址，并将这个新的地址存放到 MAC 地址转发表中。

（1）MAC 地址表

交换机一般有 24 或者 48 个端口，每个端口可以连接一台网络终端设备，为了正确的将数据报对应不同端口进行转发，交换机会维护一张端口 MAC 地址转发表，该表记录了交换机端口下网路终端设备的 MAC 地址，也叫做 MAC 地址映射表。MAC 地址映射表是交换机自动建立的，保存在交换机的 RAM 中，并且具有生存周期。每个 MAC 地址映射表建立后就开始倒计时，每次发送数据也要刷新对应记录的计时，直到生存周期结束时，MAC 地址映射关系被删除。

（2）转发决策

交换机基于 MAC 地址映射表进行数据帧的转发，当交换机收到新的数据帧后所做的操作叫转发决策：丢弃、转发和广播。

丢弃：当某端口下的计算机访问已知本端口下的计算机时丢弃。

转发：当某端口下的计算机访问已知某端口下的计算机时转发。

广播：当某端口下的计算机访问未知端口下的计算机时要广播。

四、实验内容

1. 主机 PC 上的基本配置

如表 4-1 所示，PC0 和 PC1 相对应的各种信息。

表 4-1　主机 PC 的 IP 地址信息

主机名称	交换机连接接口	IP 地址
PC0	F0/1	192.168.0.1/24
PC1	F0/2	192.168.0.2/24

2. 查看 MAC 地址映射表

交换机开启后，在特权模式下查看，初始状态下为空，如下图 4-2 所示。

```
Switch#sh mac-address-table
            Mac Address Table
-------------------------------------------

Vlan    Mac Address        Type        Ports
----    -----------        --------    -----

Switch#
```

图 4-2　交换机初始状态下的 MAC 地址映射表

3. 查看主机的 MAC 地址

在主机上，进入命令提示符窗口，执行 Ipconfig/all 命令，查看网卡的 MAC 地址。或者进入"Desktop"中的 IP Configuration 查看，如下图 4-3 所示。

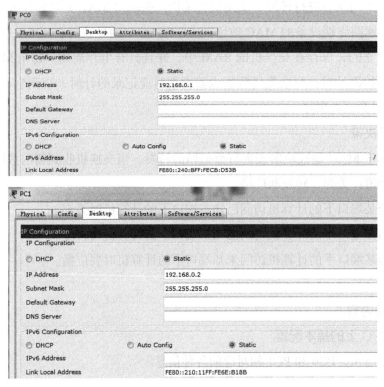

图 4-3　主机 PC 的 MAC 地址

4. 设置静态 MAC 地址

进入交换机全局配置模式，执行设置静态 MAC 地址的操作，

Switch > enable

Switch#config terminal

Switch(config)#mac-address-table 0001.63ae.1198 vlan 1 int f0/1

5. 实验完成，测试检查

两台主机通信，查看交换机上的 MAC 地址映射表，如下图 4-4 所示。

```
Switch#sh mac-a
Switch#sh mac-address-table
         Mac Address Table
-------------------------------------------

Vlan    Mac Address       Type        Ports
----    -----------       --------    -----

   1    0010.116e.b18b    DYNAMIC     Fa0/2
   1    0040.0bcb.d53b    DYNAMIC     Fa0/1
```

图 4-4　交换机上的 MAC 地址映射表

五、思考题

1. 如何在交换机上查询 MAC 地址转发映射表？

2. 设置好静态 MAC 地址转发表后，如果更换了两台 PC 的网线连接接口，是否可以正常通信？

实验五　虚拟局域网配置

一、实验目的

1. 理解虚拟局域网（VLAN）的基本原理及工作过程。

2. 掌握二层交换机按端口划分 VLAN 的配置方法。

3. 熟悉 VLAN 数据帧的封装格式。

二、实验环境与设备

某一公司内财务部、销售部各有两台 PC，分别位于不同办公楼层。现要求利用虚拟局域网技术，使得财务部和销售部内各自的 PC 可互通，但为了数据安全起见，销售部和财务部需要进行互相隔离。如图 5-1 所示，需要主机 PC 4 台；Switch_2960 交换机 2 台；直通线。

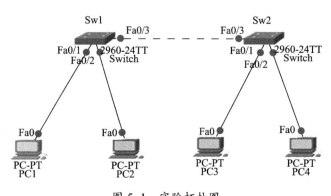

图 5-1　实验拓扑图

三、实验相关知识

1. 虚拟局域网（VLAN）

虚拟局域网（VLAN）是由一些局域网网段构成的与物理位置无关的逻辑组，每一个 VLAN 的帧都有一个明确的标识符，指明发送这个帧的 PC 属于哪一个 VLAN。

一般采用基于交换机的端口划分 VLAN，即处于同一 VLAN 的端口才能相互通信，不同 VLAN 内主机相互隔离，这种方式可有效地屏蔽广播风暴，增加网络安全性能。它具有 Port VLAN 和 Tag VLAN 两种方式。Port VLAN 作用于一个交换机中，利用交换机的端口进行 VLAN 的划分，一个端口只能属于一个 VLAN，且处于同一个 VLAN 端口之间的设备才能相互通信。Tag VLAN 作用于跨交换机中，用于交换机相同的同一个 VLAN 内的主机之间进行直接访问，同时对不同 VLAN 的主机进行隔离。

2. 交换机端口模式

交换端口模式有 Access 和 Trunk。连接终端（如 PC）用 Access 模式，设备级连接用 Trunk 模式。把 Access 端口加入到某个 VLAN，那么这个端口就只将这个 VLAN 的数据转发给 PC，PC 发送的数据通过这个端口后会打上这个 VLAN 的 ID，转发到相同 VLAN。

Trunk 模式被称为"中继（透传）"模式，即两个交换机之间的连接电路或信道，它为两端设备之间进行转接，作为信令和终端设备数据传输链路。

四、实验内容

1. 实验要求

根据题目要求和拓扑图划分 VLAN，将 PC1 和 PC3 划入 VLAN 2 中，PC2 和 PC4 划入 VLAN 3 中；

两台交换机之间的链路实现中继功能，即设置 Port VLAN Trunk 属性。

2. 主机 PC1-PC4 的基本配置

如表 5-1 所示，PC1—PC4 相对应的各种信息：

表 5-1　主机 PC 的 IP 地址信息

名称	交换机	连接接口	IP 地址	网关
PC1	Sw1	F0/1	192.168.1.2/24	192.168.1.1
PC2	Sw1	F0/2	192.168.1.3/24	192.168.1.1
PC3	Sw2	F0/1	192.168.1.4/24	192.168.1.1
PC4	Sw2	F0/2	192.168.1.5/24	192.168.1.1

3. 交换机 Sw1 和 Sw2 的基本配置

Sw1

Switch > enable　　　　　　　　　　交换机进入特权模式

Switch#configure terminal　　　　　　交换机进入全局配置模式

Switch(config)#hostname Sw1　　　　　修改交换机的名称为 Sw1

Sw1(config)#vlan 2	创建 vlan 2
Sw1(config-vlan)#exit	返回到全局配置模式
Sw1(config)#vlan 3	创建 vlan 3
Sw1(config-vlan)#exit	
Sw1(config)#inter fa 0/1	进入交换机 Sw1 的 f0/1 接口配置模式下
Sw1(config-if)#switch access vlan 2	将交换机的 F0/1 端口加入到 vlan 2 中
Sw1(config-if)#exit	
Sw1(config)#inter fa 0/2	进入交换机 Sw1 的 f0/2 接口配置模式下
Sw1(config-if)#switch access vlan 3	将交换机的 F0/2 端口加入到 vlan 3 中
Sw1(config-if)#exit	
Sw1(config)#inter fa 0/3	进入交换机 Sw1 的 f0/3 接口配置模式下
Sw1(config-if)#switch mode trunk	将交换机的 F0/3 端口转换成 Trunk 模式

```
Sw1(config-if)#end
Sw2
Switch > en
Switch#conf t
Switch(config)#hostname Sw2
Sw2(config)#vlan 2
Sw2(config-vlan)#exit
Sw2(config)#vlan 3
Sw2(config-vlan)#exit
Sw2(config)#int fa 0/1
Sw2(config-if)#switch access vlan 2
Sw2(config-if)#exit
Sw2(config)#int fa 0/2
Sw2(config-if)#switch access vlan 3
Sw2(config-if)#exit
Sw2(config)#int fa 0/3
Sw2(config-if)#switch mode trunk
Sw2(config-if)#end
```

4. 实验完成，测试检测

（1）利用命令 Sw#show vlan brief，检查两台交换机中的 VLAN 划分

交换机 Sw1 的 VLAN 信息如图 5-2 所示。

```
VLAN Name                             Status    Ports
---- -------------------------------- --------- 
--------------------------------
1    default                          active    Fa0/4, Fa0/5,
Fa0/6, Fa0/7
                                                Fa0/8, Fa0/9,
Fa0/10, Fa0/11
                                                Fa0/12, Fa0/13,
Fa0/14, Fa0/15
                                                Fa0/16, Fa0/17,
Fa0/18, Fa0/19
                                                Fa0/20, Fa0/21,
Fa0/22, Fa0/23
                                                Fa0/24, Gig0/1,
Gig0/2
2    VLAN0002                         active    Fa0/1
3    VLAN0003                         active    Fa0/2
1002 fddi-default                     active
1003 token-ring-default               active
1004 fddinet-default                  active
1005 trnet-default                    active
sw1(config)#
```

图 5-2 交换机 Sw1 的 VLAN 信息

交换机 Sw2 的 VLAN 信息如图 5-3 所示。

```
VLAN Name                             Status    Ports
---- -------------------------------- --------- 
--------------------------------
1    default                          active    Fa0/4, Fa0/5,
Fa0/6, Fa0/7
                                                Fa0/8, Fa0/9,
Fa0/10, Fa0/11
                                                Fa0/12, Fa0/13,
Fa0/14, Fa0/15
                                                Fa0/16, Fa0/17,
Fa0/18, Fa0/19
                                                Fa0/20, Fa0/21,
Fa0/22, Fa0/23
                                                Fa0/24, Gig0/1,
Gig0/2
2    VLAN0002                         active    Fa0/1
3    VLAN0003                         active    Fa0/2
1002 fddi-default                     active
1003 token-ring-default               active
1004 fddinet-default                  active
1005 trnet-default                    active
sw2(config)#
```

图 5-3 交换机 Sw2 的 VLAN 信息

（2）验证相同 VLAN 之间的连通性，相同 VLAN 之间互通，不同 VLAN 之间相互隔离。

主机 PC1 和 PC2 之间的连通性，使用命令 Ping 操作，如图 5-4 所示。

```
C:\>ping 192.168.1.3

Pinging 192.168.1.3 with 32 bytes of data:

Request timed out.
Request timed out.
Request timed out.
Request timed out.

Ping statistics for 192.168.1.3:
    Packets: Sent = 4, Received = 0, Lost = 4 (100% loss),
```

图 5-4 主机之间的连通性测试

主机 PC1 和 PC3 之间的连通性，使用命令 Ping 操作，如图 5-5 所示。

```
C:\>ping 192.168.1.4

Pinging 192.168.1.4 with 32 bytes of data:

Reply from 192.168.1.4: bytes=32 time<1ms TTL=128
Reply from 192.168.1.4: bytes=32 time<1ms TTL=128
Reply from 192.168.1.4: bytes=32 time<1ms TTL=128
Reply from 192.168.1.4: bytes=32 time<1ms TTL=128

Ping statistics for 192.168.1.4:
    Packets: Sent = 4, Received = 4, Lost = 0 (0% loss),
Approximate round trip times in milli-seconds:
    Minimum = 0ms, Maximum = 0ms, Average = 0ms
```

图 5-5　主机之间的连通性测试

（3）查看学习 VLAN 的数据帧格式

使用 Simulation Mode，观察数据包在主机之间传送的路径，查看数据链路层数据帧的格式，如图 5-6 所示。

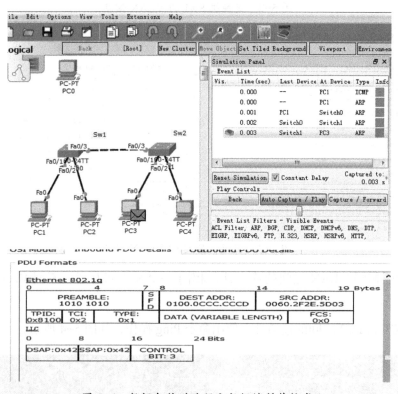

图 5-6　数据包传送路径和数据帧封装格式

五、思考题

1. 虚拟局域网的作用是什么？

2. 虚拟局域网通过什么进行转发数据帧？

实验六　路由器的管理配置

一、实验目的

1. 了解路由器的作用。

2. 掌握路由器的管理特性。

3. 掌握配置路由器中 Telnet 操作的命令。

二、实验环境与设备

对局域网中的路由器（Router_2811）进行配置或 Telnet 远程连接进行配置，拓扑结构如图 6-1 所示，需要主机 PC 2 台；Router-2811 路由器 1 台；Console 配置线；双绞线。

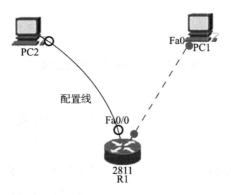

图 6-1　实验拓扑图

三、实验相关知识

路由器的管理方式

路由器的管理方式分为带内管理和带外管理，第一次对路由器进行配置时必须利用 Console 端口进行配置，终端的硬件设置如下：

波特率为 9 600；数据位为 8；停止位为 1；奇偶校验为无。

带外管理主要是通过路由器的接口地址，使用 Telnet、TFTP 或者 SNMP 运行网络管理软件实现远程对路由器的配置和管理。

四、实验内容

1. 实验要求

用工具栏中的 Console 线缆连接计算机串口和路由器的 Console 接口。在计算机上启用超级终端，并配置超级终端参数，使计算机与路由器通过 Console 接口建立连接；

配置路由器管理 IP 地址，并未 Telnet 用户配置用户名和登录口令。配置计算机 IP 地址（与管理 IP 地址在同一个网段），通过直通线将计算机和路由器相连，通过计算机 Telnet 到路由器上查看信息。

2. 主机 PC 上 IP 地址的基本配置

双击主机 PC1，进入"Desktop"中的 IP Configuration，如图 6-2 所示。

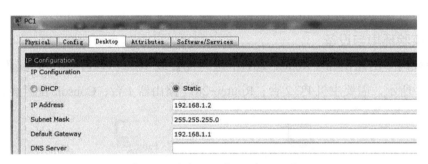

图 6-2　主机 PC 的 IP 地址配置

3. 路由器的配置

Router > enable	进入特权模式
Router#configure terminal	进入全局模式
Router(config)#hostname R1	变更路由器名称为 R1
R1(config)#enable password cisco	设置路由器特权模式密码为 cisco，该密码在配置文件中用明文保存
R1(config)#enable secret cisco	设置路由器特权模式密码为 cisco，该密码在配置文件中用密文保存
R1(config)#line vty 0 4	进入路由器线路配置模式
R1(config-line)#login	配置远程登录
R1(config-line)#password star	设置路由器远程登录密码为 star
R1(config-line)#end	退出线路模式
R1(config)#interface f0/0	进入路由器接口配置模式

R1(config-if)#ip address 192.168.1.1 255.255.255.0　　配置路由器接口的 IP 地址

R1(config-if)#no shutdown　　　　　　　　　　　开启路由器端口

R1(config-if)#end　　　　　　　　　　　　　　　返回特权模式

R1#write　　　　　　　　　　　　　　　　　　　保存配置

4. 实验完成，测试检测

（1）验证从主机 PC2 通过 Console 线连接路由器的 Console 端口登录到路由器上后可以进入特权模式。双击主机 PC2，选择"Desktop"选项卡下"Terminal"，使用默认的 9 600 传输率参数，单击"OK"按钮，进入路由器的 CLI 管理界面；输入登录控制台密码，密码输入正确进入用户模式；再正确输入进入特权模式密码，即可进入特权模式。具体过程如图 6-3 所示：

```
R1>en
Password:
R1#
```

图 6-3　路由器登录

（2）验证从主机 PC1 通过 Telnet 登录交换机，进行远程管理。双击 PC1，选择"Desktop"选项下的"Command Prompt"。如图 6-4 所示。

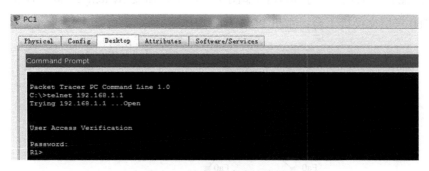

图 6-4　主机上登录路由器

五、思考题

1. 路由器的配置模式有哪些？

2. 查看路由器所有配置信息的命令是什么？

实验七　VLAN 之间的通信

一、实验目的

1. 了解三层交换机的功能、特点及工作原理。

2. 掌握用三层交换机实现 VLAN 间相互通信。

二、实验环境与设备

某企业有两个分处于不同办公室的主要部门——技术部和销售部（销售部 1 和销售部 2）。为了安全和方便管理，要求对两个部门内的主机划分 VLAN：技术部和销售部分处于不同的 VLAN（其中，销售部 1 和销售部 2 属于同一个 VLAN）；同时，为了共享资源，要求部门间能相互通信。实验拓扑图如图 7-1 所示，需要 Switch_2960 二层交换机 1 台；Switch_3560 三层交换机 1 台；主机 PC 3 台；直连线。

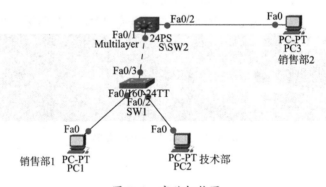

图 7-1　实验拓扑图

三、实验相关知识

三层交换机是为 IP 设计的，接口类型简单，拥有很强的二层包处理能力，也适用于大型局域网内数据路由与交换，故它是具有部分路由器功能的交换机。

二层交换机的 VLAN 功能能把大型局域网按功能或地域等因素划分成一个个小的局域网，但是只能实现相同 VLAN 之间的通信，对于不同 VLAN 之间的通信就要经过网络层的设备完成。随着网间互访的不断增加，单纯的路由器端口数量有限，且路由速度慢，一定程度上限制了网络的规模和访问速度。基于这种情况，三层交换机应运而生。

四、实验内容

1. 实验要求

在二层交换机上配置 VLAN2、VLAN3，分别将端口 Fa0/1（销售部 1）、端口 Fa0/2（技术部）划分给 VLAN2 、VLAN3。

将二层交换机与三层交换机相连的端口 Fa 0/3 都定义为 Trunk 模式。

在三层交换机上配置 VLAN2、VLAN3，验证二层交换机 VLAN2、VLAN3 下的主机之间不能相互通信。同时，将三层交换机的 Fa0/2 口（销售部 2）划分到 VLAN 2。

设置三层交换机 VLAN 间的通信，创建 VLAN2，VLAN3 的虚接口，并配置虚接口 VLAN2、VLAN3 的 IP 地址。

将二层交换机 VLAN2、VLAN3 下的主机默认网关分别设置为相应虚拟接口的 IP 地址。

2. 各主机上的 IP 配置

如表 7-1 所示，PC1—PC3 相对应的各种信息。

表 7-1　主机 PC 的 IP 地址信息

名称	交换机	连接接口	IP 地址	网关
PC1	Sw1	F0/1	192.168.1.2/24	192.168.1.1
PC2	Sw1	F0/2	192.168.2.2/24	192.168.2.1
PC3	Sw2	F0/2	192.168.1.3/24	192.168.1.1

3. 交换机上的配置

Sw1

Switch＞enable	进入特权模式
Switch#configure terminal	进入全局模式
Switch(config)#hostname Sw1	给二层交换机命名为 Sw1
Sw1(config)#vlan 2	创建 VLAN 2
Sw1(config-vlan)#exit	
Sw1(config)#vlan 3	创建 VLAN 3
Sw1(config-vlan)#exit	
Sw1(config)#interface fa 0/1	进入到接口模式

Sw1(config-if)#switchport mode access   将接口 f0/1 设置为 access 端口

Sw1(config-if)#switchport access vlan 2   将接口 f0/1 划入到 vlan 2 中

Sw1(config-if)#exit

Sw1(config)#int fa 0/2   进入到接口模式

Sw1(config-if)#switchport mode access   将接口 f0/2 设置为 access 段扩

Sw1(config-if)#switchport access vlan 3   将接口 f0/2 划入到 vlan3 中

Sw1(config-if)#exit

Sw1(config)#int fa 0/3   进入到接口模式

Sw1(config-if)#switchport mode trunk   将接口 f0/3 设置为 trunk 端口

Sw1(config-if)#end

Sw2

Switch > enable

Switch#configure terminal

Switch(config)#hostname Sw2

Sw2(config)#vlan 2   创建 vlan 2

Sw2(config-vlan)#exit

Sw2(config)#vlan 3   创建 vlan 3

Sw2(config-vlan)#exit

Sw2(config)#interface fa 0/1   进入接口模式

Sw2(config-if)#switchport trunk encapsulation dot1q 接口封装 dot1q 协议

Sw2(config-if)#switchport mode trunk   将接口 f0/1 设置为 trunk 端口

Sw2(config-if)#exit

Sw2(config)#interface fa 0/2

Sw2(config-if)#switchport mode access

Sw2(config-if)#switchport access vlan 2

Sw2(config-if)#exit

Sw2(config)#interface vlan 2   进入到 vlan 2 的 svi 端口模式

Sw2(config-if)#ip address 192.168.1.1 255.255.255.0 为 vlan 2 的 svi 端口配置 IP 地址

Sw2(config-if)#no shutdown   开启 vlan 2 的 svi 端口

Sw2(config-if)#exit

Sw2(config)#interface vlan 3   进入到 vlan 3 的 svi 端口模式

Sw2(config-if)#ip address 192.168.2.1 255.255.255.0　为 vlan 3 的 svi 端口配置 IP 地址

Sw2(config-if)#no shutdown　　　　　　　开启 vlan 2 的 svi 端口

Sw2(config)#ip routing　　　　　　　　　开启路由功能

4. 实验完成，测试检查

（1）查看三层交换机上的路由表信息

在交换机 Sw2 上，利用 show ip route 命令，查看路由表的信息，如图 7-2 所示。

```
Sw2#sh ip route
Codes: C - connected, S - static, I - IGRP, R - RIP, M - mobile,
B - BGP
       D - EIGRP, EX - EIGRP external, O - OSPF, IA - OSPF inter
area
       N1 - OSPF NSSA external type 1, N2 - OSPF NSSA external
type 2
       E1 - OSPF external type 1, E2 - OSPF external type 2, E -
EGP
       i - IS-IS, L1 - IS-IS level-1, L2 - IS-IS level-2, ia -
IS-IS inter area
       * - candidate default, U - per-user static route, o - ODR
       P - periodic downloaded static route

Gateway of last resort is not set

C    192.168.1.0/24 is directly connected, Vlan2
C    192.168.2.0/24 is directly connected, Vlan3
```

图 7-2　三层交换机上的路由表

（2）按题设要求，部门之间能相互通信

销售部 1、销售部 2 和技术部之间的主机 PC1、PC2 和 PC3 之间能互通信息，使用
Ping 命令测试，如下图 7-3 所示。

```
C:\>ping 192.168.1.3

Pinging 192.168.1.3 with 32 bytes of data:

Reply from 192.168.1.3: bytes=32 time<1ms TTL=128
Reply from 192.168.1.3: bytes=32 time<1ms TTL=128
Reply from 192.168.1.3: bytes=32 time<1ms TTL=128
Reply from 192.168.1.3: bytes=32 time=2ms TTL=128

Ping statistics for 192.168.1.3:
    Packets: Sent = 4, Received = 4, Lost = 0 (0% loss),
Approximate round trip times in milli-seconds:
    Minimum = 0ms, Maximum = 2ms, Average = 0ms

C:\>ping 192.168.2.2

Pinging 192.168.2.2 with 32 bytes of data:

Reply from 192.168.2.2: bytes=32 time=2ms TTL=127
Reply from 192.168.2.2: bytes=32 time<1ms TTL=127
Reply from 192.168.2.2: bytes=32 time<1ms TTL=127
Reply from 192.168.2.2: bytes=32 time<1ms TTL=127

Ping statistics for 192.168.2.2:
    Packets: Sent = 4, Received = 4, Lost = 0 (0% loss),
Approximate round trip times in milli-seconds:
    Minimum = 0ms, Maximum = 2ms, Average = 0ms
```

图 7-3　主机之间的互通性测试

五、思考题

1. 三层交换机与普通交换机的区别是什么？

2. 三层交换机与普通路由器的区别是什么？

实验八　静态路由配置

一、实验目的

1. 理解静态路由的意义。

2. 掌握静态路由的配置方法和技巧。

3. 掌握通过静态路由方式实现网络的连通性。

二、实验环境与设备

学校有新旧两个校区，每个校区都是一个独立的局域网，为了使新旧校区能够正常相互通讯，资源共享。每个校区出口利用一台路由器进行连接，要求利用最简单、安全的配置实现两个校区的正常相互访问。如下拓扑图所示，需要主机 Pc 2 台；Router-2811 路由器 2 台；Switch_2960 交换机 2 台；直连线和交叉线。

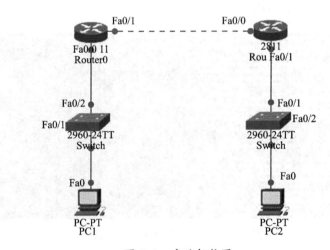

图 8-1　实验拓扑图

三、实验相关知识

静态路由，一种路由的方式，是指由网络管理员逐项手工加入路由表中的信息。它是

一种特殊的静态路由，当路由表中与包的目的地址之间没有匹配的表项时路由器能够做出的选择。如果没有默认路由，那么目的地址在路由表中没有匹配表项的包时将被丢弃。

1. 静态路由的优点

使用静态路由的优点是网络安全保密性高。动态路由因为需要路由器之间频繁交换各自的路由表，而对路由表的分析容易暴露网络的拓扑结构和网络地址信息等。因此，出于安全方面的考虑也可以采用静态路由。此外，静态路由不会产生更新流量，不占用网络带宽。

2. 静态路由的缺点

大型、复杂的网络环境通常不宜采用静态路由。一方面，网络管理员难以全面地了解整个网络拓扑结构；另一方面，当网络拓扑结构和链路状态发生变化时，路由器中的静态路由信息需要大范围调整，这一工作的难度和复杂程度非常高。

3. 配置命令

静态路由的配置有两种方式：带下一跳路由器的静态路由和带送出接口的静态路由。

格式分别如下：

（1）采用下一跳路由器方式：

　　　　ip route　目标网段　目标子网掩码　下一跳路由器接口 ip 地址

（2）采用送出接口方式：

　　　　　　ip route　目标网段　目标子网掩码　送出接口

4. 默认路由

默认路由是一种特殊的静态路由，当路由表与数据报的目的地址之间没有匹配项时路由器能够根据默认路由做出选择。如果没有默认路由，那么目的地址在路由表中没有匹配项的数据报将被丢弃。默认路由在某些时候非常有效，当存在末梢网络时，默认路由可以大大简化路由器的配置，减轻网络管理员的工作负担，提高网络性能。

默认路由和静态路由的命令格式一样，只是把目的 ip 地址和子网掩码变成了 0.0.0.0 和 0.0.0.0，具体格式如下：

　　　　　　ip route 0.0.0.0 0.0.0.0　下一条路由器接口 ip 地址

　　　　或者 ip route 0.0.0.0 0.0.0.0　送出接口

四、实验内容

1. 主机 PC1 和 PC2 的 IP 地址设置

如表 8-1 所示，PC1—PC2 相对应的各种信息。

表 8-1　主机 PC 的 IP 地址信息

名称	IP 地址	网关
PC1	192.168.1.2/24	192.168.1.1
PC2	192.168.2.2/24	192.168.2.1

2. 路由器的基本配置

R1

Router > enable　　　　　　　　　　　　　　进入特权模式

Router#configure terminal　　　　　　　　　进入全局用户模式

Router(config)#hostname R1　　　　　　　　设置路由器的名称为 R1

R1(config)#interface fa 0/0　　　　　　　　进入接口模式

R1(config-if)#no shutdown　　　　　　　　开启 f0/0 端口

R1(config-if)#ip address 192.168.1.1 255.255.255.0　给 f0/0 端口配置 IP 地址

R1(config-if)#exit

R1(config)#int fa0/1

R1(config-if)#ip address 192.168.3.1 255.255.255.0

R1(config-if)#no shut

R1(config-if)#exi

R1(config)# ip route 192.168.2.0 255.255.255.0 192.168.3.2　R1 上静态路由配置

R1(config)# end

R2

Router > en

Router#conf t

Router(config)#hostname R2

R2(config)# int fa0/1

R2(config-if)#ip address 192.168.2.1 255.255.255.0

R2(config-if)#no shut

R2(config-if)#exit

R2(config)#int fa0/0

R2(config-if)#ip address 192.168.3.2 255.255.255.0

R2(config-if)#no shut

R2(config-if)#exi

R2(config)#ip route 192.168.1.0 255.255.255.0 192.168.3.1   R2 上静态路由配置

R2(config)#end

3. 实验完成，测试检查

（1）查看路由器上的路由表信息，路由表中有标识为 S 的静态路由。

查看路由器 R1 上的路由表信息，使用 show ip route 命令，如图 8-2 所示。

```
Gateway of last resort is not set

C    192.168.1.0/24 is directly connected, FastEthernet0/0
S    192.168.2.0/24 [1/0] via 192.168.3.2
C    192.168.3.0/24 is directly connected, FastEthernet0/1

r1(config)#
```

图 8-2 路由器 R1 上的路由表信息

查看路由器 R2 上的路由表信息，使用 show ip route 命令，如图 8-3 所示。

```
Gateway of last resort is not set

S    192.168.1.0/24 [1/0] via 192.168.3.1
C    192.168.2.0/24 is directly connected, FastEthernet0/1
C    192.168.3.0/24 is directly connected, FastEthernet0/0

r2(config)#
```

图 8-3 路由器 R2 上的路由表信息

（2）主机之间连通性检测

使用 Ping 命令，检测两校园网之间主机的连通性。结果如图 8-4 所示。

```
C:\>ping 192.168.2.2

Pinging 192.168.2.2 with 32 bytes of data:

Reply from 192.168.2.2: bytes=32 time<1ms TTL=126
Reply from 192.168.2.2: bytes=32 time<1ms TTL=126
Reply from 192.168.2.2: bytes=32 time<1ms TTL=126
Reply from 192.168.2.2: bytes=32 time<1ms TTL=126

Ping statistics for 192.168.2.2:
    Packets: Sent = 4, Received = 4, Lost = 0 (0% loss),
Approximate round trip times in milli-seconds:
    Minimum = 0ms, Maximum = 0ms, Average = 0ms
```

图 8-4 主机连通性测试

五、思考题

1. 静态路由与动态路由、默认路由的区别是什么？

2. 使用静态路由协议配置网络，其优缺点是什么？

实验九　动态路由协议配置——RIP

一、实验目的

1. 理解 RIP 路由信息协议的意义。

2. 掌握 RIP 协议的配置方法。

3. 掌握查看通过动态路由协议 RIP 学习产生的路由。

二、实验环境与设备

假设校园网通过一台三层交换机连到校园网出口路由器上，路由器再和校园外的另一台路由器连接。现要做适当配置，实现校园网内部主机与校园网外部主机之间的相互通信。为了简化网管的管理维护工作，学校决定采用 RIPv2 协议实现互通。拓扑结构如图 9-1 所示，需要主机 PC 2 台；Switch_3560 三层交换机 1 台；Router-2811 路由器 2 台；直连线；交叉线。

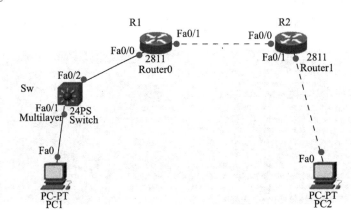

图 9-1　实验拓扑图

三、实验相关知识

RIP（Routing Information Protocols，路由信息协议），是一种分布式的基于距离向量（从自身到其他每一个目的网络的距离记录）的路由选择协议，是互联网的标准协议，其最大的优点就是简单。由于 RIP 协议允许一条路径最多只能包含 15 个路由器，可见，RIP 协议只适用于小型互联网。

运行 RIP 的路由器仅和相邻的路由器交换信息。

路由器交换的信息是当前本路由器所知道的全部信息，即自己的路由表。

按固定时间交换路由信息，如每隔 30 s，然后路由器根据收到的路由信息更新路由条目。

RIP 协议有两个版本：RIPv1 和 RIPv2。RIPv1 属于有类路由协议，不支持变长子网掩码。RIPv1 是以广播 UDP 报文的形式进行路由信息的更新。RIPv2 属于无类路由协议，支持变长子网掩码。RIPv2 是以组播的形式进行路由信息的更新，组播地址是 224.0.0.9。RIPv2 支持基于端口的认证，能提高网络的安全性。本实验中使用 RIPv2 版本。

四、实验内容

1. 实验要求

在三层交换机（Sw）上划分 VLAN，其中 VLAN10 用于连接校园网主机，VLAN20 用于连接 R1；

在各个网络设备上配置 RIP 路由协议。

2. 主机 PC 的基本配置

如表 9-1 所示，主机 PC1-PC2 相对应 IP 的基本信息。

表 9-1　主机 IP 的基本信息

名称	IP 地址	网关
PC1	192.168.1.2/24	192.168.1.1
PC2	192.168.2.2/24	192.168.2.1

3. 三层交换机的基本配置

Sw

Switch > enable	进入特权模式
Switch#configure terminal	进入全局模式
Switch(config)#hostname Sw	设置交换机的名字为 Sw
Sw(config)#vlan 10	创建 vlan 10
Sw(config)#exit	
Sw(config)#vlan 20	创建 vlan 20

Sw(config)#exit

Sw(config)#interface fa 0/1　　　　　　　　进入接口模式

Sw(config-if)#switch mode access　　　　　接口 f0/1 设置为 access 端口

Sw(config-if)#switchport access vlan 10　　将接口 f0/1 划入到 vlan 10 中

Sw(config-if)#exit

Sw(config)#interface fa 0/2　　　　　　　　进入接口模式

Sw(config-if)#switch mode access　　　　　接口 f0/2 设置为 access 端口

Sw(config-if)#switchport access vlan 20　　将接口 f0/2 划入到 vlan 10 中

Sw(config-if)#exit

Sw(config)#interface vlan 10　　　　　　　进入到 vlan 10 的 SVI 接口模式

Sw(config-if)#no shutdown　　　　　　　　开启 SVI 接口

Sw(config-if)#ip address 192.168.1.1 255.255.255.0 为 SVI 接口配置 ip 地址

Sw(config)#interface vlan 20　　　　　　　进入到 vlan 20 的 SVI 接口模式

Sw(config-if)#no shutdown　　　　　　　　开启 SVI 接口

Sw(config-if)#ip address 192.168.3.1 255.255.255.0 为 SVI 接口配置 ip 地址

4. 路由器 R1 和 R2 上的基本配置

R1

Router > enable

Router#configure terminal

Router(config)#hostname R1

R1(config)#interface fa 0/0

R1(config)#no shutdown

R1(config-if)#ip address 192.168.3.2 255.255.255.0

R1(config-if)#exit

R1(config)#interface fa0/1

R1(config-if)#no shutdown

R1(config-if)#ip address 192.168.4.1 255.255.255.0

R1(config-if)#end

R2

Router > enable

Router#configure terminal

Router(config)#hostname R2

R2(config)#interface fa 0/0

R2(config)#no shutdown

R2(config-if)#ip address 192.168.4.2 255.255.255.0

R2(config-if)#exit

R2(config)#interface fa0/1

R2(config-if)#no shutdown

R2(config-if)#ip address 192.168.2.1 255.255.255.0

R2(config-if)#end

5. 三层交换机 Sw、路由器 R1 和 R2 上 rip 协议的配置

Sw

Sw(config)#ip routing	开启三层交换机的路由功能
Sw(config)#router rip	进入 RIP 路由配置模式
Sw(config-router)#version 2	RIP 协议的版本为 2 号
Sw(config-router)#network 192.168.1.0	开启直联网段 192.168.1.0 RIP
Sw(config-router)#network 192.168.3.0	开启直联网段 192.168.3.0 RIP
Sw(config-router)#end	退出接口模式，直接进入特权模式

R1

R1(config)#router rip	进入 RIP 路由配置模式
R1(config-router)#network 192.168.3.0	开启直联网段 192.168.3.0 RIP
R1(config-router)#network 192.168.4.0	开启直联网段 192.168.4.0 RIP
R1(config-router)#version 2	RIP 协议的版本为 2 号
R1(config-router)#end	

R2

R2(config)#router rip	进入 RIP 路由配置模式
R2(config-router)#network 192.168.2.0	开启直联网段 192.168.2.0 RIP
R2(config-router)#netword 192.168.4.0	开启直联网段 192.168.4.0 RIP
R2(config-router)#version 2	RIP 协议的版本为 2 号
R2(config-router)#end	

6. 实验完成，测试检查

（1）查看交换机、路由器中的路由表信息，其中标识 R 后的路由条目表示 RIP 协议产生，如图 9-2、图 9-3 和图 9-4 所示。

SW#show ip route

```
Gateway of last resort is not set

C    192.168.1.0/24 is directly connected, Vlan10
R    192.168.2.0/24 [120/2] via 192.168.3.2, 00:00:09, Vlan20
C    192.168.3.0/24 is directly connected, Vlan20
R    192.168.4.0/24 [120/1] via 192.168.3.2, 00:00:09, Vlan20

sw#
```

图 9-2　交换机路由表信息

R1#show ip route

```
R    192.168.1.0/24 [120/1] via 192.168.3.1, 00:00:15,
FastEthernet0/0
R    192.168.2.0/24 [120/1] via 192.168.4.2, 00:00:25,
FastEthernet0/1
C    192.168.3.0/24 is directly connected, FastEthernet0/0
C    192.168.4.0/24 is directly connected, FastEthernet0/1

r1#
```

图 9-3　路由器 R1 路由表信息

R2#show ip route

```
R    192.168.1.0/24 [120/2] via 192.168.4.1, 00:00:01,
FastEthernet0/0
C    192.168.2.0/24 is directly connected, FastEthernet0/1
R    192.168.3.0/24 [120/1] via 192.168.4.1, 00:00:01,
FastEthernet0/0
C    192.168.4.0/24 is directly connected, FastEthernet0/0

r2(config)#
```

图 9-4　路由器 R2 路由表信息

（2）主机之间连通性测试

使用 Ping 命令，检测网络连通性，如图 9-5 所示。

```
C:\>ping 192.168.2.2

Pinging 192.168.2.2 with 32 bytes of data:

Reply from 192.168.2.2: bytes=32 time<1ms TTL=126
Reply from 192.168.2.2: bytes=32 time<1ms TTL=126
Reply from 192.168.2.2: bytes=32 time<1ms TTL=126
Reply from 192.168.2.2: bytes=32 time<1ms TTL=126

Ping statistics for 192.168.2.2:
    Packets: Sent = 4, Received = 4, Lost = 0 (0% loss),
Approximate round trip times in milli-seconds:
    Minimum = 0ms, Maximum = 0ms, Average = 0ms
```

图 9-5　连通性测试

五、思考题

1. 简述 RIP 路由协议路由转发和收敛的机制。

2. 在本题的实验拓扑图中再增加一台三层交换机，并进行相应配置（使用 R1P 协议），使 PC 之间互通。

实验十　动态路由协议配置——OSPF

一、实验目的

1. 理解 OSPF 路由协议的意义。

2. 掌握 OSPF 协议的配置方法。

3. 掌握查看通过动态路由协议 OSPF 学习产生的路由。

二、实验环境与设备

假设校园网通过一台三层交换机连到校园网出口路由器上，路由器再和校园外的另一台路由器连接。现要做适当配置，实现校园网内部主机与校园网外部主机之间的相互通信。为了简化网管的管理维护工作，学校决定采用 OSPF 协议实现互通。拓扑结构如图10-1 所示，需要主机 PC 2 台；Switch_3560 三层交换机 1 台；Router-2811 路由器 2 台；直连线；交叉线。

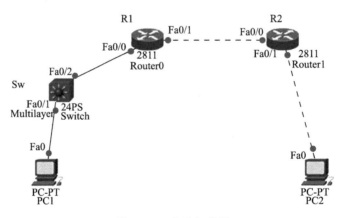

图 10-1　实验拓扑图

三、实验相关知识

OSPF（Open Shortest Path First，开放式最短路径优先）路由协议是一个链路状态路由协议，链路是路由器接口的另一种说法。作为目前网络中应用最广泛的路由协议之一，属于内部网管路由协议，能够适应各种规模的网络环境。

不同于将部分或全部的路由表传递给其相邻的路由器的 RIP 协议，OSPF 将自己的链路状态发送给在某一区域内的所有路由器，路由器之间通告网络接口的状态信息来建立链路状态数据库，并采用 SPF 算法，以自己为根，计算到达其他网络的最短路径，最终形成全网路由信息。

四、实验内容

1. 实验要求

在三层交换机上划分 VLAN，其中 VLAN10 用于连接校园网主机，VLAN20 用于连接 R1；在各个网络设备上配置 RIP 路由协议。

2. 主机 PC 上的 IP 地址配置

如表 10-1 所示，主机 PC1-PC2 相对于 IP 地址信息。

表 10-1 主机 PC 的 IP 地址信息

名称	IP 地址	网关
PC1	192.168.1.2/24	192.168.1.1
PC2	192.168.2.2/24	192.168.2.1

3. 三层交换机的配置

Sw

Switch > enable	进入特权模式
Switch#configure terminal	进入全局模式
Switch(config)#hostname Sw	将交换机命名为 Sw
Sw(config)#vlan 10	创建 vlan 10
Sw(config)#exit	
Sw(config)#vlan 20	创建 vlan 20
Sw(config)#exit	
Sw(config)#interface fa 0/1	进入接口模式
Sw(config-if)#switch mode access	设置接口为 access 模式
Sw(config-if)#switchport access vlan 10	将接口 f0/1 划入 vlan 10 中
Sw(config-if)#exit	
Sw(config)#interface fa 0/2	进入接口模式

Sw(config-if)#switch mode access　　　　　设置接口为 access 模式

Sw(config-if)#switchport access vlan 20　　将接口 f0/2 划入 vlan 20 中

Sw(config-if)#exit

Sw(config)#interface vlan 10　　　　　　　进入 vlan 10 的 SVI 接口

Sw(config-if)#no shutdown　　　　　　　开启 vlan 10 的 SVI 接口

Sw(config-if)#ip address 192.168.1.1 255.255.255.0 为 vlan 10 的 SVI 接口配置 IP 地址

Sw(config)#interface vlan 20　　　　　　　进入 vlan 20 的 SVI 接口

Sw(config-if)#no shutdown　　　　　　　开启 vlan 20 的 SVI 接口

Sw(config-if)#ip address 192.168.3.1 255.255.255.0 为 vlan 20 的 SVI 接口配置 IP 地址

4. 路由器 R1 和 R2 的基本配置

R1

Router > enble

Router#configure terminal

Router(config)#hostname R1

R1(config)#interface fa 0/0

R1(config)#no shutdown

R1(config-if)#ip address 192.168.3.2 255.255.255.0

R1(config-if)#exit

R1(config)#interface fa0/1

R1(config-if)#no shutdown

R1(config-if)#ip address 192.168.4.1 255.255.255.0

R1(config-if)#end

R2

Router > enable

Router#configure terminal

Router(config)#hostname R2

R2(config)#interface fa 0/0

R2(config)#no shutdown

R2(config-if)#ip address 192.168.4.2 255.255.255.0

R2(config-if)#exit

R2(config)#interface fa0/1

R2(config-if)#no shutdown

R2(config-if)#ip address 192.168.2.1 255.255.255.0

R2(config-if)#end

5. 三层交换机 Sw 和路由器 R1、R2 上 OSPF 协议的配置

SW

Sw(config)#ip routing　　　　　　　开启三层交换机的路由功能

Sw(config)#router ospf 1　　　　　　进入 OSPF 路由模式，进程号 1

Sw(config-router)#network 192.168.1.0 0.0.0.255 area 0

　　　　　　　　　　　　　　将 192.168.1.0 网段连进 OSPF 的 0 区域

Sw(config-router)#network 192.168.3.0 0.0.0.255 area 0

　　　　　　　　　　　　　　将 192.168.3.0 网段连进 OSPF 的 0 区域

Sw(config-router)#end

命令 router ospf process-id 中的 OSPF 路由进程 process-id 指定范围必须在 1—65 535 之间，多个 OSPF 进程可以在同一个路由器上配置，但最好不要这样做。多个 OSPF 进程需要多个 OSPF 数据库的副本，必须运行多个最短通路径优先算法的副本。Process-id 只在路由器内部起作用，不同路由器的 process-id 可以不同。它是一个纯粹的本地化数值，没有实在意义。

R1

R1(config)#router ospf 1　　　　　　进入 OSPF 路由模式，进程号 1

R1(config-router)#network 192.168.3.0 0.0.0.255 area 0

　　　　　　　　　　　　　　将 192.168.3.0 网段连进 OSPF 的 0 区域

R1(config-router)#network 192.168.4.0 0.0.0.255 area 0

　　　　　　　　　　　　　　将 192.168.4.0 网段连进 OSPF 的 0 区域

R1(config-router)#exit

R2

R2(config)#router ospf 1　　　　　　进入 OSPF 路由模式，进程号 1

R2(config-router)#network 192.168.2.0 0.0.0.255 area 0

　　　　　　　　　　　　　　将 192.168.2.0 网段连进 OSPF 的 0 区域

R2(config-router)#network 192.168.4.0 0.0.0.255 area 0

　　　　　　　　　　　　　　将 192.168.4.0 网段连进 OSPF 的 0 区域

R2(config-router)#exit

6. 实验完成，测试检查

（1）查看三层交换机和路由器上的路由表信息，标识符 O 后的路由条目表示由 OSPF 协议产生，如图 10-2、图 10-3 和图 10-4 所示。

SW#show ip route

```
Gateway of last resort is not set

C    192.168.1.0/24 is directly connected, Vlan10
O    192.168.2.0/24 [110/3] via 192.168.3.2, 00:00:32, Vlan20
C    192.168.3.0/24 is directly connected, Vlan20
O    192.168.4.0/24 [110/2] via 192.168.3.2, 00:03:03, Vlan20

sw(config)#
```

图 10-2　交换机的路由表信息

R1#show ip route

```
Gateway of last resort is not set

O    192.168.1.0/24 [110/2] via 192.168.3.1, 00:03:49,
FastEthernet0/0
O    192.168.2.0/24 [110/2] via 192.168.4.2, 00:01:12,
FastEthernet0/1
C    192.168.3.0/24 is directly connected, FastEthernet0/0
C    192.168.4.0/24 is directly connected, FastEthernet0/1

r1(config)#
```

图 10-3　路由器 R1 的路由表信息

R2#show ip route

```
Gateway of last resort is not set

O    192.168.1.0/24 [110/3] via 192.168.4.1, 00:01:34,
FastEthernet0/0
C    192.168.2.0/24 is directly connected, FastEthernet0/1
O    192.168.3.0/24 [110/2] via 192.168.4.1, 00:01:34,
FastEthernet0/0
C    192.168.4.0/24 is directly connected, FastEthernet0/0

r2(config)#
```

图 10-4　路由器 R2 的路由表信息

（2）网络连通性测试

使用 Ping 命令，测试主机之间的连通性，如图 10-5 所示。

```
C:\>ping 192.168.2.2

Pinging 192.168.2.2 with 32 bytes of data:

Reply from 192.168.2.2: bytes=32 time<1ms TTL=126
Reply from 192.168.2.2: bytes=32 time<1ms TTL=126
Reply from 192.168.2.2: bytes=32 time<1ms TTL=126
Reply from 192.168.2.2: bytes=32 time<1ms TTL=126

Ping statistics for 192.168.2.2:
    Packets: Sent = 4, Received = 4, Lost = 0 (0% loss),
Approximate round trip times in milli-seconds:
    Minimum = 0ms, Maximum = 0ms, Average = 0ms
```

图 10-5　连通性测试

（3）其他检测方式（查看邻居），自行查看

SW#show ip ospf neighbor

R1#show ip ospf neighbor

R2#show ip ospf neighbor

五、思考题

1. 简述 OSPF 路由协议转发路由的机制。

2. OSPF 路由配置命令如下：

Router(config)#router ospf 100

Router(config-router)#network 192.168.1.0 0.0.0.255 area 0

请问，配置命令中的 100 和 0 分别代表什么意义？

实验十一   动态路由协议综合实验

一、实验目的

1. 理解动态路由协议 RIP 和 OSPF 的意义。

2. 掌握动态路由协议 RIP 和 OSPF 的配置命令和方法。

3. 学习路由重分布技术。

4. 掌握查看通过动态路由协议 RIP 和 OSPF 学习产生的路由。

5. 掌握查看通过路由重分布技术产生的路由。

二、实验环境与设备

某两公司要进行合并，需在不调整原来内部网络结构的基础上对网络进行整合，实现网络互连。其中，一公司原来使用的 RIP 路由协议，另外一公司使用的是 OSPF 路由协议。现增加一台路由器连接两公司，并做适当配置，实现信息互连。拓扑结构如图 11-1 所示，需要 Router_2811 路由器 2 台；Switch_3560 三层交换机 1 台；直通线；交叉线。

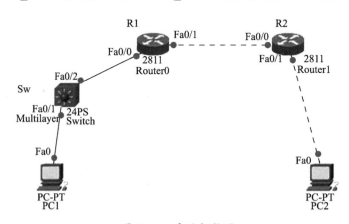

图 11-1   实验拓扑图

三、实验相关知识

RIP 和 OSPF 的相关知识已在实验九和实验十中介绍，在此不再描述。

路由重分发是将学习到的一种路由协议通过另一种路由广播出去的方法，实现网络的连通。为了实现路由重分发，路由器必须同时运行多种路由协议，这样，每种路由协议才能取路由表中的所有或部分其他协议的路由来广播。

路由进程配置模式中执行以下命令：

redistribute protocol［metric metric］［metric-type metric-type］［match internal|external type|nssa-external type］［tag tag］［route-map route-map-name］［subnets］

四、实验内容

1. 实验要求

在三层交换机上划分 2 个 Vlan；

以路由器 R1 为分界线，在其左侧配置 RIPv2 路由协议，右侧配置 OSPF 协议；

为了实现主机 PC 之间的互通，要在 R1 路由进程中引入外部路由，进行路由重分布。

2. 主机 PC 的 IP 地址配置

如表 11-1 所示，主机 PC1 机 PC2 相应的 IP 地址信息。

表 11-1　主机的 IP 地址信息

名称	IP 地址	网关
PC1	192.168.1.2/24	192.168.1.1
PC2	192.168.2.2/24	192.168.2.1

3. 三层交换机上的配置

Sw

Switch＞enable	进入特权模式
Switch#configure terminal	进入全局模式
Switch(config)#hostname Sw	将交换机命名为 Sw
Sw(config)#vlan 10	建立 vlan 10
Sw(config)#exit	
Sw(config)#vlan 20	建立 vlan 20
Sw(config)#exit	
Sw(config)#interface fa 0/1	进入到接口模式

Sw(config-if)#switch mode access　　　　　设置接口为 acccss 模式

Sw(config-if)#switchport access vlan 10　　将接口 f0/1 划入 vlan 10

Sw(config-if)#exit

Sw(config)#interface fa 0/2　　　　　　　　进入到接口模式

Sw(config-if)#switch mode access　　　　　设置接口为 access 模式

Sw(config-if)#switchport access vlan 20　　将接口 f0/2 划入 vlan 20

Sw(config-if)#exit

Sw(config)#interface vlan 10　　　　　　　进入 vlan 10 的 SVI 接口

Sw(config-if)#no shutdown　　　　　　　　开启 vlan 10 的 SVI 接口

Sw(config-if)#ip address 192.168.1.1 255.255.255.0 为 vlan 10 的 SVI 接口配置 IP 地址

Sw(config)#interface vlan 20　　　　　　　进入 vlan 20 的 SVI 接口

Sw(config-if)#no shutdown　　　　　　　　开启 vlan 20 的 SVI 接口

Sw(config-if)#ip address 192.168.3.1 255.255.255.0 为 vlan 20 的 SVI 接口配置 IP 地址

4. 路由器 R1 和 R2 的配置

R1

Router > enable

Router#configure terminal

Router(config)#hostname R1

R1(config)#interface fa 0/0

R1(config)#no shutdown

R1(config-if)#ip address 192.168.3.2 255.255.255.0

R1(config-if)#exit

R1(config)#interface fa0/1

R1(config-if)#no shutdown

R1(config-if)#ip address 192.168.4.1 255.255.255.0

R1(config-if)#end

R2

Router > enable

Router#configure terminal

Router(config)#hostname R2

R2(config)#interface fa 0/0

R2(config)#no shutdown

R2(config-if)#ip address 192.168.4.2 255.255.255.0

R2(config-if)#exit

R2(config)#interface fa0/1

R2(config-if)#no shutdown

R2(config-if)#ip address 192.168.2.1 255.255.255.0

R2(config-if)#end

5. 三层交换机 Sw 和路由器 R1、R2 上 RIP、OSPF 协议的配置

Sw

Sw(config)#ip routing 　　　　　　　　开启交换机的路由功能

Sw(config)#router rip 　　　　　　　　进入 RIP 协议进程

Sw(config-router)#version 2 　　　　　设置 RIP 协议的版本为 2

Sw(config-router)#network 192.168.1.0 　开启直联网段 192.168.1.0 RIP

Sw(config-router)#network 192.168.3.0 　开启直联网段 192.168.3.0 RIP

Sw(config-router)#end

R1

R1(config)#router rip 　　　　　　　　进入 RIP 协议进程

R1(config-router)#network 192.168.3.0 　开启直联网段 192.168.3.0 RIP

R1(config-router)#version 2 　　　　　设置 RIP 协议的版本为 2

R1(config-router)#exit

路由器 R1 的左侧部分配置 RIP 协议

R1(config)#router ospf 1 　　　　　　进入 OSPF 协议进程

R1(config-router)#network 192.168.4.0 0.0.0.255 area 0

　　　　　　　　　　　　　　　　　　将 192.168.4.0 网段连进 OSPF 的 0 区域

R1(config-router)#end

路由器 R1 的右侧部分配置 OSPF 协议

R2

R2(config)#router ospf 1 　　　　　　进入 OSPF 协议进程

R2(config-router)#network 192.168.2.0 0.0.0.255 area 0

　　　　　　　　　　　　　　　　　　将 192.168.2.0 网段连进 OSPF 的 0 区域

R2(config-router)#network 192.168.4.0 0.0.0.255 area 0

将 192.168.4.0 网段连进 OSPF 的 0 区域

R2(config-router)#end

6. 重分发协议的配置

路由器 R1 上具有 RIP 和 OSPF 协议，为了使路由器 R1 左右两侧的网络互联互通，需要在 R1 上配置路由双向重分发命令。

R1(config)#router rip	进入 RIP 协议配置模式
R1(config-router)#redistribute ospf 1	将 OSPF 协议产生的路由条目重分发到 RIP 协议作用的范围
R1(config)#router ospf 1	进入 OSPF 协议配置模式
R1(config-router)#redistribute rip subnets	将 RIP 协议产生的路由条目重分发到 OSPF 协议作用的范围

7. 实验完成，测试检查

（1）查看路由表信息

使用 Ping 命令，查看三层交换 Sw、路由器 R1 和 R2 上的路由表信息，如图 11-2、图 11-3 和图 11-4 所示，标识符 R 表示该路由条目是通过 RIP 协议学习而来；标识符 O 标识该路由条目是通过 OSPF 协议学习而来；标识符 S 表示该路由为静态路由条目。

SW#show ip route

```
Gateway of last resort is 192.168.3.2 to network 0.0.0.0

C    192.168.1.0/24 is directly connected, Vlan10
C    192.168.3.0/24 is directly connected, Vlan20
S*   0.0.0.0/0 [1/0] via 192.168.3.2

sw(config)#
```

图 11-2　交换机 Sw 的路由表信息

R1#show ip route

```
Gateway of last resort is not set

R    192.168.1.0/24 [120/1] via 192.168.3.1, 00:00:10,
FastEthernet0/0
O    192.168.2.0/24 [110/2] via 192.168.4.2, 00:23:12,
FastEthernet0/1
C    192.168.3.0/24 is directly connected, FastEthernet0/0
C    192.168.4.0/24 is directly connected, FastEthernet0/1

r1(config)#
```

图 11-3　路由器 R1 的路由表信息

R2#show ip route

```
Gateway of last resort is not set

O E2 192.168.1.0/24 [110/20] via 192.168.4.1, 00:09:07,
FastEthernet0/0
C    192.168.2.0/24 is directly connected, FastEthernet0/1
O    192.168.3.0/24 [110/2] via 192.168.4.1, 00:14:21,
FastEthernet0/0
C    192.168.4.0/24 is directly connected, FastEthernet0/0

r2(config)#
```

图 11-4　路由器 R1 的路由表信息

（2）网络连通性测试

使用 Ping 命令，测试网络连通性。如图 11-5 所示：

```
C:\>ping 192.168.2.2

Pinging 192.168.2.2 with 32 bytes of data:

Reply from 192.168.2.2: bytes=32 time<1ms TTL=126
Reply from 192.168.2.2: bytes=32 time<1ms TTL=126
Reply from 192.168.2.2: bytes=32 time<1ms TTL=126
Reply from 192.168.2.2: bytes=32 time<1ms TTL=126

Ping statistics for 192.168.2.2:
    Packets: Sent = 4, Received = 4, Lost = 0 (0% loss),
Approximate round trip times in milli-seconds:
    Minimum = 0ms, Maximum = 0ms, Average = 0ms
```

图 11-5　主机 PC1 到 PC2 的互通性测试

若 Ping 192.168.2.2，出现 Replay form 192.168.1.1: Destination host unreachable。

说明本例在 Packet Tracer 5.2 上能正常运行，在 Packet Tracer 5.3 上 SW 不能学习到 192.168.3.0、192.168.4.0 的路由信息，故需要给 SW 指定静态路由：Sw(config)#ip route 0.0.0.0 0.0.0.0 192.168.3.2

（3）其他检测方法（查看邻居），自行查看

R1#show ip ospf neighbor

R2#show ip ospf neighbor

五、思考题

1. 路由重分发适合用于的场景和作用是什么？

2. 路由重分发的配置命令是什么？

实验十二 三层交换机充当DHCP服务器或中继

一、实验目的

1. 理解 DHCP 协议的意义。

2. 掌握三层交换机充当 DHCP 服务器的方法。

3. 掌握三层交换机充当 DHCP 中继的方法。

二、实验环境与设备

1. 三层交换机充当 DHCP 服务器

模拟企业中两个办公室的网络拓扑，三层交换机 SW1 不仅起到了路由交换作用，还起到了 DHCP 服务器的作用。拓扑结构如图 12-1 所示，需要主机 PC 2 台；Switch_3560 三层交换机 1 台；交叉线。主机 PC0、PC1 需获得的网段为 192.168.1.0/24。

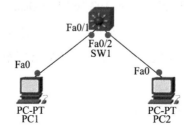

图 12-1 多层交换机充当 DHCP 服务器

2. 三层交换机充当 DHCP 中继

模拟企业网络拓扑，DHCP SERVER 充当 DHCP 服务器角色，IP 地址 100.100.100.1/24。三层交换机 SW1 作为 DHCP 中继代理。

主机 PC0 和 PC1 分别为企业中 2、3 网段的主机代表，主机 PC0、PC1 需获得的网段分别为 192.168.2.0/24 和 192.168.3.0/24。实验拓扑如图 12-2 所示。

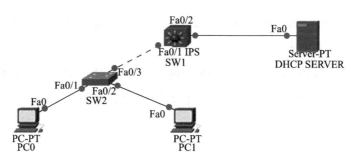

图 12-2 多层交换机充当中继

三、实验相关知识

DHCP（动态主机配置协议）是一个局域网的网络协议，使用 UDP 协议工作，常用的 2 个端口：67（DHCP server），68（DHCP client）。DHCP 通常被用于局域网环境，主要作用是集中的管理、分配 IP 地址，使 Client 动态的获得 IP 地址、Gateway 地址、DNS 服务器地址等信息，并能够提升地址的使用率。

简单来说，DHCP 就是一个不需要账号密码登录的、自动给内网机器分配 IP 地址等信息的协议。

四、实验内容

1. 实验要求

SW1 作为 DHCP 服务器或者中继设备，进行相应配置；

SW1 上设置两个 VLAN，分别划入到两个办公室的主机 PC0 和 PC1；

两台 PC 主机通过线缆和 SW1 相连，开启 DHCP 功能。

2. 三层交换机作为 DHCP 服务器

（1）三层交换机的基本配置

Switch > enable	进入特权模式
Switch#configure terminal	进入全局模式
Swtich(config)#hostname Sw1	对三层交换机进行命名为 Sw1
Sw1(config)#interface vlan 1	进入交换机的 vlan 1 的 SVI 接口
Sw1(config-if)#ip address 192.168.1.254 255.255.255.0	为 SVI 接口配置 IP 地址
Sw1(config)#ip dhcp pool XX	开启三层交换机的动态地址分配的地址池功能
Sw1(config-dhcp)#network 192.168.1.0 255.255.255.0	
	动态分配地址的的网段是 192.168.1.0

Sw1(config-dhcp)#default-gateway 192.168.1.254 动态分配地址的网关是 192.168.1.254

（2）实验完成，验证检查

双击主机 PC0 和 PC1，进入到"Desktop"中，选择"IP Configuration"界面中的 DCHP 功能，发现主机 PC0 和 PC1 自动获取了 IP 地址，如图 12-3 和图 12-4 所示。

IP Configuration		
⦿ DHCP	○ Static	DHCP request successful.
IP Address	192.168.1.1	
Subnet Mask	255.255.255.0	
Default Gateway	192.168.1.254	

图 12-3　主机 PC0 自动获取 IP 地址

IP Configuration		
⦿ DHCP	○ Static	DHCP request successful.
IP Address	192.168.1.2	
Subnet Mask	255.255.255.0	
Default Gateway	192.168.1.254	

图 12-4　主机 PC1 自动获取 IP 地址

3. 多层交换机作为 DHCP 中继

（1）三层交换机 Sw1 和 Sw2 的基本配置

Sw1

Switch > enable	进入特权模式
Switch#configure terminal	进入全局模式
Swtich(config)#hostname Sw1	交换机命名为 Sw1
Sw1(config)#vlan 2	创建 vlan 2
Sw1(config)#vlan 3	创建 vlan 3
Sw1(config)#interface f0/2	进入接口模式
Sw1(config-if)#no switchport	关闭该接口的交换功能
Sw1(config-if)#ip address 100.100.100.2 255.255.255.0	为接口 f0/2 分配 ip 地址
Sw1(config)#interface vlan 2	进入 vlan 2 的 SVI 接口模式
Sw1(config-if)#ip address 192.168.2.254 255.255.255.0	为 vlan 2 的 SVI 接口分配 ip 地址
Sw1(config-if)#ip helper-address 100.100.100.1	指定 DHCP 中继的 ip 地址
Sw1(config)#interface vlan 3	进入 vlan 3 的 SVI 接口模式
Sw1(config-if)#ip address 192.168.3.254 255.255.255.0	为 vlan 3 的 SVI 接口分配 ip 地址
Sw1(config-if)#ip helper-address 100.100.100.1	指定 DHCP 中继的 ip 地址

Sw2

Sw2(config)#interface f0/1	进入接口模式
Sw2(config-if)#switch mode access	定义接口的模式为 access
Sw2(config-if)#switch access vlan 2	将接口 f0/1 划入 vlan 2 中
Sw2(config)#interface f0/2	进入接口模式
Sw2(config-if)#switch mode access	定义接口的模式为 access
Sw2(config-if)#switch access vlan 3	将接口 f0/2 划入 vlan 3 中
Sw2(config)#interface f0/3	进入接口模式
Sw2(config-if)#switch mode trunk	定义接口模式为 trunk

（2）DHCP Server 的配置

双击 DHCP Server 服务器，进入到"Desktop"中，选择"IP Configuration"选项，为 DHCP Server 服务器配置 IP 地址，如图 12-5 所示。

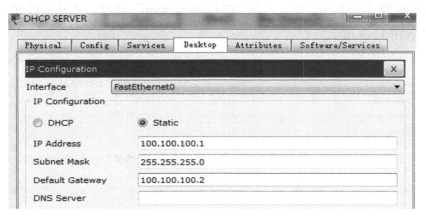

图 12-5　DHCP Server 服务器的 IP 地址

进入 DHCP Server 服务器的"Services"中，选择左栏中的"DHCP"选项，配置 DHCP Server 服务器相应的中继功能，如图 12-6 所示：

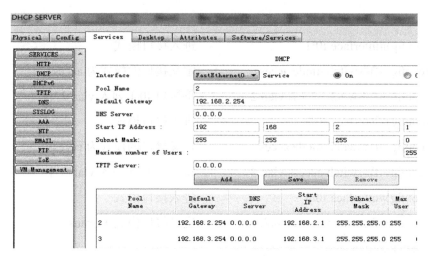

图 12-6　DHCP Server 服务器中继功能

（3）实验完成，验证测试

进入主机的"Desktop"中，选择"IP Configuration"选项，查看主机 IP 地址信息，如图 12-7 和图 12-8 所示。

图 12-7　主机 PC0 自动获取 IP 地址

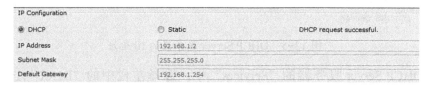

图 12-8　主机 PC1 自动获取 IP 地址

五、思考题

1. 能否把三层交换机换成路由器，如果行，如何配置？

2. 使用 DHCP 服务器的好处是什么？

实验十三 访问控制列表的配置

一、实验目的

1. 理解访问控制列表（ACL）的原理及功能。

2. 掌握扩展访问控制列表（ACL）的设计方法。

3. 掌握路由器静态路由的配置方法。

4. 掌握扩展访问控制列表（ACL）的配置方法。

二、实验环境与设备

某公司的经理部、财务部和销售部分属于 3 个不同的网段，3 个部门之间用路由器进行信息传递，为了安全起见，公司领导要求销售部门不能对财务部进行访问，但经理部可以对财务部进行访问。拓扑结构如图 13-1 所示，需要主机 PC 3 台（PC0 代表经理部、PC1 代表销售部、PC2 代表财务部）；路由器 Router-2811 2 台；交叉线。

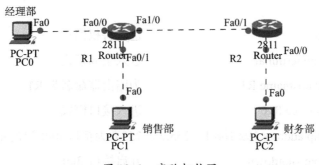

图 13-1 实验拓扑图

三、实验相关知识

ACL（访问控制列表）俗称防火墙，是应用在路由器接口的指令列表。这些指令列表告诉路由器哪些数据包可以接收（permit）、哪些数据包需要拒绝（deny）。

ACL 分为两种：标准 ACL 和扩展 ACL。标准 ACL 编号范围为 1—99、1 300—1 999，

根据数据包的源 IP 地址定义规则，进行数据包的过滤；扩展 ACL 编号范围为 100—199、2 000—2 699，根据数据包的原 IP、目的 IP、源端口、目的端口、协议来定义规则，进行数据包的过滤。

四、实验内容

1. 实验要求

给路由器 R1 增加一个 Fast-Ethernet 接口模块（关闭电源的情况下，增加一个 NM-2FE2W 模块）；

根据实验意图在路由器 R1、R2 上配置相关命令（静态路由协议、ACL）。

2. 主机 PC 上的 IP 地址配置

如表 13-1 所示，主机 PC0 机 PC2 相应 IP 地址信息。

表 13-1　主机 IP 地址信息

名称	IP 地址	网关
PC0	192.168.1.2/24	192.168.1.1
PC1	192.168.2.2/24	192.168.2.1
PC2	192.168.3.2/24	192.168.3.1

3. 路由器 R1 和 R2 的基础配置

R1

Router > enable	进入特权模式
Router#configure terminal	进入全局模式
Router(config)#hostname R1	为路由器命名为 R1
R1(config)#interface f0/0	进入接口模式
R1(config-if)#ip address 192.168.1.1 255.255.255.0	为接口 f0/0 配置 ip 地址
R1(config-if)#no shutdown	开启接口 f0/0
R1(config)#interface f0/1	进入接口模式
R1(config-if)#ip address 192.168.2.1 255.255.255.0	为接口 f0/1 配置 ip 地址
R1(config-if)#no shutdown	开启接口 f0/1
R1(config)#interface f1/0	进入接口模式
R1(config-if)#ip address 12.1.1.1 255.255.255.0	为接口 f1/0 配置 ip 地址
R1(config-if)#no shutdown	开启接口 f1/0

R2

Router＞enable

Router#configure terminal

Router(config)#hostname R2

R2(config)#interface f0/0

R2(config-if)#ip address 192.168.3.1 255.255.255.0

R2(config-if)#no shutdown

R2(config)#interface f0/1

R2(config-if)#ip address 12.1.1.2 255.255.255.0

R2(config-if)#no shutdown

4. 路由器 R1 和 R2 上静态路由的配置

路由器 R1 和 R2 上配置静态路由，使得全网能过互通

R1(config)#ip route 0.0.0.0 0.0.0.0 12.1.1.2　　R1 上配置静态路由使其能访问非直连网段

R2(config)#ip route 0.0.0.0 0.0.0.0 12.1.1.1　　R2 上配置静态路由使其能访问非直连网段

5. ACL 的配置

（1）标准 ACL 的配置

（有多种方案，此实验中，将 ACL 作用于 R1 上）：

R1(config)#access-list 1 deny host 192.168.2.2 R1 上开启 ACL，拒绝 192.168.2.2 的流量

R1(config)#access-list 1 permit any　　　　　　R1 执行了上条命令后，放行其他流量

将 ACL 应用在接口上

R1(config)#interface fa1/0 进入接口模式

R1(config-if)#ip access-group 1 out 将 ACL 作用于 R1 的 f1/0 端口的出口上

（2）扩展 ACL 的配置

（有多种方案，此实验中，将 ACL 作用于 R1 上）：

R1(config)#access-list 100 deny ip host 192.168.2.2 host 192.168.3.2

R1 上开启序列号为 100 的扩展 ACL，拒绝从主机 IP 地址为 192.168.2.2 到主机 IP 地址为 192.168.3.2 的流量

R1(config)#access-list 100 permit ip any any R1 执行了上条命令后，放行其他流量

将 ACL 应用在接口上

R1(config)#interface fa1/0　　　　　　　　　　进入接口模式

R1(config-if)#ip access-group100 out 将扩展 ACL 作用于 R1 的 f1/0 端口的出口上

以上介绍的两种 ACL 配置方案，可以任选一种实现公司要求。

6. 实验完成，测试检查

（1）网络互通性

① 全网通的情况下，使用 Ping 命令，检测经理部和销售部、财务部中主机的互通性。如图 13-2 所示。

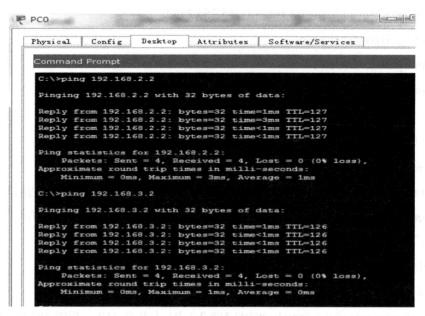

图 13-2　主机连通性测试

② 配置 ACL 后，经理部的主机能访问财务部主机，如图 13-3 所示。

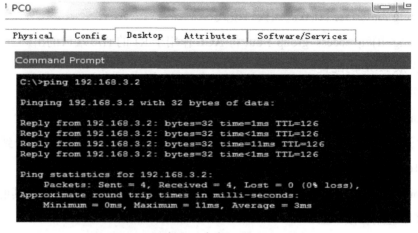

图 13-3　经理部与财务部主机的连通性测试

③ 销售部的主机不能访问财务部主机，如图 13-4 所示。

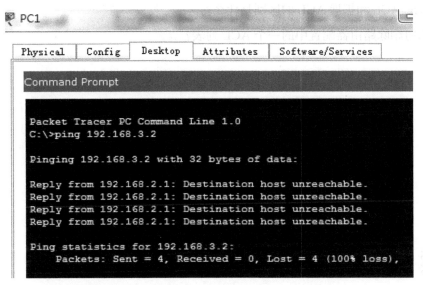

图 13-4　销售部与财务部主机连通性测试

（2）查看路由表信息

使用 show ip route 命令，查看路由器 R1 和 R2 的路由表信息，如图 13-5 和 13-6 所示。

R1#show ip route

```
      12.0.0.0/24 is subnetted, 1 subnets
C       12.1.1.0 is directly connected, FastEthernet1/0
C     192.168.1.0/24 is directly connected, FastEthernet0/0
C     192.168.2.0/24 is directly connected, FastEthernet0/1
S*    0.0.0.0/0 [1/0] via 12.1.1.2

r1(config)#
```

图 13-5　路由器 R1 的路由表

R2#show ip route

```
Gateway of last resort is 12.1.1.1 to network 0.0.0.0

      12.0.0.0/24 is subnetted, 1 subnets
C       12.1.1.0 is directly connected, FastEthernet0/1
C     192.168.3.0/24 is directly connected, FastEthernet0/0
S*    0.0.0.0/0 [1/0] via 12.1.1.1

r2#
```

图 13-6　路由器 R2 的路由表

五、思考题

1. 标准 ACL 和扩展 ACL 的区别是什么？

2. 如何删除路由器配置中的一个 ACL 列表？

实验十四　网络地址转换的配置

一、实验目的

1. 理解网络地址转换（NAT）的原理及功能。

2. 掌握静态 NAT 的配置，实现局域网访问互联网。

二、实验环境与设备

某公司的网络管理员，公司选择 192.168.1.0/24 作为公司内部的私有地址，并用 NAT 来处理和外部网络的连接，公司需要使用 IP 地址为 192.168.1.2 的服务器发布 Web 服务。先要求将内网服务器 IP 地址映射为全局 IP 地址，实现外部网络可以访问公司内部 Web 服务器。实验拓扑结构如图 14-1 所示，需要主机 PC 1 台；Switch-2960 1 台；Router-2811 2 台；Server 1 台；双绞线。其中，PC 代表互联网外部主机，Server 代表公司内部服务器。

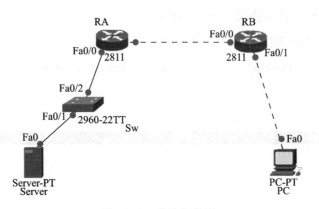

图 14-1　实验拓扑图

三、实验相关知识

1. 基本原理

网络地址转换（NAT）被广泛应用于各种类型 Internet 接入方式和各种类型的网络中。

原因很简单，NAT 不仅完美地解决了 IP 地址不足的问题，而且还能有效避免来自网络外部的攻击，隐藏并保护网络内部的计算机。

默认情况下，内部 IP 地址属于私有 IP 地址，不能路由到外网去。如果内部主机要与外网通信，则 IP 数据包到达 NAT 路由器时，将 IP 包头替换成一个外网 IP 地址，并在 NAT 转发表中保存这条记录。当外部主机发送一个应答到内网时，NAT 路由器收到后，查看当前 NAT 转换表，用内网私有 IP 地址替换掉这个外网地址即可。

2. 功能

NAT 将网络划分为内部网络地址和外部网络地址，局域网计算机利用 NAT 访问网络时，是将局域网内部的地址转换为外网中的全局地址，然后再转发数据。

3. NAT 的基本原则

NAT 可以分为网络地址转换（NAT）、网络地址和端口转换 NAPT 两类。

静态 NAT 实现内部地址与外部地址一对一的映射。现实中，一般都用于服务器。

动态 NAT 定义一个地址池，自动映射，也是一对一的。现实中，很少运用。

NAPT 使用不同的端口来映射多个内网 IP 地址到一个指定的外网 IP 地址，多对一。

四、实验内容

1. 实验要求

主机 PC 为外网设备，Server 为内网服务器，在路由器上配置 NAT 协议；

内网中配置 OSPF 路由协议（或者 RIP）。

2. 主机 PC 和服务器 Serve 上 IP 地址配置

双击 PC，进入"Desktop"，选择"IP Configuration"，为主机配置相应的 IP 地址信息，如图 14-2 所示。

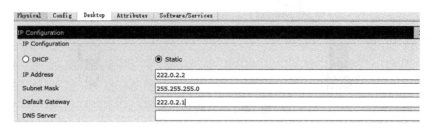

图 14-2　主机 IP 地址信息

双击 Server，进入"Desktop"，选择"IP Configuration"，为服务器配置相应的 IP 地址信息，如图 14-3 所示。

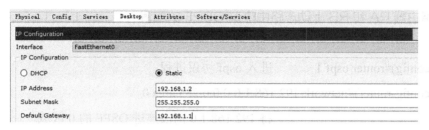

图 14-3 服务器 IP 地址信息

3. 路由器 RA 和 RB 上的基本配置

RA

Router > enable	进入特权模式
Router#configure terminal	进入全局模式
Router(config)#hostname	RA 路由器命名为 RA
RA(config)#interface f0/0	进入接口模式
RA(config-if)#ip address 192.168.1.1 255.255.255.0	为接口 f0/0 配置 IP 地址
RA(config-if)#no shutdown	开启 f0/0 接口

RA(config-if)#exit

RA(config)#interface f0/1

RA(config-if)#ip address 222.0.1.1 255.255.255.0

RA(config-if)#no shutdown

RA(config-if)#end

RB

Router > enable

Router#configure terminal

Router(config)#hostname RB

RB(config)#interface f0/0

RB(config-if)#ip address 222.0.1.2 255.255.255.0

RB(config-if)#no shutdown

RB(config)#interface f0/1

RB(config-if)#ip address222.0.2.1 255.255.255.0

Router(config-if)#no shutdown

Router(config-if)#end

4. 路由器 RA 和 RB 上动态路由协议 OSPF 的配置

RA

RA(config)#router ospf 1　　　　进入 ospf 协议进程

RA(config-router)#network 192.168.1.0 0.0.0.255 area 0

　　　　　　　　　　将 192.168.1.0 网段连进 OSPF 的 0 区域

RA(config-router)#network 222.0.1.0 0.0.0.255 area 0

　　　　　　　　　　将 222.0.1.0 网段连进 OSPF 的 0 区域

RB

RB(config)#router ospf 1　　　　进入 ospf 协议进程

RB(config-router)#network 222.0.2.0 0.0.0.255 area 0

　　　　　　　　　　将 222.0.2.0 网段连进 OSPF 的 0 区域

RB(config-router)#network 222.0.1.0 0.0.0.255 area 0

　　　　　　　　　　将 222.0.1.0 网段连进 OSPF 的 0 区域

5. 路由器 RA 上静态 NAT 的配置

RA(config)#interface f0/0　　　进入接口模式

RA(config)#ip nat inside　　　　指定内部接口

RA(config)#inerface f0/1　　　　进入接口模式

RA(config)#ip nat outside　　　 指定外部接口

RA(config)#ip nat inside source static 192.168.1.2 222.0.1.3

　　　　　　　　　　设置静态地址转换，将 192.168.1.2 转换为地址 222.0.1.3

RA(config)#end　　　　　　　 退回到特权模式

6. 实验完成，测试检查

（1）主机 PC 访问服务器的测试

双击主机，进入 "Web Browser" 界面，在地址栏输入 222.0.1.3，访问发布的 Web 服务器，如图 14-4 所示。

（2）查看 NAT 地址转换信息

使用命令 show ip nat translations，在 RA 上查看地址转换信息，如图 14-5 所示。

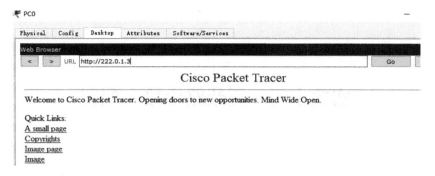

图 14-4　主机 PC 上访问服务器 Server

```
RA#
%SYS-5-CONFIG_I: Configured from console by console
sh ip nat trans
Pro  Inside global      Inside local       Outside local
Outside global
---   222.0.1.3          192.168.1.2        ---                ---
tcp 222.0.1.3:1025       192.168.1.2:1025   222.0.1.3:80
222.0.1.3:80
tcp 222.0.1.3:1026       192.168.1.2:1026   222.0.1.3:80
222.0.1.3:80
```

图 14-5　RA 上地址转换信息

五、思考题

1. 以本实验为例，在路由器上利用 RIP 路由协议实现静态 NAT 的配置的路由互通。

2. 如何删除一个静态 NAT？

3. 如何用已有的一个静态 NAT 转换改变一个内部地址或外部地址？

实验十五　无线路由接入配置

一、实验目的

1. 掌握设备上更换模块的方式。

2. 掌握无线路由器的配置方法。

二、实验环境与设备

作为管理员，要求能对连入无线路由器的各种网络设备进行统一分配地址和其他管理。拓扑图如 15-1 所示，需要 WRT300N 路由器一台；主机 PC 1 台；笔记本 Laptop 1 台；配置线。

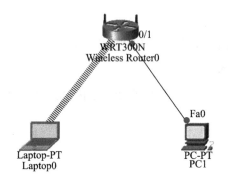

图 15-1　无线路由接入拓扑图

三、实验相关知识

无线路由器是用于连接多个逻辑上分开的网络，当数据从一个子网传输到另一个子网时，可通过路由器来完成。

常见的无线路由器一般都有一个 RJ45 口为 WAN 口（UPLink 到外部网络的接口），其余 2-4 个口为 LAN 口（连接普通局域网）。内部有一个网络交换机芯片，专门处理 LAN 接口之间的信息交换。通常无线路由的 WAN 口和 LAN 之间的路由工作模式一般都采用 NAT 方式。所以，其实无线路由器也可以作为有线路由器使用。

四、实验内容

1. 实验要求

对模拟器中的笔记本更换网卡；

对设备进行配置。

2. 更换笔记本网卡

默认情况下，笔记本使用的是有线网卡模块，为了使笔记本通过无线的方式动态获取 IP 地址，需要更换笔记本的有线网卡模块为无线网卡模块。

① 关闭笔记本电源开关。

② 取出现有的有线网卡模块。

③ 安装无线网卡模块（WPC300N），并开启电源。

3. 无线路由器的基本配置

双击无线路由器，进入无线路由器的"GUI"模式中，开启 DHCP 功能。选择 "Network Setup"，对 Router IP 进行设置，如图 15-2 所示。

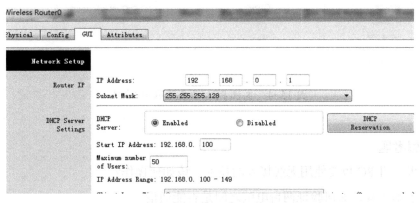

图 15-2　无线路由器的配置

4. 实验完成，测试检查

查看主机 PC1、笔记本 Laptop0 动态获取 IP 地址的情况如图 15-3 和图 15-4 所示。

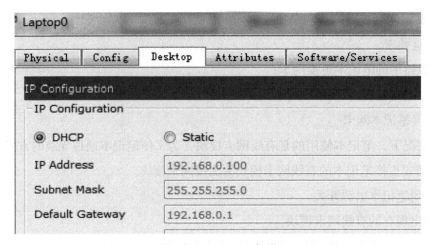

图 15-3　笔记本 Laptop0 动态获取 IP 地址

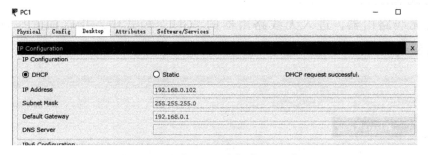

图 15-4　主机 PC1 动态获取 IP 地址

五、思考题

1. 如果主机 PC 也要使用无线接入的技术，该如何操作？

2. 对于本实验，如何验证两台电脑之间是否能通信？

实验十六　ADSL 宽带接入——PPPOE 协议配置

一、实验目的

1. 理解点到点协议的原理。

2. 掌握 PPPOE 配置。

二、实验环境和设备

运营商利用 PPPOE 协议，通过电缆调制解调器，对于接入的新用户提供宽带接入工作，设置接入宽带的用户名、密码，分配 IP 地址，并进行管理工作。如图 16-1 所示，需要 Router-2811 路由器 1 台；WRT300N 路由器 1 台；主机 PC1 台；笔记本 Laptop 1 台；云 Cloud-PT；配置线。

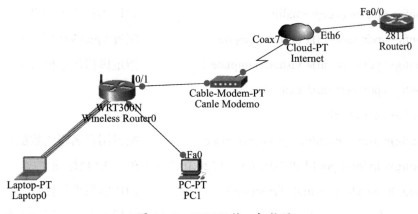

图 16-1　PPPOE 接入拓扑图

三、相关实验知识

PPPOE（Point-to-Point Protocol Over Ethernet），是一种集成 PPP 协议、封装在以太网框架中的点到点协议，实现了身份验证、加密技术和压缩功能等。

PPPOE 协议包含发现和会话两个阶段，发现阶段是获得 PPPOE 终结端的以太网 MAC 地址，建立唯一的 PPPoESESSION-ID。发现阶段结束后，进入为 PPPOE 虚接口分配资源的会话阶段。

四、实验内容

1. 实验要求

在 ISP 上同时启用虚拟专用拨号网（VPDN）功能和 PPPOE 协议；

将 Internet 的 Coaxial 口和 Ethernet 口相关联；

无线路由器 wireless 上进行相应配置，使其用户名和密码跟 ISP 提供的相对应；开启 PPPOE 连接的功能，DHCP 功能，能为局域网内的设备提供 IP 地址；设置 wireless 接入的 ID 和 password。

2. 路由器的基本配置

Router

Router > enable	进入特权模式
Router#configure terminal	进入全局模式
Router(config)#hostname ISP	将路由器命名为 ISP
ISP(config)#vpdn enable	开启 vpdn 功能
ISP(config)# vpdn-group ISP	创建 vpdn 组
ISP(config-vpdn)# accept-dialin	允许用户拨入信息
ISP(config-vpdn-acc-in)# protocol pppoe	配置 vpnd 协议为 pppoe
ISP(config-vpdn-acc-in)# virtual-template 1	指定虚拟拨号模板 1
ISP(config-vpdn-acc-in)# exit	
ISP(config-vpdn)# exit	
ISP(config)# username admin password cisco	配置用户名密码数据库
ISP(config)# ip local pool ISP 220.10.0.10 220.10.0.100	配置 IP 地址池
ISP(config)# interface virtual-Template 1	创建虚拟模板接口
ISP(config-if)# ip unnumbered f0/0	使用无编号借用 f0/0 的 IP 地址
ISP(config-if)# peer default ip address pool ISP	对端获取 ISP 池中的 IP 地址
ISP(config-if)# ppp authentication chap PPP	认证使用 chap 认证
ISP(config-if)# interface f0/0	进入 f0/0 接口
ISP(config-if)# pppoe enable	接口 f0/0 上开启 PPPOE 功能
ISP(config-if)# ip add 220.10.0.1 255.255.255.0	为接口 f0/0 配置 IP 地址
ISP(config-if)# no shutdown	开启接口 f0/0

3. 互联网（InternetCloud-PT）的基本配置

双击 InternetCloud-PT，选择"Config"，进入左栏中的"Ethernet6"选项，选择"Provider Network"中的"Cable"。如图 16-2 所示。

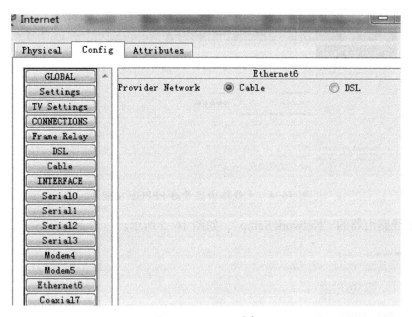

图 16-2　Cable 选择

双击 InternetCloud-PT，选择"Config"，进入左栏中的"Cable"选项，点击"Add"按钮。如图 16-3 所示。

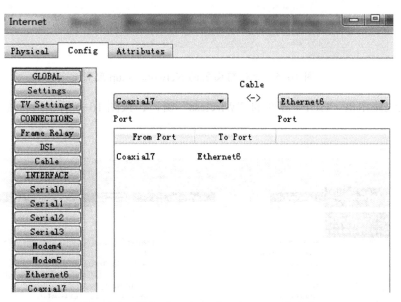

图 16-3　增加 Coaxial7 和 Ethernet6 的对应

4. 无线路由器的基本配置

双击无线路由器，进入到"GUI"界面，按图 16-4 所示操作。

图 16-4　无线路由器开启 PPPOE 功能

设置无线路由器的"Network Setup"，如图 16-5 所示。

图 16-5　无线路由器的 Network Setup 配置

进入无线路由器"GUI"界面的"Wireless"窗口，按图 16-6 所示进行配置。

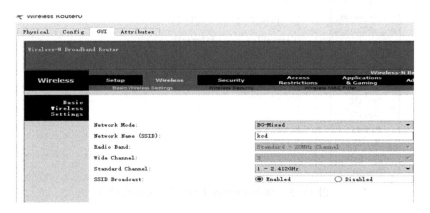

图 16-6　无线路由器 Wireless 中的配置

5. 实验完成，测试检查

（1）笔记本上进行适当如下配置后，可以自动连接 Wireless 路由器（WRT300N），以 DHCP 的方式获取 IP 地址。如图 16-7 所示。

图 16-7　笔记本 IP 地址信息

（2）Wireless 路由器对外网连接的接口可以获得 IP 地址，如图 16-8 所示。

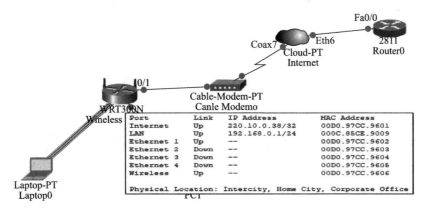

图 16-8　Wireless 获取 IP 地址

（3）网络的连通性测试

使用 Ping 命令，检测内外网的连通性，如图 16-9 所示。

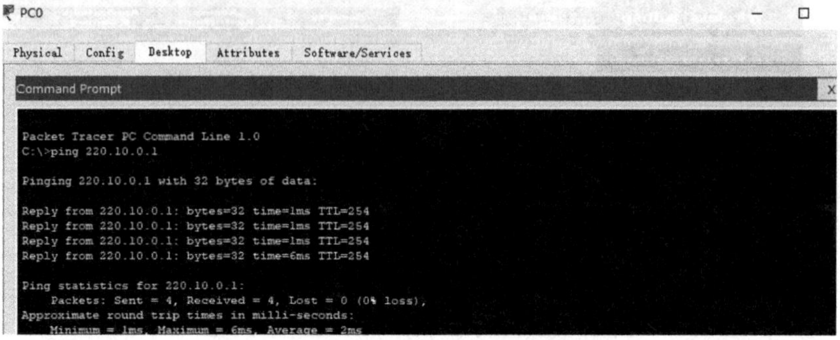

图 16-9　主机 PC 到 ISP 的连通性测试

五、思考题

PPPoE 协议和 PPP 协议的区别？

实验十七　交换机端口安全

一、实验目的

1. 了解交换机端口安全的基本知识。

2. 掌握如何配置交换机端口连接的最大安全地址数。

3. 掌握如何配置交换机端口绑定指定的 MAC 地址。

二、实验环境与设备

作为公司的网络管理员，公司要求对网络进行严格控制。为了防止公司内部用户的 IP 地址冲突，防止公司内部的网络攻击和破坏行为，网络管理员要为每一位员工分配固定的 IP 地址，并且只允许公司员工主机使用，不得随意连接其他主机。实验拓扑结构如图 17-1 所示，需要交换机 Switch-2960 2 台；主机 PC 3 台；直连线；交叉线。

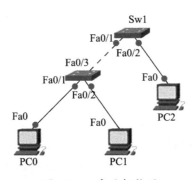

图 17-1　实验拓扑图

三、实验相关知识

端口安全（Port Security），从基本原理上讲，Port Security 特性会通过 MAC 地址表记录连接到交换机端口的以太网 MAC 地址（即网卡号），并只允许某个 MAC 地址通过本端口通信。其他 MAC 地址发送的数据包通过此端口时，端口安全特性会阻止它。使用端口安全特性可以防止未经允许的设备访问网络，并增强安全性。另外，端口安全特性也可用于防止 MAC 地址泛洪造成 MAC 地址表填满。

四、实验内容

1. 实验要求

在交换机上配置端口安全，以及违例的处理方式；

两台交换机用交叉线相连，其中主交换机 Sw1 上连接一台 PC 机，以用来验证链路。次交换机 Sw2 下连接两台 PC 机。在主交换机 Sw1 上配置最大安全地址数 maximum，端口 mac 地址数目超过最大安全地址数时，链路不通，以指定的违例处理方式处理；

主交换机 Sw1 上配置绑定固定的 mac 地址，当更换工作组 PC 机时，链路不通，以指定的违例处理方式处理。

2. 主机 PC 上 IP 地址的配置

如表 17-1 所示，主机 PC0—PC2 相对于的 IP 地址信息。

表 17-1　主机 PC 的 IP 地址信息

名称	IP 地址
PC0	192.168.1.1/24
PC1	192.168.1.2/24
PC2	192.168.1.3/24

3. 对交换机进行配置

Sw1

Switch > enable

Switch#configure terminal

Switch(config)#hostname Sw1

Sw1(config)#interface f0/1　　　　　　　进入端口模式

Sw1(config-if)#switchport mode access　　接口设置为 access 模式

Sw1(config-if)#switchport port-security　　开启交换机的端口安全功能

Sw1(config-if)#switchport port-secruity maximum 1 配置端口的最大连接数为 1

Sw1(config-if)#switchport port-secruty violation shutdown

　　　　　　　　　　　　　　配置安全违例的处理方式为 shutdown

Sw2

Sw2(config)#interface f0/1　　　　　　　进入端口模式

Sw2(config-if)#switchport mode access　　　接口设置为 access 模式

Sw2(config-if)#switchport port-security　　　开启交换机的端口安全功能

Sw2(config-if)#switchport port-security maximum 1 配置端口的最大连接数为 1

Sw2(config-if)#switchport port-secruty violation shutdown

配置安全违例的处理方式为 shutdown

Sw2(config-if)#switcport port-secruty mac-address00D0.9755.8988

绑定 PC0 的 IP 地址和 mac 地址

3. 实验完成，测试检查

（1）查看交换的端口安全配置

使用 show port-security interface f0/1 检查交换机 Sw1 的端口安全配置信息，如图 17-2 所示。

```
Sw1(config)#do sh port-security inter f0/1
Port Security                : Enabled
Port Status                  : Secure-up
Violation Mode               : Shutdown
Aging Time                   : 0 mins
Aging Type                   : Absolute
SecureStatic Address Aging   : Disabled
Maximum MAC Addresses        : 1
Total MAC Addresses          : 1
Configured MAC Addresses     : 0
Sticky MAC Addresses         : 0
Last Source Address:Vlan     : 0007.ECC8.4203:1
Security Violation Count     : 0
```

图 17-2　交换机 Sw1 的端口安全配置信息

（2）查看交换机 Sw1 最大连接的设备个数为 1

使用 Ping 命令，测试 PC0、PC1 和 PC2 之间的连通性，如图 17-3 所示，发现不通，说明交换 Sw1 所对应连接的设备数为 1 个，即交换 Sw2。

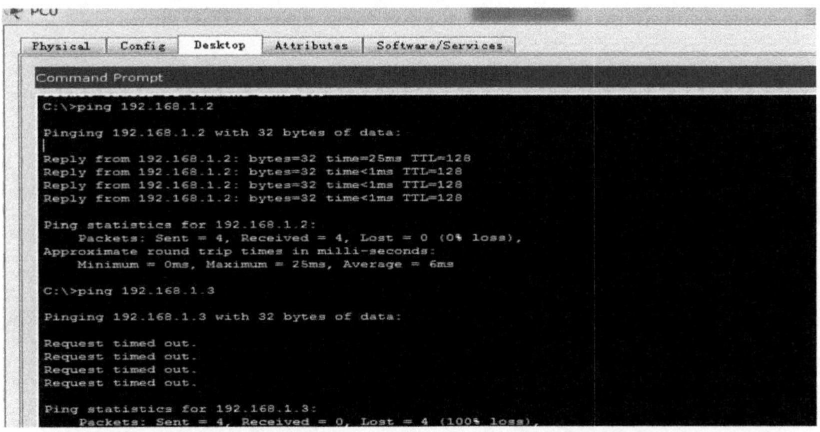

图 17-3　验证交换机 Sw1 能连接设备的最大个数

（3）查看 MAC 地址绑定信息，如图 17-4 所示。

```
Sw2(config)#do sh port-security address
                           Secure Mac Address Table
---------------------------------------------------------------------------
Vlan        Mac Address Type                       Ports
Remaining Age

(mins)
----        ----------- ----                       -----
-------------
1           00D0.9765.8988       SecureConfigured       FastEthernet0/1
-
---------------------------------------------------------------------------
Total Addresses in System (excluding one mac per port)    : 0
Max Addresses limit in System (excluding one mac per port) : 1024
```

图 17-4　MAC 地址绑定

五、思考题

1. 如果对交换机 Sw1 的 f0/1 口 shutdown 后，会不会影响主机 PC0 和 PC1 之间的通信，请自行测试。

2. 将交换机某个端口的 MAC 地址与 PC 机的 IP 地址绑定的作用是什么？配置命令是什么？

实验十八 综合案例——校园网络设计

一、实验目的

1. 经过网络规划、设计，掌握校园网络关键设备的配置步骤及相应的配置命令。
2. 掌握中小型校园网络的具体实施和维护的方法。

二、项目背景及任务

某高校准备进行校园网络的建设，网络覆盖了教学楼、行政中心、图书馆、宿舍区等约 1 000 个信息站点。学校希望整合网络资源，采用"主干千兆、支干千兆、百兆交换到桌面"的三层设计思路，建成开放、安全的网络，同时考虑到网络的可扩展和升级性，以保护投资。

校方以用户需求为基础，要求建成的校园网络能高质量、高效率地为各个部门日常办公、教学（多媒体、视频点播、远程教育等）提供服务。同时也要充分考虑网络的先进性、稳定性、可靠性、安全性等因素。具体要求如下：

（1）为了保证教学和科研需求，学校向运营商 ISP 申请了一条 Internet 线路，供全校师生访问外网，同时校园网络服务区可对内、外提供多种信息服务。

（2）为了保证网络安全、可靠，学校要求核心设备支持防 DDOS 攻击、防恶意的 IP 扫描。病毒入侵与非法攻击是校园网络最大的安全隐患，一旦发作，将造成校园网络大面积的瘫痪。因此，校园网络必须实现在核心层、接入层防止网络蠕虫病毒扩散。这要求核心和接入网络时进行 VLAN 划分，降低网络内广播数据包的传播，提高带宽资源利用率，防止广播风暴的产生。

（3）网络设备能支持灵活的管理方式，可以减轻管理、维护的难度。

三、规划设计网络

1. 网络项目实施流程

网络规划是一个复杂的系统工程，不仅涉及很多网络设备，更涉及很多不同的工作部门和人员。标准化的规划流程需要各部门之间相互配合，才能保证项目工程有条不紊地开展实施。

在进行网络项目实施流程中，需要对网络的总体设计进行如下工作：

（1）进行对象研究和需求调查，弄清用户的性质、任务和需求，对网络环境进行准确描述，明确系统建设的需求和条件。

（2）在用户需求分析的基础上，确定不同网络应用服务类型，进而确定系统建设的具体目标，包括网络设施、站点设置、开发应用系统和管理等方面的目标。

（3）确定网络拓扑结构和功能，根据用户的应用需求、建设目标和主要建筑物的分布特点，进行系统分析和设计。

（4）确定技术设计的原则要求，如在技术选型、布线设计、设备选择、软件配置等方面的标准和要求。

（5）确定规划网络建设的实施步骤。

在进行网络项目规划时，有如下的规划设计原则：

（1）经济性：尽量利用性价比高的设备，以较低的投资获取较高的性能。

（2）实用性：确保能加速信息传递、提高工作效率、节约办公费用。

（3）易操作性：网络工程实施后，在对办公人员进行简单培训后，能熟练运用。

（4）易扩展性：在增加新的硬件设备时，能方便地接入网络，便于更新、维护和升级。

2. 网络规划需求

网络规划需求分析的内容是在对用户需求调查的基础上，分析用户的网络应用要求和网络建设所要达到的目标，了解用户网络的业务内容、网络应用的环境、网络的安全保障措施以及网络未来的扩充，从而为整个网络系统建设确定其功能、性能和安全上的应用要求。

网络规划需求分析过程是一个系统化和网络优化的过程，建设网络的根本目的是在网络平台上进行资源共享和数据通信。要充分发挥网络的效益，需求分析提供了网络设计应该达到的目标，并有助于设计者更好地理解网络应该具有的性能。

3. 网络拓扑结构设计

良好的网络拓扑结构设计除了应体现网络的优越性能之外，还要体现在应用的实用性、网络安全性、方便管理和未来的扩展性。因此，设计网络拓扑结构时要考虑以下问题：

（1）要适应未来网络的扩展和拓扑结构的变化。

（2）要能为特定的用户提供访问路径。

（3）要确保网络不间断地运行。

（4）当网络用户规模和应用规模增加时，变化的网络结构能应对相应的带宽要求。

（5）支持网络上多数用户使用频率较高的应用。

（6）能合理地分配用户对网内、网外访问的信息流量。

（7）能支持较多的网络协议，扩大网络的应用范围。

（8）支持 IP 单播传送和多播传送，考虑设备对 IPv6 协议的支持。

要达到上述设计要求，网络在设计时应遵循分层设计思想，网络分层思想使网络有一个结构化的设计，可以针对每个层次进行模块化的分析，对统一管理和维护网络有帮助。目前大多数网路都采用分层次规划和设计的方法，分层网络模型主要包括核心层、汇聚层和接入层，其设计功能和网络拓扑如图 18-1 所示。

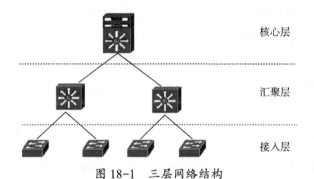

图 18-1 三层网络结构

以校园网络为例，从逻辑结构设计上分为接入层、汇聚层和核心层，从功能上分为网络中心、教学区子网、办公区子网、宿舍区子网等。大型骨干网一般都采用三层结构模型，每个层次都有特定的功能，如图 18-2 所示。

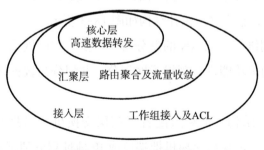

图 18-2 三层网络结构

（1）核心层，是整个网络中处于最高级的汇集点，其主要任务是用最快的速度交换信息，实现骨干网之间的优化传输。因此，核心层的设备应当选用具有强劲功能的路由交换机，并且核心层到汇聚层的链路要具有足够大的带宽，核心层的设计要点考虑冗余能力、可靠性和安全性。

（2）汇聚层，位于核心层和接入层之间，将分散的接入点汇集，扩大核心层设备端口密度和种类，汇聚各区域数据流量，实现骨干网络之间的优化传输。汇聚交换机还负责本区域内的数据交换，汇聚交换机一般和核心交换机类型相同，具有较高的性能，可靠性和多样功能性，但数据吞吐量要求较低。

（3）接入层，是桌面设备的汇聚点，可根据用户数量采用多个交换堆叠或级联以扩展端口的数量，构成一个独立的局域子网，在汇聚层为各个子网建立路由。接入层作为二层交换网络，为工作站等终端设备提供网络接入功能。接入层所需的设备较多，具有即插即用的特点，一般具有价格便宜、易管理、好管理及性能稳定的特点。

层次化网络拓扑由不同的层组成，能让特定的功能和应用在不同的层面上分别执行。在层次化设计中，每一层都有不同的用途，并通过与其他层协调工作，带来很好的网络性能。层次化方式设计网络具有扩展性好、冗余少、业务流量控制容易等优点，可限制网络出错范围，减轻网络管理和维护工作量。为获得最大的效能，完成特殊目的，每个网络组件都被仔细安置在分层设计的网络中。路由器、交换机和集线器在选择路由及发布数据和报文信息方面都具有特定作用。

4. 校园网络分层设计案例

校园网络在设计时应遵循分层网络的设计思想，规模较大的学校其网络模型一般采用三层结构：核心层，主要用于校园网络不同区域的高速交换骨干；汇聚层，主要提供不同区域的基于策略的连接；接入层，主要用于校园网络中各分点工作站接入到网络中。

为了实现网络设备的统一，本实验案例都采用 CISCO 的网路产品。在园区网络设计中，根据用户需求，按照功能划分，主要由四大部分组成：交换模块、路由模块、广域网接入模块和服务器模块，整个网络拓扑结构如图 18-3 所示。

在一个大中型的网络中，VLAN 的划分必不可少。校园网采用基于 IP 和端口划入的VLAN 技术，现将全网按功能进行逻辑子网划分，共划分为教务处、学生宿舍、财务处、食堂、图书馆等。

校园网络采用三层结构，汇聚层配置了三层交换机，因此可以直接在汇聚层划分VLAN 和配置网关地址。汇聚层交换机把端口或 IP 地址划分到指定的 VLAN 中，并且开启三层路由功能，这样不仅可以避免广播风暴，而且各个 VLAN 之间还可以进行通信，从而解决了在二层设备上划分子网以后，子网之间必须依赖核心交换机进行通信的问题。本案例中的网络设计，VLAN 和 IP 地址规划如表 18-1 所示。

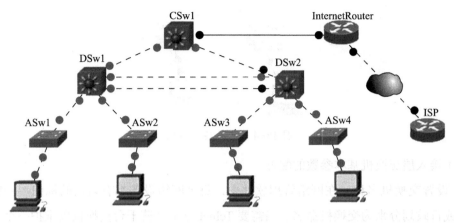

图 18-3 实验拓扑图

表 18-1 VLAN 和 IP 地址分配信息

VLAN 号	VLAN 名	网段	默认网关	说明
1	——	172.16.0.0/24	172.16.0.254	管理 VLAN
10	JWC	172.16.1.0/24	172.16.1.254	教务处
20	XSSS	172.16.2.0/24	172.16.2.254	学生宿舍
30	CWC	172.16.3.0/24	172.16.3.254	财务处
40	JGSS	172.16.4.0/24	172.16.4.254	教工宿舍
50	ST	172.16.5.0/24	172.16.5.254	食堂
60	TSG	172.16.6.0/24	172.16.6.254	图书馆
70	HDZX	172.16.7.0/24	172.16.0.254	活动中心
100	FWQQ	172.16.100.0/244	172.16.100.254	服务器群

四、校园网络实施

1. 接入层交换机的配置

接入层为所有的终端用户提供一个接入点。本例中接入层交换机采用的是 CISCO Catalyst 2960 24 口交换机。该用户拥有 24 个 10/100 Mbps 自适应快速以太网端口，运行的是 CISCO 的 IOS 操作系统。本实验以图 18-4 所示的接入层交换机 ASw1 的配置为例进行介绍，其他一样。

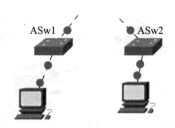

图 18-4 接入层交换机

（1）接入层交换机基本参数的配置

① 设置交换机名称。在网络管理软件中，每个网络设备都有自己的标识。一般以地理位置或行政划分来为交换机命名。当需要 Telnet 登录到若干台交换机以维护一个大型网络时，通过交换机的标识提示当前交换机的位置是很有必要的，命令如下：

Switch(config)#hostname ASw1

② 设置交换机的加密特权口令。当用户在普通用户模式而要想进入特权用户模式时，需要输入口令。为了安全，该口令最好使用 MD5 加密保存在设备的配置文件中，无法看到明文形式的口令，命令如下：

ASw1(config)#enable secret password

③ 设置登录虚拟终端时的口令。对于一个已经运行着的交换网络来说，交换机的带内远程管理为网络管理员提供了极大的方便。但是，出于安全，在能够远程管理交换机之前网络管理人员必须设置远程登录交换机的口令，命令如下：

ASw1(config)#line vty 0 15

ASw1(config-line)#login

ASw1(config-line)#password young

④ 设置终端超时时间。为了安全，可以设置终端超时时间。在设置时间内，如果没有检测到键盘输入，IOS 将断开用户和交换机之间的连接，命令如下，本案例中设计的超时时间为 5 分 30 秒。

ASw1(config)#line vty 0 15

ASw1(config-line)#exec-timeout 5 30

ASw1(config-line)#line con 0

ASw1(config-line)#exec-timeout 5 30

⑤ 设置禁用 IP 地址解析特征。用户输入交换机配置命令时，经常会被交换机产生的消息打乱，可以设置交换机在下一行 CLI 提示符后复制用户的输入，命令如下：

ASw1(config)#loggin synchronous

⑥ 配置交换机管理 IP，默认网关。接入层交换机是 OSI 参考模型中的第二层设备，即数据链路层。因此，给接入层交换机的每个端口设置 IP 地址没有意义。但为了使网络管理人员可以远程登录到接入层交换机上进行管理，必须给接入层交换机设置一个管理 IP 地址。此时，可以将交换机看做是和计算机一样的主机。

给交换机设置管理 IP 地址只能在 VLAN 1，即本征 VLAN 中进行。如表 18-1 中所示，管理 VLAN 所在的子网是 172.16.0.0/24，这里将接入层交换机 ASw1 的管理地址设置为 172.16.0.5/24。命令如下：

ASw1(config)#interface vlaln 1

ASw1(config)#ip address 172.16.0.5 255.255.255.0

ASw1(config)#no shutdown

为了使网络管理人员可以在不同的子网管理此交换机，还应设置默认网关地址 192.168.0.1，命令如下：

ASw1(config)#ip default-gateway 192.168.0.1

（2）配置接入层交换 ASw1 的 VLAN 以及 VTP

VTP 只需在单独一台交换机上定义所有的 VLAN，然后通过 VTP 将 VLAN 定义传播到本管理区域中的所有交换机上。当网络管理员需要管理交换机的数量众多时，使用 VTP 可以大大减轻网络管理员的工作强度。

本案例中，将汇聚层的 DSw1 设置为 VTP 服务器，其他交换机设置为 VTP 的客户机。这里接入层交换机 ASw1 将通过 VTP 获得在汇聚层交换机 DSw1 中定义的 VLAN 信息，命令如下：

ASw1(config)#vtp mode client

ASw1(config)#vtp domain lab

（3）配置接入层交换的端口参数

① 配置端口双工模式。设置端口根据对设备双工类型自动调整本端口双工模式，也可强制将端口双工模式设置为半双工或全双工。在本案例中，手动配置端口双工模式，命令如下：

ASw1(config)#interface rang f0/1-24

ASw1(config)#duplex full

② 配置端口速度。设定某端口根据对端设备自动调整本端口速度，也可以强制将端口速度设置为 10 Mbps 或者 100 Mbps。在本案例中，手动配置端口的速度，命令如下：

ASw1(config)#interface rang f0/1-24

ASw1(config)#speed 100

③ 配置访问端口。接入层交换机 ASw1 为 VLAN 10、VLAN 20 提供接入服务。设置交换机 ASw1 的端口 1—端口 10 工作访问（接入）模式。同时设置端口 1—端口 22 为 VLNA 10 中的成员，命令如下：

ASw1(config)#interface rang f0/1–22

ASw1(config)#switchport mode access

ASw1(config)#switchport access vlan 10

④ 设置快速端口。对于直接接入终端工作站的端口来说，用于阻塞和侦听的时间是没有必要的。为了加速交换机端口状态化时间，可以将某端口设置为快速端口（portfast）。设置为快速端口的端口，当交换机启动或端口有工作站接入时，将会直接进入转发状态，而不会经历阻塞、侦听、学习状态。本案例中，设置接入层交换机 ASw1 的端口 1—端口 22 为快速端口，命令如下：

ASw1(config)#interface rang f0/1–22

ASw1(config)#spanning–tree portfast

2. 汇聚层交换机配置

汇聚层除了负责将接入层交换机进行汇聚外，还为整个交换网络提供 VLAN 间的路由选择功能。本案例中汇聚层交换机采用 CISCO Catalyst 3560 交换机。作为三层交换机，CISCO Catalyst 3560 拥有 24 个 10/100 Mbps 自适应快速以太网端口，同时还有 2 个千兆的 GBIC 端口供上链使用。如图 18-5 所示。

图 18-5　汇聚层交换机

（1）汇聚层交换机基本参数的配置

对汇聚层交换机 DSw1 的基本参数配置步骤与接入层交换机 ASw1 的基本参数配置类似。命令如下：

Switch > enable

Switch #configure terminal

Switch(config)#hostname DSw1

DSw1(config)#enable secret young

DSw1(config)#line con 0

DSw1(config-line)#logging synchronous

DSw1(config-line)#exec-timeout 530

DSw1(config-line)#line vty 0 15

DSw1(config-line)#password cisco

DSw1(config-line)#exec-timeout 5 30

DSw1(config-line)#exit

DSw1(config)#no ip domain-lookup

（2）汇聚交换机的管理 IP 地址、默认网关的配置

DSw1(config)#interface vlan 1

DSw1(config-if)#ip address 172.168.0.3 255.255.255.0

DSw1(config-if)#no shutdown

DSw1(config-if)#exi

DSw1(config)#ip default-gateway 172.16.0.1

（3）汇聚层交换机的 VTP 配置

① 根据在接入层交换机 VTP 配置中的描述，汇聚层交换 DSw1 为 VTP 服务器，对 VTP 的客户端管理，则汇聚层交换 DSw1 的 VTP 域和接入层交换机 ASw1 的 VTP 域一致。配置命令如下：

DSw1(config)#vtp domain lab

DSw1(config)#vtp mode server

② VTP 裁剪功能的激活

默认情况下，主干道传输所有 VLNA 的用户数据，有时，交换网络中某台交换机的所有端口都属于同一个 VLAN 成员，没有必要接收其他 VLNA 的用户数据。这时，激活 VTP 的裁剪功能后，交换机将自动裁剪本交换机没有定义的 VLAN 数据。在同一个 VTP 域中，只需要对 VTP 服务器上进行激活 VTP 裁剪的操作，域内的所有交换机都可以自动激活。命令如下：

DSw1(config)#vtp pruning

③ 汇聚层交换机上的 VLAN

本案例中，除了本征 VLAN 外，还有 8 个 VLAN 。在 VTP 服务器上定义 VLAN，VTP 域内的交换机也会自动建立。命令如下：

DSw1(config)#vlan 10

DSw1(config-vlan)#name JWC

DSw1(config)#vlan 20

DSw1(config-vlan)#name XSSS

DSw1(config)#vlan 30

DSw1(config-vlan)#name CWC

DSw1(config)#vlan 40

DSw1(config-vlan)#name JGSS

DSw1(config)#vlan 50

DSw1(config-vlan)#name ST

DSw1(config)#vlan 60

DSw1(config-vlan)#name TSG

DSw1(config)#vlan 70

DSw1(config-vlan)#name HDZX

DSw1(config)#vlan 100

DSw1(config-vlan)#name FWQQ

④ 汇聚层交换机端口基本参数的配置

汇聚层交换机 DSw1 的端口方 f0/1-f0/10 为服务器群提供接入服务，而端口 f0/23，f0/24 分别下连接入层交换的端口。

此外，汇聚层交换机的千兆端口上连核心交换。同时，为了实现冗余，汇聚交换机 DSw1 还通过自己的千兆端口和另外一台汇聚层交换机 DSw2 相连。命令如下：

DSw1(config)#interface range f0/1-24

DSw1(config-if-rang)#duplex full

DSw1(config-if-rang)#speed 100

DSw1(config-if-rang)#interface range f0/1-10

DSw1(config-if-rang)#spanning-tree portfast

DSw1(config-if-rang)#interface range f0/23-24

DSw1(config-if-rang)#switch mode trunk

DSw1(config-if-rang)#interface f0/1-2

DSw1(config-if-rang)#switch mode trunk

⑤ 汇聚交换机上三层交换功能配置

三层交换机具有二层交换机和三层路由的功能，为了实现三层路由功能，首先必须开启路由功能，命令如下：

DSw1(config)#ip routing

接下来，为每个 VLAN 定义自己的默认网关地址，命令如下：

DSw1(config)#interface vlan 10

DSw1(config-if)#ip address 172.16.1.254 255.255.255.0

DSw1(config)#no shutdown

DSw1(config)#interface vlan 20

DSw1(config-if)#ip address 172.16.3.254 255.255.255.0

DSw1(config)#no shutdown

DSw1(config)#interface vlan 30

DSw1(config-if)#ip address 172.16.3.254 255.255.255.0

DSw1(config)#no shutdown

DSw1(config)#interface vlan 40

DSw1(config-if)#ip address 172.16.4.254 255.255.255.0

DSw1(config)#no shutdown

DSw1(config)#interface vlan 50

DSw1(config-if)#ip address 172.16.5.254 255.255.255.0

DSw1(config)#no shutdown

DSw1(config)#interface vlan 60

DSw1(config-if)#ip address 172.16.6.254 255.255.255.0

DSw1(config)#no shutdown

DSw1(config)#interface vlan 70

DSw1(config-if)#ip address 172.16.7.254 255.255.255.0

DSw1(config)#no shutdown

DSw1(config)#interface vlan 100

DSw1(config-if)#ip address 172.16.100.254 255.255.255.0

DSw1(config)#no shutdown

3. 核心交换的配置

核心层将汇聚层交换机互联起来进行穿越园区网骨干的高速数据转换。如图 18-6 所示，本案例中汇聚层交换机采用 CISCO Catalyst 4006 交换机。相关配置如下：

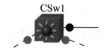

图 18-6　核心层交换机

（1）核心层交换机 CSw1 基本参数的配置。命令如下：

Switch#configure terminal

Switch(config)#hostname CSw1

CSw1(config)#enable secret young

CSw1(config)#line con 0

CSw1(config-line)#logging synchronous

CSw1(config-line)#exec-timeout 5 30

CSw1(config-line)#line vty 0 15

CSw1(config-line)#password cisco

CSw1(config-line)#exec-timeout 5 30

CSw1(config-line)#exit

CSw1(config)#no ip domain-lookup

（2）核心交换机管理 IP 地址、默认网关的配置。命令如下：

CSw1(config)#interface vlan 1

CSw1(config-if)#ip address 172.16.0.254 255.255.255.0

CSw1(config-if)#no shutdown

CSw1(config-if)#exit

CSw1(config)#ip default-gateway 172.16.0.1

（3）核心交换机的 VLAN 及 VTP 的配置。命令如下：

CSw1(config)#vtp domain lab

CSw1(config)#vtp mode client

（4）核心交换机端口参数的配置。核心交换机通过自己的端口 f0/3 同广域网接入模块相连。同时，核心交换机的端口 G0/1-G0/2 分别下连到汇聚层交换 DSw1 和 DSw2 的端口。命令如下：

CSw1(config)#interface range f0/1-2

CSw1(config-if-range)#duplex full

CSw1(config-if-range)#switchport mode access

CSw1(config-if-range)#spanning-tree portfast

（5）核心交换机的路由功能配置。和汇聚层交换机一样，需要开启路由功能，同时，还需要定义通往 Internet 的路由，这里使用的是一条缺省路由命令。命令如下：

CSw1(config)#ip routing

CSw1(config)#ip route 0.0.0.0 0.0.0.0 172.16.0.254

4．广域网接入配置

广域网接入功能由广域网接入路由器 InternetRouter 来完成，如图 18-7 所示，本案例中选择 CISCO 的 3640 路由器作为校园网的接入路由器。其作用是在 Internet 和校园网内网间路由数据包，除了完成主要的路由任务外，利用访问控制列表，广域网接入路由器还可以用来完成以自身为中心的流量控制和包过滤功能，并实现一定的安全性。

图 18-7　出口路由器

（1）基本参数配置

对接入路由器 InternetRouter 的基本参数配置与对接入层交换 ASw1 的基本参数配置类似，命令如下：

Router#configure terminal

Router(config)#hostname InternetRouter

InternetRouter(config)#enable secret young

InternetRouter(config)#line con 0

InternetRouter(config-line)#logging synchronous

InternetRouter(config-line)#exec-timeout 5 30

InternetRouter(config-line)#line vty 0 15

InternetRouter(config-line)#password cisco

InternetRouter(config-line)#exec-timeout 5 30

InternetRouter(config-line)#exi

InternetRouter(config)#no ip domain-lookup

（2）接口参数配置

对接入路由器 InternetRouter 的各接口参数的配置主要是 IP 地址、子网掩码的配置，命令如下：

InternetRouter(config)#interface f0/0

InternetRouter(config-if)#ip address 172.16.0.1 255.255.255.0

InternetRouter(config-if)#no shutdown

InternetRouter(config)#interface f0/1

InternetRouter(config-if)#ip address 193.1.1.1 255.255.255.0

InternetRouter(config-if)#no shutdown

（3）路由功能配置

在接入路由器上需要定义两个方向上的路由，到校园网内部的静态路由以及到 Internet 上的缺省路由。命令如下：

InternetRouter(config)#ip route 0.0.0.0 0.0.0.0 f0/1

InternetRouter(config)#ip route 172.16.0.0 255.255.255.248 172.16.0.254

InternetRouter(config)#ip route 172.16.100.0 255.255.255.0 172.16.0.254

（4）NAT 的配置

由于 IP 地址资源稀缺，不可能给校园网内部的所有工作站都分配一个共有 IP 地址，为了解决所有工作站访问 Internet 的需求，必须使用 NAT 技术。

为了接入 Internet，本校园网向 ISP 申请了 9 个 IP 地址，其中一个 IP 地址 193.1.1.1 被分配给了 Internet 接入路由器的接口，另外八个 IP 地址：202.206.222.1—202.206.222.8 用作 NAT。

① 定义 NAT 内部、外部接口，命令如下：

InternetRouter(config)#interface f0/0

InternetRouter(config-if)#ip nat inside

InternetRouter(config)#interface f0/1

InternetRouter(config-if)#ip nat outside

② 定义允许进行 NAT 的工作站内部局部 IP 地址范围，命令如下：

InternetRouter(config)#ip access-list 1 permit 172.16.0.0 0.0.7.255

③ 为服务器定义静态 NAT，命令如下：

InternetRouter(config)#ip nat inside source static 172.16.100.1 202.206.222.1

InternetRouter(config)#ip nat inside source static 172.16.100.2 202.206.222.1

InternetRouter(config)#ip nat inside source static 172.16.100.3 202.206.222.1

④ 为其他工作站转换地址，命令如下：

InternetRouter(config)#ip nat inside source list 1 interface f0/1 overload

5. 安全性配置

路由器是外网进入校园网的内网第一道关卡。路由器上的 ACL 是保护内网安全的有效手段。本案例中，将针对服务器以及内网工作站的安全给出广域网接入路由器 InternetRouter 上的 ACL 配置方案。设计如下：

（1）屏蔽简单网络管理协议

利用简单网络管理协议 SNMP，远程主机可以监视、控制网络上的其他网络设备，因此需要禁止，命令如下：

InternetRouter(config)#access-list 101 deny udp any any eq snmp

InternetRouter(config)#access-list 101 deny udp any any eq snmptrap

InternetRouter(config)#access-list 101 permit ip any any

InternetRouter(config)#interface f0/1

InternetRouter(config-if)#ip access-group 101 in

（2）屏蔽远程机上协议 Telnet

Telnet 不是一种安全的协议类型，用户在使用 Telnet 登录网络设备或者服务器时所使用的用户名和密码在网络中是通过明文传输的，很容易被网络上的非法协议分析设备截获，因此需要加以屏蔽。命令如下：

InternetRouter(config)#access-list 101 deny tcp any any eq telnet

InternetRouter(config)#access-list 101 permit ip any any

InternetRouter(config)#interface f0/1

InternetRouter(config-if)#ip access-group 101 in

（3）对外屏蔽其他不安全协议或服务

针对不安全协议，使用如上相同的命令加以屏蔽。如：

InternetRouter(config)#access-list 101 deny tcp any any eq 111

（4）针对 DOS 攻击的设计

DOS 攻击是一种非常常见而且极具破坏力的攻击手段，它可以导致服务器、网络设备的正常服务进程停止，严重时会导致服务器操作系统崩溃。设计如下：

InternetRouter(config)#access-list 101 deny tcp any any eq echo-request

InternetRouter(config)#access-list 101 deny udp any any eq echo

InternetRouter(config)#interface f0/1

InternetRouter(config-if)#ip access-group 101 in

InternetRouter(config-if)#no ip directed-broadcast

（5）路由器自身安全的保护

作为内、外网间屏障路由器，自身安全尤为重要。为了防止黑客入侵路由器，必须对路由器自身的安全加以保护。只允许来自服务器群 IP 地址访问并配置路由器。这时，可以使用 access-class 命令进行 vty 访问控制。

InternetRouter(config)#line vty 0 4

InternetRouter(config)#access-class 2 in

InternetRouter(config)#access-list 2 permit 172.16.100.0 0.0.0.255

五、思考题

1. 根据校园网络设计思路，完成实验，并进行测试。

2. 将校园网络设计的思路运用到家庭网络中，画出拓扑图，并实现终端设备之间的互通性。

附录 A 各章练习题参考答案

第 1 章

1. 计算机网络都有哪些类别？各种类别的网络都有哪些特点？

答：按范围分：广域网 WAN，远程、高速，是 Internet 的核心网；

城域网 MAN，城市范围，链接多个局域网；

局域网 LAN，限于较小地理区域，如校园、企业、机关、社区；

个域网 PAN，个人电子设备。

按用户分：公用网，面向公共营运。专用网，面向特定机构。

2. 协议与服务有何区别？有何关系？

答：协议是控制两个对等实体进行通信的规则的集合。在协议的控制下，两个对等实体间的通信使得本层能够向上一层提供服务，而要实现本层协议，还需要使用下面一层提供服务。

协议和服务的概念的区分：

① 协议的实现保证了能够向上一层提供服务。本层的服务用户只能看见服务而无法看见下面的协议。下面的协议对上面的服务用户是透明的。

② 协议是"水平的"，即协议是控制两个对等实体进行通信的规则。但服务是"垂直的"，即服务是由下层通过层间接口向上层提供的。上层使用所提供的服务必须与下层交换一些命令，这些命令在 OSI 中称为服务原语。

3. 网络协议的三个要素是什么？各有什么含义？

答：网络协议：为进行网络中的数据交换而建立的规则、标准或约定。由以下三个要素组成：

① 语法：即数据与控制信息的结构或格式。

② 语义：即需要发出何种控制信息，完成何种动作以及做出何种响应。

③ 同步：即事件实现顺序的详细说明。

4. 试述具有五层协议的网络体系结构的要点，包括各层的主要功能。

答：综合 OSI 和 TCP/IP 的优点，采用一种原理体系结构。各层的主要功能是：

① 物理层，透明地传送比特流，确定连接电缆插头的定义及连接接法。

② 数据链路层，在两个相邻节点间的线路上无差错地传送数据帧。每一帧包括数据和必要的控制信息。

③ 网络层，选择合适的路由，使发送站的运输层所传下来的分组能够正确无误地按照地址找到目的站，并交付给目的站的传输层。

④ 运输层，向上一层的进行通信的两个进程之间提供一个可靠的端到端的服务，使他们看不见运输层以下的数据通信细节。

⑤ 应用层，直接为用户的应用进程提供服务。

5. 试解释以下名词：协议栈、实体、对等层、协议数据单元、服务访问点、客户、服务器、客户－服务器方式。

答：实体（entity）：表示任何可发送或接收信息的硬件或软件进程。

协议（protocol）：是控制两个对等实体进行通信的规则的集合。

客户（client）和服务器（server）：指通信中所涉及的两个应用进程。客户是服务的请求方，服务器是服务的提供方。

客户服务器方式：所描述的是进程之间服务和被服务的关系。

协议栈：指计算机网络体系结构采用分层模式后，每层的主要功能由对等协议的运行来实现，因而每层可用一些主要协议来表征，几个层次画在一起就像一个栈的结构。

对等层：在网络体系结构中通信双方实现同样功能的层。

协议数据单元：对等层实体进行信息交换的数据单位。

服务访问点：在同一系统中相邻两层的实体进行交互（即交换信息）的地方。服务访问点 SAP 是一个抽象的概念，它实质上就是一个逻辑接口。

6. 假定要在网络上传送 1.5 MB 的文件。设分组长度为 1 KB，往返时间 RTT=80 ms。传送数据之前还需要有建立 TCP 连接的时间，这时间是 2×RTT=160 ms。试计算在以下几种情况下接收方收完该文件的最后一个比特所需的时间。

① 数据发送速率为 10 Mbit/s，数据分组可以连续发送。

② 数据发送速率为 10 Mbit/s，但每发送完一个分组后要等待一个 RTT 时间才能再发送下一个分组。

③ 数据发送速率极快，可以不考虑发送数据所需的时间。但规定在每一个 RTT 往返时间内只能发送 20 个分组。

④ 数据发送速率极快，可以不考虑发送数据所需的时间。但在第一个 RTT 往返时间内只能发送一个分组，在第二个 RTT 内可发送两个分组，在第三个 RTT 内可发送四个分组（即 $2^{3-1}=2^2=4$ 个分组）。

答：① 1.458 s   ② 124.258 s   ③ 6.28 s   ④ 1 s

解：① 发送时间 = 发送长度 / 发送速度 = $\dfrac{1.5 \times 2^{20} \times 8}{10 \times 10^3}$ =1.258 s

最后一个分组的传播时间 = $\dfrac{1}{2}$ RTT=40 ms

总时间 =1.258 s+40 ms+2 RTT=1.458 s

② 分组个数 N= $\dfrac{1.5 \text{ mb}}{1 \text{ kb}}$ =1 536 个

总时间 =N · RTT+1.458 s=124.258 s

③ 总时间 = $\left(\dfrac{1\,536}{20}\right)$ 取整 · RTT+0.5 RTT+2 RTT=6.28 s

④ n 个 RTT 后发送的分组：$1+2+4+\cdots+2^{n-1}=2^n-1 \leqslant 136$

n=10   发送分组 $2^{10}-1=1\,023$

总时间 =10 RTT+0.5 RTT+2 RTT=1 s

第2章

1. 物理层要解决哪些问题？物理层的主要特点是什么？

答：物理层要解决的主要问题：

① 物理层要尽可能地屏蔽掉物理设备和传输媒体，通信手段的不同，使数据链路层感觉不到这些差异，只考虑完成本层的协议和服务。

② 给其服务用户（数据链路层）在一条物理的传输媒体上传送和接收比特流（一般为串行按顺序传输的比特流）的能力，为此，物理层应该解决物理连接的建立、维持和释放问题。

③ 在两个相邻系统之间唯一地标识数据电路。

物理层的主要特点：

① 由于在 OSI 之前，许多物理规程或协议已经制定出来了，而且在数据通信领域中，这些物理规程已被许多商品化的设备所采用，加之，物理层协议涉及的范围广泛，所以至今没有按 OSI 的抽象模型制定一套新的物理层协议，而是沿用已存在的物理规程，将物理层确定为描述与传输媒体接口的机械、电气、功能和规程特性。

② 由于物理连接的方式很多，传输媒体的种类也很多，因此，具体的物理协议相当复杂。

2. 试解释以下名词：数据，信号，模拟数据，模拟信号，基带信号，带通信号，数字数据，数字信号，码元，单工通信，半双工通信，全双工通信，串行传输，并行传输。

答：数据：是运送信息的实体。

信号：则是数据的电气的或电磁的表现。

模拟数据：运送信息的模拟信号。

模拟信号：连续变化的信号。

数字信号：取值为有限的几个离散值的信号。

数字数据：取值为不连续数值的数据。

码元（code）：在使用时间域（或简称为时域）的波形表示数字信号时，代表不同离散数值的基本波形。

单工通信：即只有一个方向的通信而没有反方向的交互。

半双工通信：即通信和双方都可以发送信息，但不能双方同时发送（当然也不能同时接收）。这种通信方式是一方发送另一方接收，过一段时间再反过来。

全双工通信：即通信的双方可以同时发送和接收信息。

基带信号：指发出的没有经过调制（进行频谱搬移和变换）的原始电信号。

带通信号：把基带信号经过载波调制后，把信号的频率范围搬移到较高的频段以便在信道中传输（即仅在一段频率范围内能够通过信道）。

串行传输：使用一根数据线传输数据，一次传输 1 个比特，多个比特需要一个接一个依次传输。

并行传输：使用多根并行的数据线一次同时传输多个比特。

3. 物理层的接口有哪几个方面的特性？各包含些什么内容？

答：① 机械特性：指明接口所用的接线器的形状和尺寸、引线数目和排列、固定和锁定装置等等。

② 电气特征：指明在接口电缆的各条线上出现的电压的范围。

③ 功能特性：指明某条线上出现的某一电平的电压表示何意。

④ 规程特性：说明对于不同功能的各种可能事件的出现顺序。

4. 用香农公式计算一下，假定信道带宽为 3 100 Hz，最大信息传输速率为 35 kbps，那么若想使最大信息传输速率增加 60%，问信噪比 S/N 应增大到多少倍？如果在刚才计算出的基础上将信噪比 S/N 再增大到 10 倍，问最大信息速率能否再增加 20%？

答：C=W log2（1+S/N）

SN1=2×（C1/W）−1=2×（35 000/3 100）−1

SN2=2×（C2/W）−1=2×（1.6×C1/w）−1=2×（1.6×35 000/3 100）−1

SN2/SN1=100 信噪比应增大到约 100 倍。

C3=Wlong2（1+SN3）=Wlog2（1+10×SN2）C3/C2=18.5%

如果在此基础上将信噪比 S/N 再增大到 10 倍，最大信息通率只能再增加 18.5% 左右。

5. 常用的传输媒体有哪几种？各有何特点？

答：双绞线和屏蔽双绞线。双绞线：屏蔽双绞线和非屏蔽双绞线。

同轴电缆：粗缆和细缆。

光缆：单模光纤和多模光纤。

无线传输：短波通信，微波和卫星通信。

6. 为什么要使用信道复用技术？常用的信道复用技术有哪些？

答：为了通过共享信道、最大限度提高信道利用率。常用的信道复用技术有频分、时分、码分、波分。

第 3 章

1. 数据链路（即逻辑链路）与链路（即物理链路）有何区别？"电路接通了"与"数据链路接通了"的区别何在?

答：数据链路与链路的区别在于数据链路除链路外，还必须有一些必要的规程来控制数据的传输，因此数据链路比链路多了实现通信规程所需要的硬件和软件。

"电路接通了"表示链路两端的节点交换机已经开机，物理连接已经能够传送比特流了，但是，数据传输并不可靠，在物理连接基础上，再建立数据链路连接，才是"数据链路接通了"，此后，由于数据链路连接具有检测、确认和重传功能，才使不太可靠的物理链路变成可靠的数据链路，进行可靠的数据传输；当数据链路断开连接时，物理电路连接不一定跟着断开连接。

2. 数据链路层中的链路控制包括哪些功能？试讨论数据链路层做成可靠的链路层有哪些优点和缺点。

答：链路管理，帧定界，流量控制，差错控制，将数据和控制信息区分开，透明传输，寻址可靠的链路。

优点和缺点取决于所应用的环境：对于干扰严重的信道，可靠的链路层可以将重传范围约束在局部链路，防止全网络的传输效率受损；对于优质信道，采用可靠的链路层会增大资源开销，影响传输效率。

3. 网络适配器的作用是什么？网络适配器工作在哪一层？

答：适配器（即网卡）来实现数据链路层和物理层这两层协议的硬件和软件；网络适配器工作在

TCP/IP 协议中的网络接口层（OSI 中的数据链路层和物理层）。

4. 数据链路层的三个基本问题（封装成帧、透明传输和差错检测）为什么都必须加以解决？

答：帧定界是分组交换的必然要求；透明传输避免消息符号与帧定界符号相混淆；差错检测防止含差错的无效数据帧浪费后续路由上的传输和处理资源。

5. 要发送的数据为 1101011011。采用 CRC 的生成多项式是 P（x）=X^4+X+1。试求应添加在数据后面的余数。

数据在传输过程中最后一个 1 变成了 0，问接收端能否发现？

若数据在传输过程中最后两个 1 都变成了 0，问接收端能否发现？

采用 CRC 检验后，数据链路层的传输是否就变成了可靠的传输？

答：做二进制除法，得余数 1110，加的检验序列是 1110。

两种错误均可发现；仅仅采用了 CRC 检验，缺重传机制，数据链路层的传输还不是可靠的传输。

6. 假定在使用 CSMA/CD 协议的 10 Mbit/s 以太网中某个站在发送数据时检测到碰撞，执行退避算法时选择了随机数 r=100。试问这个站需要等待多长时间后才能再次发送数据？如果是 100 Mbit/s 的以太网呢？

答：对于 10 Mb/s 的以太网，以太网把争用期定为 51.2 us，要退后 100 个争用期，等待时间是 51.2 us × 100=5.12 ms。对于 100 mb/s 的以太网，以太网把争用期定为 5.12 us，要退后 100 个争用期，等待时间是 5.12 us × 100=512 us。

7. 什么叫做传统以太网？以太网有哪两个主要标准？

答：传统以太网：是采用 CSMA/CD 的方式来传输数据，也就是一个局域网内只能同时有且仅有一个客户端发送数据。DIX Ethernet V2 标准的局域网 DIX；Ethernet V2 标准与 IEEE 的 802.3 标准。

第 4 章

1. 网络互连有何实际意义？进行网络互连时，有哪些共同的问题需要解决？

答：网络互联可扩大用户共享资源范围和更大的通信区域。

进行网络互连时，需要解决共同的问题有：不同的寻址方案；不同的最大分组长度；不同的网络接入机制；不同的超时控制；不同的差错恢复方法；不同的状态报告方法；不同的路由选择技术；不同的用户接入控制；不同的服务（面向连接服务和无连接服）；不同的管理与控制方式。

2. 作为中间设备，转发器、网桥、路由器和网关有何区别？

答：

中间设备又称为中间系统或中继（relay）系统。

物理层中继系统：转发器（repeater）。

数据链路层中继系统：网桥或桥接器（bridge）。

网络层中继系统：路由器（router）。

网桥和路由器的混合物：桥路器（brouter）。

网络层以上的中继系统：网关（gateway）。

3. 试简单说明下列协议的作用：IP，ARP，RARP 和 ICMP。

答：IP 协议：实现网络互连。使参与互连的性能各异的网络使用户看起来好像是一个统一的网络。网际协议 IP 是 TCP/IP 体系中两个最重要的协议之一，与 IP 协议配套使用的还有四个协议。

ARP 协议：是解决同一个局域网上的主机或路由器的 IP 地址和硬件地址的映射问题。

RARP：是解决同一个局域网上的主机或路由器的硬件地址和 IP 地址的映射问题。

ICMP：提供差错报告和询问报文，以提高 IP 数据交付成功的机会。

IGMP：用于探寻、转发本局域网内的组成员关系。

4. IP 地址分为几类？各如何表示？IP 地址的主要特点是什么？

答：IP 地址分为 ABCDE5 类，每一类地址都由两个固定长度的字段组成，其中一个字段是网络号，net-id，它标志主机（或路由器）所连接到的网络，而另一个字段是主机号 host-id，它标志该主机（或路由器）。

特点：① IP 地址是一种分等级的地址结构。分两个等级的好处是：IP 地址管理机构在分配 IP 地址时只分配网络号，而剩下的主机号则由得到该网络号的单位自行分配，这样就方便了 IP 地址的管理；路由器仅根据目的主机所连接的网络号来转发分组（而不考虑目的主机号），这样就可以使路由表中的项目数大幅度减少，从而减小了路由表所占的存储空间，以及查找路由表的时间。

② IP 地址是标志一个主机（或路由器）和一条链路的接口。当一个主机同时连接到两个网络上时，该主机就必须同时具有两个相应的 IP 地址，其网络号 net-id 必须是不同的。这种主机称为多归属主机。由于一个路由器至少应当连接到两个网络（这样它才能将 IP 数据报从一个网络转发到另一个网络），因此一个路由器至少应当有两个不同的 IP 地址。

③ 用转发器或网桥连接起来的若干个局域网仍为一个网络，因此这些局域网都具有同样的网络号 net-id。

④ 所有分配到网络号 net-id 的网络，范围很小的局域网，还是可能覆盖很大地理范围的广域网，都是平等的。

5. 试说明 IP 地址与硬件地址的区别。为什么要使用这两种不同的地址？

答：IP 地址就是给每个连接在因特网上的主机（或路由器）分配一个在全世界范围是唯一的 32 位的标识符。从而把整个因特网看成为一个单一的、抽象的网络。在实际网络的链路上传送数据帧时，最终还是必须使用硬件地址。

MAC 地址在一定程度上与硬件一致，基于物理、能够标识具体的链路通信对象、IP 地址给予逻辑域的划分、不受硬件限制。

6.（1）子网掩码为 255.255.255.0 代表什么意思？

（2）一个网络的现在掩码为 255.255.255.248，问该网络能够连接多少台主机？

（3）一个 A 类网络和一个 B 类网络的子网号 subnet-id 分别为 16 个 1 和 8 个 1，问这两个网络的子网掩码有何不同？

（4）一个 B 类地址的子网掩码是 255.255.240.0。试问在其中每一个子网上的主机数最多是多少？

（5）一个 A 类网络的子网掩码为 255.255.0.255，它是否为有效的子网掩码？

（6）某个 IP 地址的十六进制表示是 C2.2F. 14.81，试将其转换为点分十进制的形式。这个地址是哪一类 IP 地址?

（7）C 类网络使用子网掩码有无实际意义? 为什么?

答:

① 有三种含义: 第一种是一个 A 类网的子网掩码, 对于 A 类网络的 IP 地址, 前 8 位表示网络号, 后 24 位表示主机号, 使用子网掩码 255.255.255.0 表示前 8 位为网络号, 中间 16 位用于子网段的划分, 最后 8 位为主机号。第二种情况为一个 B 类网, 对于 B 类网络的 IP 地址, 前 16 位表示网络号, 后 16 位表示主机号, 使用子网掩码 255.255.255.0 表示前 16 位为网络号, 中间 8 位用于子网段的划分, 最后 8 位为主机号。第三种情况为一个 C 类网, 这个子网掩码为 C 类网的默认子网掩码。

② 网络的现在掩码为 255.255.255.248, 即 11111111 11111111 11111111 11111000, 每一个子网上的主机为（2^3）=6 台, 掩码位数 29, 该网络能够连接 8 个主机, 扣除全 1 和全 0 后为 6 台。

③ A 类网络: 11111111　11111111　1111111100000000

给定子网号（16 位 "1"）则子网掩码为: 255.255.255.0

B 类网络: 11111111　1111111111111111　00000000

给定子网号（8 位 "1"）则子网掩码为: 255.0.0.0 但子网数目不同。

④（240）10=（128+64+32+16）10=（11110000）2

Host-id 的位数为 4+8=12, 因此, 最大主机数为: $2^{12}-2$=4 096-2=4 094

⑤ 是 10111111　11111111　00000000　11111111

⑥ C 类地址, 194.47.20.129

⑦ 有实际意义, C 类子网 IP 地址的 32 位中, 前 24 位用于确定网络号, 后 8 位用于确定主机号。如果划分子网, 可以选择后 8 位中的高位, 这样做可以进一步划分网络, 并且不增加路由表的内容, 但是代价是主机数目减少了。

7. 设某路由器建立了如下路由表:

目的网络	子网掩码	下一跳
128.96.39.0	225.225.255.128	接口 m0
128.96.39.128	225.225.255.128	接口 m1
128.96.40.0	225.255.255.128	R2
192.4.153.0	225.225.255.192	R3
*（默认）	—	R4

现共收到 5 个分组, 其目的地址分别为:

（1）128.96.40.12

（2）128.96.40.151

（3）192.4.153.17

（4）192.4.153.90

（5）128.96.39.10

试分别计算其下一跳。

答：

① 分组的目的站 IP 地址为 128.96.39.10。先与子网掩码 255.255.255.128 相与，得 128.96.39.0，可见该分组经接口 0 转发。

② 分组的目的 IP 地址为：128.96.40.12。

与子网掩码 255.255.255.128 相与得 128.96.40.0，不等于 128.96.39.0。

与子网掩码 255.255.255.128 相与得 128.96.40.0，经查路由表可知，该项分组经 R2 转发。

③ 分组的目的 IP 地址为：128.96.40.151，与子网掩码 255.255.255.128 相与后得 128.96.40.128，与子网掩码 255.255.255.192 相与后得 128.96.40.128，经查路由表知，该分组转发选择默认路由，经 R4 转发。

④ 分组的目的 IP 地址为：192.4.153.17，与子网掩码 255.255.255.128 相与后得 192.4.153.0。与子网掩码 255.255.255.192 相与后得 192.4.153.0，经查路由表知，经 R3 转发。

⑤ 分组的目的 IP 地址为 192.4.153.90，与子网掩码 255.255.255.128 相与后得 192.4.153.0。与子网掩码 255.255.255.192 相与后得 192.4.153.64，经查路由表知，该分组转发选择默认路由，经 R4 转发。

8. 有如下 4 个 /24 地址块，试进行最大可能的聚合。

212.56.132.0/24；212.56.133.0/24；212.56.134.0/24；212.56.135.0/24

答：所有共同的前缀有 22 位，聚合的 CIDR 地址块是：212.56.132.0/22。

9. 某单位分配到一个地址块 136.23.12.64/26。现在需要进一步划分为 4 个一样大的子网。试问：

（1）每个子网的网络前缀有多长？

（2）每一个子网中有多少个地址？

（3）每一个子网的地址块是什么？

（4）每一个子网可分配给主机使用的最小地址和最大地址是什么？

答：

① 每个子网前缀 28 位。

② 每个子网的地址中有 4 位留给主机用，因此共有 16 个地址。

③ ④ 四个子网的地址块是：

第一个地址块 136.23.12.64/28，可分配给主机使用的

最小地址：136.23.12.01000001=136.23.12.65/28

最大地址：136.23.12.01001110=136.23.12.78/28

第二个地址块 136.23.12.80/28，可分配给主机使用的

最小地址：136.23.12.01010001=136.23.12.81/28

最大地址：136.23.12.01011110=136.23.12.94/28

第三个地址块 136.23.12.96/28，可分配给主机使用的

最小地址：136.23.12.01100001=136.23.12.97/28

最大地址：136.23.12.01101110=136.23.12.110/28

第四个地址块 136.23.12.112/28，可分配给主机使用的

最小地址：136.23.12.01110001=136.23.12.113/28

最大地址：136.23.12.01111110=136.23.12.126/28

第 5 章

1. 试说明传输层在协议栈中的地位和作用。传输层的通信和网络层的通信有什么重要的区别？为什么传输层是必不可少的？

答：传输层处于面向通信部分的最高层，同时也是用户功能中的最低层，向它上面的应用层提供服务。传输层为应用进程之间提供端到端的逻辑通信，但网络层是为主机之间提供逻辑通信（面向主机，承担路由功能，即主机寻址及有效的分组交换）。各种应用进程之间通信需要的两类服务质量，必须由传输层以复用和分用的形式加载到网络层。

2. 试举例说明有些应用程序愿意采用不可靠的 UDP，而不愿意采用可靠的 TCP。

答：VOIP，由于语音信息具有一定的冗余度，人耳对 VOIP 数据报损失有一定的承受度，但对传输时延的变化较敏感。有差错的 UDP 数据报在接收端直接抛弃，TCP 数据报出错则会引起重传，可能带来较大的时延扰动。故 VOIP 宁可采用不可靠的 UDP，也不愿意采用可靠的 UDP。

3. 端口的作用是什么？为什么端口号要划分为三种？

答：端口的作用是对 TCP/IP 体系的应用进程进行统一的标志，使运行不同操作系统的计算机的应用进程能够相互通信。

端口可以分为，熟知端口，数值一般为：0—1 023，标识常规的服务进程；登记端口号，数值为：1 024—49 151，标识没有熟知端口号的非常规的服务进程；短暂端口号，数值为：49 152—65 535，这类端口号仅在客户进程运行时才动态选择的，是留给客户进程选择暂时使用。

4. 在停止等待协议中如果不使用编号是否可行？为什么？

答：分组和确认分组都必须进行编号，才能明确哪个分组得到了确认。

5. 为什么在 TCP 首部中要把 TCP 端口号放入最开始的 4 个字节？

答：在 ICMP 的差错报文中要包含 IP 首部后面的 8 个字节的内容，而这里面有 TCP 首部中的源端口和目的端口。当 TCP 收到 ICMP 差错报文时需要用这两个端口来确定是哪条连接出了差错。

6. 在 TCP 的拥塞控制中，什么是慢开始、拥塞避免、快重传和快恢复算法？这里每一种算法各起什么作用？"乘法减小"和"加法增大"各用在什么情况下？

答：

① 慢开始：在主机刚刚开始发送报文段时可先将拥塞窗口 cwnd 设置为一个最大报文段 MSS 的数值。在每收到一个对新的报文段的确认后，将拥塞窗口增加 2 的指数方个 MSS 的数值。用这样的方法逐步增大发送端的拥塞窗口 cwnd，可以分组注入到网络的速率更加合理。

② 拥塞避免：当拥塞窗口值大于慢开始门限时，停止使用慢开始算法而改用拥塞避免算法。拥塞避免算法使发送的拥塞窗口每经过一个往返时延 RTT 就增加一个 MSS 的大小。

③ 快重传算法：发送端只要一连收到三个重复的 ACK 即可断定有分组丢失了，就应该立即重传丢失的报文段而不必继续等待为该报文段设置的重传计时器的超时。

④ 快恢复算法：当发送端收到连续三个重复的 ACK 时，就重新设置慢开始门限 ssthresh=cwnd/2。与慢开始不同之处是拥塞窗口 cwnd 不是设置为 1，而是设置为 ssthresh。若收到的重复的 ACK 为 n 个（n＞3），则将 cwnd 设置为 ssthresh，若发送窗口值还容许发送报文段，就按拥塞避免算法继续发送报文段，若收到了确认新的报文段的 ACK，就将 cwnd 缩小到 ssthresh。

⑤ 乘法减小：是指不论在慢开始阶段还是拥塞避免阶段，只要出现一次超时（即出现一次网络拥塞），就把慢开始门限值 ssthresh 设置为当前的拥塞窗口值乘以 0.5。当网络频繁出现拥塞时，ssthresh 值就下降得很快，以大大减少注入到网络中的分组数。

⑥ 加法增大：是指执行拥塞避免算法后，在收到对所有报文段的确认后（即经过一个往返时间），就把拥塞窗口 cwnd 增加一个 MSS 大小，使拥塞窗口缓慢增大，以防止网络过早出现拥塞。

7. TCP 的拥塞窗口 cwnd 大小与传输轮次 n 的关系如下所示：

cwnd	1	2	4	8	16	32	33	34	35	36	37	38	39
n	1	2	3	4	5	6	7	8	9	10	11	12	13
cwnd	40	41	42	21	22	23	24	25	26	1	2	4	8
n	14	15	16	17	18	19	20	21	22	23	24	25	26

（1）试画出如图 5-25 所示的拥塞窗口与传输轮次的关系曲线。

（2）指明 TCP 工作在慢开始阶段的时间间隔。

（3）指明 TCP 工作在拥塞避免阶段的时间间隔。

（4）在第 16 轮次和第 22 轮次之后发送方是通过收到三个重复的确认还是通过超时检测到丢失了报文段？

（5）在第 1 轮次、第 18 轮次和第 24 轮次发送时，门限 ssthresh 分别被设置为多大？

（6）在第几轮次发送出第 70 个报文段？

（7）假定在第 26 轮次之后收到了三个重复的确认，因而检测出了报文段的丢失，那么拥塞窗口 cwnd 和门限 ssthresh 应设置为多大？

答：

① 拥塞窗口与传输轮次的关系曲线根据表中的 cwnd 和 n 的对应关系作图即可。

② 慢开始时间间隔：【1，6】和【23，26】。

③ 拥塞避免时间间隔：【6，16】和【17，22】。

④ 在第 16 轮次之后发送方是通过收到三个重复的确认检测到丢失的报文段。在第 22 轮次之后发送方是通过超时检测到丢失的报文段。

⑤ 在第 1 轮次发送时，门限 ssthresh 被设置为 32，在第 18 轮次发送时，门限 ssthresh 被设置为发生拥塞时的一半，即 21，在第 24 轮次发送时，门限 ssthresh 是第 18 轮次发送时设置的 21。

⑥ 第 70 报文段在第 7 轮次发送出。

⑦ 拥塞窗口 cwnd 和门限 ssthresh 应设置为 8 的一半，即 4。

第6章

1. 域名系统的主要功能是什么? 域名系统中的本地域名服务器、根域名服务器、顶级域名服务器以及权限域名服务器有何区别?

答: 域名系统的主要功能: 将域名解析为主机能识别的 IP 地址。

因特网上的域名服务器系统也是按照域名的层次来安排的。每一个域名服务器都只对域名体系中的一部分进行管辖。共有三种不同类型的域名服务器。即本地域名服务器、根域名服务器、授权域名服务器。当一个本地域名服务器不能立即回答某个主机的查询时,该本地域名服务器就以 DNS 客户的身份向某一个根域名服务器查询。若根域名服务器有被查询主机的信息,就发送 DNS 回答报文给本地域名服务器,然后本地域名服务器再回答发起查询的主机。但当根域名服务器没有被查询的主机的信息时,它一定知道某个保存有被查询的主机名字映射的授权域名服务器的 IP 地址。通常根域名服务器用来管辖顶级域。根域名服务器并不直接对顶级域下面所属的所有的域名进行转换,但它一定能够找到下面的所有二级域名的域名服务器。每一个主机都必须在授权域名服务器处注册登记。通常,一个主机的授权域名服务器就是它的主机。

授权域名服务器总是能够将其管辖的主机名转换为该主机的 IP 地址。因特网允许各个单位根据本单位的具体情况将本地域名划分为若干个域名服务器管辖区。一般就在各管辖区中设置相应的授权域名服务器。

2. 设想有一天整个互联网的 DNS 系统都瘫痪了(这种情况不大会出现),试问还有可能给朋友发送电子邮件吗?

答: 不能。DNS 是将域名地址转换成网络能识别的 IP 地址,如果 DNS 系统瘫痪了,就无法找到需要的 IP 地址,也就无法联网,无法通信。

3. 简单文件传送协议 TFTP 与 FTP 的主要区别是什么? 各用在什么场合?

答: ① 文件传送协议 FTP 只提供文件传送的一些基本的服务,它使用 TCP 可靠的传输服务。FTP 的主要功能是减少或消除在不同操作系统下处理文件的不兼容性。FTP 使用客户服务器方式。一个 FTP 服务器进程可同时为多个客户进程提供服务。FTP 的服务器进程由两大部分组成:一个主进程,负责接受新的请求;另外有若干个从属进程,负责处理单个请求。

② TFTP 是一个很小且易于实现的文件传送协议。TFTP 使用客户服务器方式和使用 UDP 数据报,因此,TFTP 需要有自己的差错改正措施,TFTP 只支持文件传输而不支持交互。TFTP 没有一个庞大的命令集,没有列目录的功能,也不能对用户进行身份鉴别。

4. 假定一个超链从一个万维网文档链接到另一个万维网文档时,由于万维网文档上出现了差错而使得超链指向一个无效的计算机名字。这时浏览器将向用户报告什么?

答: 404 Not Found。

5. 你所使用的浏览器的高速缓存有多大? 请进行一个实验: 访问几个万维网文档,然后将你的计算机与网络断开,然后再回到你刚才访问过的文档。你的浏览器的高速缓存能够存放多少个页面?

答: 自行实验后回答。

6. 什么是网络管理? 为什么说网络管理是当今网络领域中的热门课题?

答: 网络管理即为网络的运行、处理、维护、服务等提供所需的各种活动。网络管理是控制一个复杂的计算机网络使得它具有最高的效率和生产力的过程。

第7章

1. 计算机网络都面临哪几种威胁？主动攻击和被动攻击的区别是什么？对于计算机网络，其安全措施都有哪些？

答：计算机网络面临以下的四种威胁：截获（interception），中断（interruption），篡改（modification），伪造（fabrication）。

网络安全的威胁可以分为两大类：即被动攻击和主动攻击。

主动攻击是指攻击者对某个连接中通过的 PDU 进行各种处理。如有选择地更改、删除、延迟这些 PDU。甚至还可将合成的或伪造的 PDU 送入到一个连接中去。主动攻击又可进一步划分为三种，即更改报文流；拒绝报文服务；伪造连接初始化。

被动攻击是指观察和分析某一个协议数据单元 PDU 而不干扰信息流。即使这些数据对攻击者来说是不易理解的，它也可通过观察 PDU 的协议控制信息部分，了解正在通信的协议实体的地址和身份，研究 PDU 的长度和传输的频度，以便了解所交换的数据的性质。这种被动攻击又称为通信量分析。还有一种特殊的主动攻击就是恶意程序的攻击。恶意程序种类繁多，对网络安全威胁较大的主要有以下几种：计算机病毒；计算机蠕虫；特洛伊木马；逻辑炸弹。对付被动攻击可采用各种数据加密动技术，而对付主动攻击，则需加密技术与适当的鉴别技术结合。

2. 试解释以下名词：（1）重放攻击；（2）拒绝服务；（3）访问控制；（4）流量分析；（5）恶意程序。

答：

① 重放攻击：所谓重放攻击（replay attack）就是攻击者发送一个目的主机已接收过的包，来达到欺骗系统的目的，主要用于身份认证过程。

② 拒绝服务：DoS（Denial of Service）指攻击者向因特网上的服务器不停地发送大量分组，使因特网或服务器无法提供正常服务。

③ 访问控制：（access control）也叫做存取控制或接入控制。必须对接入网络的权限加以控制，并规定每个用户的接入权限。

④ 流量分析：通过观察 PDU 的协议控制信息部分，了解正在通信的协议实体的地址和身份，研究 PDU 的长度和传输的频度，以便了解所交换的数据的某种性质。这种被动攻击又称为流量分析（traffic analysis）。

⑤ 恶意程序：恶意程序（rogue program）通常是指带有攻击意图所编写的一段程序。

3. "无条件安全的密码体制"和"在计算上是安全的密码体制"有什么区别？

答：如果不论截取者获得了多少密文，但在密文中都没有足够的信息来唯一地确定出对应的明文，则这一密码体制称为无条件安全的，或称为理论上是不可破的。如果密码体制中的密码不能被可使用的计算资源破译，则这一密码体制称为在计算上是安全的。

4. 对称密钥体制与公钥密码体制的特点各如何？各有何优缺点？

答：在对称密钥体制中，它的加密密钥与解密密钥的密码体制是相同的，且收发双方必须共享密钥，对称密码的密钥是保密的，没有密钥，解密就不可行，知道算法和若干密文不足以确定密钥。公钥密码体制中，它使用不同的加密密钥和解密密钥，且加密密钥是向公众公开的，而解密密钥是需要保密的，发送方拥有加密或者解密密钥，而接收方拥有另一个密钥。两个密钥之一也是保密的，无解密密钥，解密不可行，知道算法和其中一个密钥以及若干密文不能确定另一个密钥。

优点：对称密码技术的优点在于效率高，算法简单，系统开销小，适合加密大量数据。公钥密码体制优点是具有更高安全性。

缺点：对称密码技术进行安全通信前需要以安全方式进行密钥交换，且它的规模复杂。公钥密钥算法具有加解密速度慢的特点，密钥尺寸大，发展历史较短等特点。

5. 试述防火墙的工作原理和所提供的功能。

答：防火墙的原理是指设置在不同网络（如可信任的企业内部网和不可信的公共网）或网络安全域之间的一系列部件的组合。它是不同网络或网络安全域之间信息的唯一出入口，通过监测、限制、更改跨越防火墙的数据流，尽可能地对外部屏蔽网络内部的信息、结构和运行状况，有选择地接受外部访问，对内部强化设备监管、控制对服务器与外部网络的访问，在被保护网络和外部网络之间架起一道屏障，以防止发生不可预测的、潜在的破坏性侵入。

一般来说，防火墙具有以下几种功能：

① 允许网络管理员定义一个中心点来防止非法用户进入内部网络。

② 可以很方便地监视网络的安全性，并报警。

③ 可以作为部署 NAT（Network Address Translation，网络地址变换）的地点，利用 NAT 技术，将有限的 IP 地址动态或静态地与内部的 IP 地址对应起来，用来缓解地址空间短缺的问题。

④ 是审计和记录 Internet 使用费用的一个最佳地点。网络管理员可以在此向管理部门提供 Internet 连接的费用情况，查出潜在的带宽瓶颈位置，并能够依据本机构的核算模式提供部门级的计费。

附录 B 计算机网络技术缩略语与术语

本附录中的词汇是计算机网络技术中常用的技术词汇，定义简洁，通俗易懂。

LAN: Local Area Network 局域网

WAN: Wide Area Network 广域网

MAN: Metropolitan Area Network 城域网

FM: Frequency Modulation 频率调制

AM: Amplitude Modulation 振幅调制

PM: Phase Modulation 相位调制

FSK: Frequency-shift Keying 移频键控或频移键控

ASK: Amplitude-shift Keying 幅移键控

PSK: Phase-shift Keying 相移键控

PCM: Pulse Code Modulation 脉冲编码调制

FDM: Frequency Division Multiplexing 频分复用

TDM: Time Division Multiplexing 时分复用

WDM: WavelengthFrequency Division Multiplexing 波分复用

FDMA:Frequency Division Multiple Access 频分多址接入

TDMA: Time Division Multiple Access 时分多址接入

CDMA: Code Division Multiple Access 码分多址接入

PDU: Protocol Data Unit 协议数据单元

SDU: Service Data Unit 服务数据单元

DTE: Data Terminal Equipment 数据终端设备

DCE: Data Comunication Equipment

或 Data Circuit-terminating Equipment 数据电路端接设备

Fiber-optic Cable：光纤电缆

Thick Ethernet: 粗缆

Thin Ethernet：细缆

Coax:(Coaxial)：同轴电缆

UTP: Unshielded Twisted-pair 无屏蔽双绞线

STP: Shielded Twisted-pair 屏蔽双绞线

MAC: Medium Access Control 媒体访问控制

LLC: Logical Link Control 逻辑链路控制

CSMA/CD: Carrier Sense Multiple Access with Collision Detection
带冲突（碰撞）检测的载波监听多点访问法

Token Ring：令牌环

Token Bus：令牌总线

FTP: File Transfer Protocol 文件传输协议

Repeater：中继器

Bridge：网桥

Router：路由器

Gateway：网关

Firewall：防火墙

IPX: Internet Packet Exchange 互联网分组交换协议

SPX: Sequenced Packet Exchange 序列分组交换协议

TCP: Transmission Control Protocol 传输控制协议

IP: Internet Protocol 因特网协议

ISA: Industry Standard Architecture 工业标准体系结构

PCI: Peripheral Component Interconnect 外设部件互连标准

SCSI: Small Computer System Interface 小型计算机系统接口

USB: Universal Series Bus 通用串行总线

NAC: Network Adapter Card 网络准入控制

NIC: Network Interface Card 网络接口卡

ISDN: Integrated Services Digital Network 综合服务数据网

Topology：拓扑结构

DMA: Direct Memory Access 直接内存存取

Baseband：基带

Broadband：宽带

Bandwidth：带宽

Backbone：主干

Baudrate：波特率

BNC: Bayonet Connector 尼尔－康塞曼卡口

ISO: International Standard Organization 国际标准化组织

IEEE: Institute of Electrical and Electronics Engineers 电气与电子工程师学会

CCITT:Consultative Committee, International Telegraph and Telephone
　　国际电报电话咨询委员会

EIA: Electronic Industries Association（美国）电子工业协会

TIA: Telecom Industries Association（美国）电信工业协会

ANSI:The American National Standards Institute 美国国家标准研究学会

NOS: Network Operating System 网络操作系统

OSI: Open System Interconnection 开放系统互连

AUI: Attachment Unit Interface 连接单元接口

MAU: Multistation Access Unit 多站访问部件

MAU: Media Attachment Unit 介质连接单元

FDDI: Fiber Distributed Data Interface：光纤分布式数据接口

ATM: AsynchronousTransfer Mode 异步传输模式

BBS: Bulletin Board System 电子公告板

10 BASE-T: 10 Baseband Twisted-pair 双绞线以太网的技术名

FAT: File Allocation Table 文件分配表

NTFS: Windows NT File SystemWindowsNT 环境的文件系统

DHCP: Dynamic Host Configuration Protocol 动态主机配置协议

DNS：Domain Name Service 域名系统

ARQ: Automatic Repeatre Quest 自动重发请求

FEC: Forward Error Correction 前向纠错

NRZ: Non-Return to Zero 不归零编码

Circuit Exchanging：电路交换

Message Exchanging：报文交换

Packet Exchanging：分组交换

Datagram：数据报

Virtual Circuit：虚电路

ASCII: American Standard Code for Information Interchange 美国信息交换标准代码

NII: National Information Infrastructure 国家信息基础设施

HTML: Hypertext Markup Language 超文本标识语言

HTTP: Hyper Text Transfer Protocol 超文本传输协议

URL: Uniform Resource Locator 统一资源定位器

SAP: Service Access Point 服务访问点

FCC: Federal Communication Committee 联邦通信委员会

Physical Layer：物理层

Data Link(Control)Layer：数据链路层

Network Layer：网络层

Transport Layer：传送层

Session Layer：会话层

Presentation Layer：表示层

Application Layer：应用层

2-3 Swap（2-3 交换）指一对端用来发送、与之连接的另一端用来接收的电缆，或反之。数字 2 和 3 指的是 DB-25 接线器的发送和接收插脚。

2B+D Service ISDN 服务，因其包含两个标准电话连接加上一个数据连接。

3-Way Handshake（三次握手）TCP 和其他传输协议中使用的一种技术，用来可靠地开始或友好地结束通信。

7-Layer Reference Model（七层参考模型）由国际标准化组织颁布的早期概率模型，给出了与提供的通信服务协同工作的一系列协议。七层协议不包含互联网协议层。

IEEE 802 标准关于局域网和城域网的一系列标准，具体各个媒介标准如下：

802.10安全与加密												
802.1局域网概述、体系结构、网络互连和网络管理												
802.2逻辑链路控制LLC												LLC层
802.3 以太网	802.4 令牌总线	802.5 令牌环	802.6 城域网	802.9 语音数据网	802.11 无线局域网	802.12 100VG AnyLAN	802.14 交互式电视网	802.15 无线蓝牙	802.16 无线城域网	802.17 电信以太网	802.20 移动宽带网	MAC层
物理层	物理层	物理层	物理层	物理层	物理层	物理层	物理层	物理层	物理层	物理层	物理层	物理层
802.7宽带技术												
802.8光纤技术												

附录 C　参考文献与网站

1. 参考文献

[1] 谢希仁. 计算机网络 [M]. 7 版. 北京：电子工业出版社，2013.

[2] 高传善，毛迪林，曹袖. 计算机通信与网络 [M]. 北京：高等教育出版社，2005.

[3] 杨庚，胡素君，叶晓国，等. 计算机网络 [M]. 北京：高等教育出版社，2009.

[4] 李克，等. 计算机网络技术学习 [M]. 北京：中国铁道出版社，2010.

[5] Terry William Ogetree，Mark Edward Soper. 网络技术金典 [M]. 5 版. 北京：电子工业出版社，2007.

[6] 杨心强，陈国友. 数据通信与计算机网络 [M]. 3 版. 北京：电子工业出版社，2007.

[7] 杨功元，杨春花，马国泰. Packet Tracer 使用指南及实验实训教程 [M]. 2 版. 北京：电子工业出版社，2017.

[8] 窦如林，马丽芳，胡夏芸. 计算机网络实验教程 [M]. 上海：上海交通大学出版社，2019.

[9] 陈鸣，等. 计算机网络实验教程——从原理到实践 [M]. 北京：机械工业出版社，2007.

[10] 李剑，张然. 信息安全概论 [M]. 北京：机械工业出版社，2014.

[11] 李剑. 入侵检测技术 [M]. 北京：高等教育出版社，2008.

2. 参考网站

作为一名网络管理员，下面的一些网站是具有一定参考价值的，也是经常会使用到的。虽不详尽，但很实用。

[1] http://www.itu.int/

[2] http://www.ietf.org/html.charters/intserv-charter.html

[3] http://www.isoc.org/

［4］http://www.cnnic.cn/

［5］http://www.adsl.com/

［6］http://www.cablelabs.com/

［7］http://rfc-editor.org

［8］http://www.ieee.org

［9］http://www.w3.org

［10］http://www.microsoft.com